LEGENDS OF
GRAND
DOMAINS VOL.3

頂級酒莊傳奇3

JASON LIU　劉永智　著

JF.Baltzen版畫家作品，靜物。

頂級酒莊傳奇. 3 / 劉永智著. -- 初版.-- 臺北市：積木文化出版：家庭傳媒城邦分公司發行, 民104.04　面；　公分　ISBN 978-986-5865-92-4（精裝）

1.酒業 2.香檳酒 3.葡萄酒　　　　　　　　　　　　　　　　　　463.8　　104003833

飲饌風流55

頂級酒莊傳奇 3 Legends of Grand Domains Vol.3

作者／劉永智｜特約編輯／陳錦輝｜責任編輯／魏嘉儀｜發行人／涂玉雲｜總編輯／王秀婷｜主編／洪淑暖｜版權／向艷宇｜行銷業務／黃明雪、陳志峰｜法律顧問／台英國際商務法律事務所　羅明通律師｜出版／積木文化｜104台北市中山區民生東路二段141號5樓｜電話：(02)2500-7696　傳真：(02)2500-1953｜官方部落格：www.cubepress.com.tw｜讀者服務信箱：service_cube@hmg.com.tw｜發行／英屬蓋曼群島商家庭傳媒股份有限公司城邦分公司｜台北市民生東路二段141號2樓｜讀者服務專線：(02)25007718-9　24小時傳真專線：(02)25001990-1｜服務時間：週一至週五上午09:30-12:00、下午13:30-17:00｜郵撥：19863813　戶名：書虫股份有限公司｜網站：城邦讀書花園 網址：www.cite.com.tw｜香港發行所／城邦（香港）出版集團有限公司｜香港灣仔駱克道193號東超商業中心1樓｜電話：852-25086231　傳真：852-25789337｜電子信箱：hkcite@biznetvigator.com｜馬新發行所／城邦（馬新）出版集團 Cité (M) Sdn. Bhd.(458372U)｜41, Jalan Radin Anum, Bandar Baru Sri Petaling, 57000 Kuala Lumpur, Malaysia.｜電話：(603) 90578822　傳真：(603) 90576622｜電子信箱：cite@cite.com.my｜美術設計／許瑞玲｜製版印刷／上晴彩色印刷製版有限公司

感謝詞

To JF.Baltzen, my key to wine.

JF.Baltzen版畫家作品，後視鏡裡的靜物。

頂級酒莊傳奇 3
Legends of Grand Domains Vol.3
目錄 | Contents

頂級酒莊傳奇 3
Legends of Grand Domains Vol.3
目錄 | Contents

酒香釀字，傳奇不墜

認識Jason（劉永智）近十年來，就我側面觀察，這段期間他的手頭似乎一直不曾寬裕，時常聽他自陳到處兼職打工賺些外快，有次甚至聽到他親口描述身上僅餘數百元，尚需苦撐十數天至月底的慘狀。這讓我想起幾年前有個流傳在一群資深酒友圈內的玩笑話：「台灣只養得起兩個半葡萄酒作家」，很不幸的，看起來Jason就是酒友口中的那「半」個。

問他所為何事，答案不外乎「採訪」、「寫書」二者。

奇妙的是，Jason的書雖然主題大都與醉人的葡萄酒或是甜美的蜂蜜有關，但在文字風格上，不曉得是否因其亦為老搖滾迷之故，時常又顯得頗為硬派且略有古風，有位朋友甚至曾經半開玩笑的稱其為「今之古人」。這種硬橋硬馬，同時又堆疊大量的專業知識的書籍對現今習慣於輕薄短小的主流大眾而言，別說期望讓所有人「驚呆」，沒有被「驚嚇」已屬萬幸；反映在銷售數字上，猜想大概也不容易成為暢銷排行榜上的常勝軍。

但Jason十年來似乎無視於個人成敗，依然堅守自己的風格路線，對於要寫作的題材——不論是蜂蜜或是葡萄酒——即便明知所費不貲，也必定節衣縮食，堅持親自至產地參訪取材，將第一手資訊傳遞給讀者，而非選擇相對容易的方式直接翻譯名家著述，甚或將現成網路資訊納為己用。《頂級酒莊傳奇》系列與《覓蜜》中的內容，幾乎均是長時間在資源相當有限的情況下，經由這種近似苦行的方式誕生的。然而，也正是因為如此的堅持親力親為，讓Jason的文字無論在評人、論物、析事、說理總能直指關鍵重心，其用字精準，節奏明快，讀之身歷其境，絕無拖泥帶水、拐彎抹角、欲言又止或隔靴搔癢。另外，

這一路走來所累計超過千餘筆的品酒筆記，讓Jason的品酒筆記專屬網站（Jason's VINO）成為華文世界中數一數二的優質酒評資料庫，擁有豐富而專業的酒款品評紀錄，未來若能取得更多支持，發展前景將不可限量。

非常高興見到《頂級酒莊傳奇》系列終於走到了第三冊。回顧以往，各冊收錄的酒莊數目從第一冊《頂級酒莊傳奇》的33家、《頂級酒莊傳奇2》的36家逐冊增加到本書的40家，三冊累計共收錄了109間位於義、法、西、德、美、紐、澳等地的頂尖酒莊。在本書中，除了收錄愛酒人多半耳熟能詳的西班牙利奧哈的百年傳奇名莊Lopez de Heredia Viña Tondonia與La Rioja Alta、現代派大將Atardi；法國波爾多玻美侯之花Chateau Lafleur、布根地Chambolle-Musigny村雙傑J-F Mugnier與Comte Georges de Vogüé以及Meursault、Puligny Montrachet村的白酒標竿Roulot與Leflaive；義大利Brunello di Montalcino產區的雙王（Biondi-Santi、Salvioni）、雙后（Soldera、 Poggio di Sotto）；美國加州夏多內的指標酒莊Kistler以及擅長釀造黑皮諾、在內行酒迷間一瓶難求的Hanzell等名莊外，更將目光移至大洋洲，全書以約四成篇幅詳盡報導了16家紐澳頂級酒莊：澳洲的Bass Phillip、Bindi、Giaconda，以及紐西蘭Stonyridge、

Millton、Ata Rangi、Pegasus Bay、Bell Hill等等；其深度、廣度放諸國內、甚至整個華文世界，目前大概尚無類似專書可望其項背。作者以一人之力，在超過十個寒暑的採訪行程中遍跡南北半球、新舊世界的各產區，一點一滴積累一字一句，行程中雖不至走過窮山惡水，行經死寂之地般地搏命演出，但若非相當的毅力和對葡萄酒的熱愛，又豈能屢次克服諸多困難：惡劣的天氣、難搞的手排車、脾氣暴躁的莊主（請參看本書Soldera酒莊相關章節）等，將這些產於天涯海角的美酒以及背後的風土人文，發之以情、論之以理，字字珠璣躍然紙上。

《頂級酒莊傳奇3》不僅專業，更是作者品飲美學與求真求實信念的具體呈現，我衷心希望Jason繼續用下一個十年讓傳奇不墜，再以酒香釀字，讓讀者陶然。

Italian Wine Tasting Club 創辦人
賴彥均

人在酒途

　　我不在酒莊，就是在前往酒莊的路上，人在酒途是也。過去幾年，只要身在台灣，我基本上很宅，除少數品酒會、餐會邀約（也婉拒掉許多），我幾乎都宅在家寫作，可能是臨時的短篇（賺我的每日麵包），或為了寫《頂級酒莊傳奇3》（賺我的心靈麵包）。一旦跨出海島，通常就是千里之外，尋莊啖酒去了。

　　求索無他途，要認識葡萄酒的風土面目，只能親臨，藉著深入探訪，以達去偽存真。畢竟，別人書上寫的，都是他的，不是我的。他人的文字只能參考，不能全盤接納，即便是已經問到爛的問題、可能干犯莊主忌諱的疑問，我總是要再問一遍。有人耐心寬容，有些對我嘆大氣，翻白眼。〈離騷〉寫有「路漫漫其修遠兮，吾將上下而求索」，葡萄酒學問的探索也是這樣，即便一路蜿蜒長遠，有時踢到鐵板，但總有下一個柳暗花明等在前方，讓你歇歇腿喘喘氣，再鼓餘勇，又可上上下下再訪下一村。

訪過）。

前兩集，都將各國的不同產區分散寫在各書裡，《頂級酒莊傳奇3》有個小小不同之處，就是紐西蘭國土幅員不算大（台灣的七倍），其頂級酒莊分佈在該國南、北兩島各區，筆者這次算是南北縱橫，該訪的大約都去了，新作囊括紐國九成以上的最佳酒莊，除少數遺珠，基本上，菁英俱齊。至於像是原計畫採訪的貝翠斯（Pétrus），因約訪時酒莊表示將進行長達一年多的整建，只好暫時作罷，以後，再說。

《頂級酒莊傳奇》原先就一本，雖不算暢銷，但書市的反應算是可堪告慰，於是有了撰寫《頂級酒莊傳奇2》的勇氣或傻氣，不過，後者反映在銷售數字上，令人有些心灰意冷。但「頭洗下去了」，並且「無三不成禮」，所以經過幾年採訪寫作，還是拚出了《頂級酒莊傳奇3》，只是我常常寫得生活無以為繼，加上願意看我嘮嘮叨叨工筆寫法的讀者畢竟有限。所以，這書系，就像「地表上最強老爸」連恩尼遜一樣，事不過三，該要收手了（本書採訪期間介於2007-2014年，少部分還重

各位親愛的讀者，親親（Tchin-tchin，法文碰杯、乾杯之意，不要對日本人使用，否則後果自負）！後會有期！！

劉永智 Jason

---

http://jasonsvino.com

（相關品酒筆記請上網查詢。Please check Jason's VINO for wine tasting notes and ratings.）

---

part **I** 融舊納新
SPAIN Rioja

利奧哈（Rioja）美酒之名早在十九世紀末就傳開，當時庇里牛斯山以北的葡萄園大半毀於根瘤蚜蟲病，波爾多酒商於是到此尋求用以調配波爾多紅酒的原料。時移事易，利奧哈在西班牙已不再獨占鰲頭，但此地的品種、釀酒傳統以及傳統與現代並存共榮諸點，都讓其保有西班牙一線明星產區的地位。這裡有蛛絲與黴苔滿佈的歷史酒窖，也有極為摩登現代、展現類似加州商業活力的新穎酒莊，在荒瘠地貌上「種下」一棟棟似乎來自外太空的建物，有些看來新奇突兀（如Marqués de Riscal，不過此為老廠新貌），另一些則巧妙融入背景（如成立於2001年的Ysios酒莊）。

也一如加州，略具規模的傳統或新設酒莊，都備有裝潢舒適的品酒展示間讓遊客可付費品嘗一系列酒款，甚或預約體驗酒莊與酒鄉風情。利奧哈在1926年成為法定產區等級（DO, Denominación de Origen），後又因酒質特出在1991年升級為西班牙第一個認證法定產區等級（DOCa, Denominación de Origen Calificada），另個認證法定產區為普里奧拉（Priorat）。今日的利奧哈在硬體（酒莊與設備）與軟體（釀酒思維和葡萄酒本身）都融舊納新，傳統與現代共冶一爐。

利奧哈主要的黑色品種

田帕尼優（Tempranillo）：紅酒風味中帶有

位於利奧哈阿拉維沙（Alavesa）副產區的Ysios酒莊的新穎酒窖（中景）的波浪狀屋頂，與後頭的坎塔布里亞山脈相呼應，使其在地景中不顯突兀。

菸葉、香料與皮革氣息，保存良好的田帕尼優老酒展現近似布根地的優雅繁複氣韻，為西班牙最著名、也是種植範圍最廣的品種（西班牙有超過三十個法定產區種有田帕尼優），在各產區的名稱以及風味都有些差異（別名包括Tinto Fino，Tinto del País，Cencibel等等）。利奧哈的種植面積最廣（占其總種植面積81%），風味也最為雅致，大多會混調一些格納希和格夏諾品種。

格納希（Garnacha）：原產於西班牙東北部，為最重要的黑葡萄品種之一，在利奧哈常與田帕尼優混調或是混釀。格納希在法國的地中海沿岸也廣泛種植，稱為Grenache。果實成熟期較晚，適合乾燥炎熱的氣候，較易蓄積高糖份，酒款的酒精濃度通常也較高，但酒色較淺，以紅色漿果和香料氣息為主。

格夏諾（Graciano）：原產自利奧哈，因產量既少且不穩定，因而種植面積不大，現於中部拉曼恰（La Mancha）和東南部也有種植，在南部比在利奧哈易於成熟。單寧與色素都高，酒色常呈墨黑，酸度明顯，常帶有藍莓和礦物質氣息，適合小比例添進田帕尼優紅酒（一如小維鐸〔Petit Verdot〕在波爾多梅多克地區所扮角色）。本產區的Viña Ijalba酒莊稀罕地釀有100%的格夏諾紅酒。

卡利濃（Cariñena）：原產於西班牙東北。在法國地中海沿岸也常見，被稱為Carignan。屬晚熟品種，適合炎熱乾燥的氣候與貧瘠土壤，酒色深，酒精度通常不低，但酸度勝過格納希，故利奧哈人常以此品種混調田帕尼優以補色添酸。利奧哈酒農慣稱卡利濃為Mazuelo（或Mazuela），本區有減少種植此品種的趨勢。

利奧哈主要的白色品種

馬卡貝歐（Macabeo）：利奧哈稱為維烏拉（Viura），為西班牙北部常見品種，其他地區也偶爾可見。因酸度佳，用途頗廣，可釀成干白酒和氣泡酒，果香不特出，是利奧哈最重要的白葡萄品種（約占總種植面積10%），因酸度佳故而耐氧化，可經長時間橡木桶培養成桶味較明顯的白酒，也是釀造卡瓦氣泡酒（Cava）的重要品種。

馬瓦西亞（Malvasía）：雖源自小亞細亞（今土耳其）和希臘，但在西班牙的種植年代悠久，釀成的白酒具有濃郁的花香與葡萄柚氣息，在利奧哈有時會與維烏拉混調，可增加利奧哈白酒架構。

白格納希（Garnacha Blanca）：常見於地中海沿岸產區，如加泰隆尼亞（Catalonia）自治區、瓦倫西亞（Valencia）法定產區以及利奧哈也有少量種植，此品種香氣不特別豐盛，但可替利奧哈白酒帶來一些蜜香與杏桃氣息，酸度不高，主要替利奧哈白酒帶來較為圓潤的酒體。

利奧哈約有七分之一園區生產白葡萄，多數以馬卡貝歐為主角，再添一點馬瓦西亞以及白格納希而成。大部分的利奧哈白酒都釀成清鮮順口、較為中性的風格，有些可惜，因以橡木桶培養的優質利奧哈白酒，經多年完熟後，會蛻變得更豐盛且細緻，可與最佳的波爾多白酒並論。

自2009年起，利奧哈的法定產區管理委員會除了允許夏多內（Chardonnay）、白蘇維濃（Sauvignon Blanc）與維黛荷（Verdejo）三個外來品種可用於白酒混調外（但三者的混調比例不可超出某酒總體混調的49%），還允許使

用四種幾乎瀕絕的當地品種，包含一黑三白：黑葡萄是紅馬都拉娜（Maturana Tinta），具不透光的深紫酒色，香料調鮮明。白葡萄則有白馬都拉娜（Maturana Blanca；具蘋果、香蕉與柑橘氣味）、白田帕尼優（Tempranillo Blanco；有柑橘與熱帶水果風味）與都倫黛絲（Turruntés；以蘋果和青蔬味為主，與西班牙西北角加利西亞〔Galicia〕產區和阿根廷所種的Torrontés不同種）。Viña Ijalba釀有100%的紅馬都拉娜以及白馬都拉娜品種酒。

上、下與阿拉維沙之別

利奧哈葡萄園長、寬約100與50公里，占地超過6萬公頃，因風土差異而劃分為三個副產區，分別是：上利奧哈（Rioja Alta）、下利奧哈（Rioja Baja）以及利奧哈阿拉維沙

（Rioja Alavesa）。利奧哈不僅是產區名，也是省名（因地小人稀，利奧哈以單一省成立自治區）。其實整個利奧哈產區橫跨三個自治區：分別是利奧哈（La Rioja）自治區、北臨的巴斯克（País Vasco）自治區以及那瓦拉（Navarra）自治區。埃布羅河（Rio Ebro）自本產區西北貫穿至東南，產區名源自埃布羅河的小支流奧哈河（Rio Oja）。大致上，埃布羅河南岸的葡萄園屬於利奧哈自治區，北岸中段上游的葡萄園主要屬巴斯克自治區的阿拉巴省（Álava；巴斯克語為Araba），此即為利奧哈阿拉維沙副產區。北岸東邊下游的葡萄園則屬那瓦拉自治區。上、下利奧哈是以埃布羅河上下游的相對位置劃分，兩者邊界其實東西相連，但產區差異頗大，分界點在利奧哈省首府洛格羅尼奧市（Logroño）東邊不遠。

位在西邊上游的上利奧哈擁有26,000公頃

Bodegas López de Heredia Viña Toudonia酒莊的古典貴賓品酒室。

葡萄園，為面積最大的一區（占總產區面積42%），海拔較高，雖有大陸型氣候的表徵，但也受較多北邊大西洋的海洋氣候影響（尤其是西北角），較為涼爽多雨，葡萄成熟較慢，雖以相對早熟的田帕尼優為主要品種（西班牙文Temprano有提早之意，也是品種名的字源），有時卻遲到11月才採收完畢。上利奧哈的土質為三個副產區中最複雜者，以帶鐵質與石灰岩的黏土為主。酒色稍淡、酒精度略低、酒體較瘦，通常酸度鮮明、單寧緊緻，相對地風格更為勻稱高雅，也比較經得起長期橡木桶培養以及瓶陳，如此特性愈往西邊（大西洋氣候影響更多）就愈加明顯，直到過了利奧哈的葡萄酒重鎮阿羅（Haro）西邊的莎哈扎拉村（Sajazarra），葡萄已無法在冬寒前成熟。上利奧哈乃是利奧哈最精華區，經典名莊雲集。

下利奧哈葡萄園面積達23,000公頃（占總產區面積37%），海拔較低，以沖積土和含鐵質的黏土為主，受地中海型氣候影響，年雨量僅約400公釐，乾燥且夏季炎熱，相當適合種植晚熟耐旱的格納希（當地存有許多老藤）。現雖也種植相當多的田帕尼優，但因氣候乾燥，常需人工灌溉。下利奧哈的葡萄成熟較快，糖份容易蓄積，酒色偏深，酒精度較高，酒體較豐厚，但因酸度略低，較不耐久儲，條件較優異的葡萄園多位在海拔較高的南邊山區。下利奧哈最東邊的阿法羅酒村（Alfaro）可比上利奧哈的阿羅村提早四到六星期採收。

利奧哈阿拉維沙在自然環境上自成一格，葡萄園位於坎塔布里亞山脈（Sierra de Cantabria）與埃布羅河北岸之間，將近有13,000公頃，地勢起伏較大，海拔也高，大西洋水氣常越嶺滋潤葡萄樹。利奧哈阿拉維沙的均溫較低，幾乎全是石灰岩質土壤，酒質不特別濃

阿羅鎮中心的聖湯瑪斯教堂（Iglesia de Santo Tomás）內有雄偉的管風琴與金壁輝煌的聖壇值得一賞；旁邊巷內還有Vinoteca Juan Gonzalez葡萄酒專賣店可尋利奧哈老酒（有些50年以上老酒的保存必須存疑）。

厚，常帶新鮮迷人果味與礦物質風味，酒質優雅。也因氣溫較低，這裡僅適合田帕尼優，不宜種植格納希。利奧哈阿拉維沙另一項特色是：在商業大廠之外有許多個性獨具的小農酒莊。此外，西班牙國寶酒莊Vega Sicilia（請參見《頂級酒莊傳奇2》）也剛在利奧哈阿拉維沙的Samaniego村建莊。

混調哲學

位於西班牙中北部的利奧哈有三種氣候匯流，分別是濕涼的大西洋氣候、夏熱冬寒的大陸型氣候以及乾熱的地中海型氣候，因此各園區微氣候與年份差異相當大，葡萄熟度與品質差別也顯而易見，具規模的酒莊為讓酒質維持一貫水平，遂混調各副產區的多種葡萄。上利

1. 高踞山頭的San Vicente de la Sonsierra酒村景色絕佳（海拔
   528公尺），教堂鐘塔下還密藏了一些地洞培養酒窖。

2. 傳統名莊Bodegas López de Heredia Viña Toudonia的儲酒用
   大型舊木槽。

奧哈的阿羅酒村因有鐵路直通大西洋，而成為理想的設廠與混調葡萄酒中心。目前，利奧哈紅酒的經典混調比例約為70%田帕尼優，其餘為比例不一的格那希、卡利濃和格夏諾。十九世紀末的波爾多酒商也為本村引進在小型橡木桶培養酒質的技術，許多顯赫的名廠也在阿羅誕生（都創建於1890年左右），並且都群集在火車站周邊，舊時其中幾家甚至有自己的火車月台。

因混調與橡木桶培養才是本區關鍵技術，反而常讓利奧哈產區的地理條件特性受到忽略。以前的利奧哈經常很快就完成發酵，然後在老舊的美國橡木桶中經過非常多年的培養才裝瓶。如此產出的葡萄酒色淡，散發甜美的香草、烤麵包等氣息，常讓人以為是採用頂級葡萄釀造，而負責培養以及裝瓶的酒商對採買的葡萄酒品管通常不甚嚴格，每公頃產量往往偏高。事實上，為增高產能，1970年代甚至有酒農拔除老藤改種新株，或選擇高產量的無性繁殖系。

近年來，許多酒莊於釀造技術上進行多項修正：釀造田帕尼優時，拉長浸皮萃取時間，縮短桶中培養時程，也提早裝瓶。現下更常採用法國橡木桶，而非美國橡木桶（也常提高酒中田帕尼優占比），如此改變讓口感更顯深厚、果香愈加盈鼻，簡言之，屬較現代風格的利奧哈。法國新橡木桶的使用是在1970年代由位於上利奧哈賽尼賽羅（Cenicero）酒村的Marqués de Cáceres酒莊所引進。

另一個眾所樂觀其成的發展是獨立酒莊的設立（自種葡萄、自釀、自行裝瓶的酒莊），例如Allende、Contino、Remelluri和Valpiedra等酒莊。當傳統的培養、裝瓶與葡萄種植能夠逐漸結合為一後，利奧哈各塊風土的特徵就更能突顯。新一代獨立酒莊的出現也有助單一葡萄園、特殊老藤酒款出現，與大酒莊（商）專擅的混調傳統大異其趣。

葡萄酒分級

利奧哈葡萄酒會依培養期間長短分成四級，各級酒間又會因釀造者、年份、葡萄園以及混調品種的比例而產生差異。最初階的是年份級（Cosecha），指橡木桶培養與瓶中陳年皆少於1年的年輕酒款，所以又稱為年輕級（Joven）；然而Joven很少標於酒標上，這級酒以新鮮果香與柔順口感為主，建議上市後2、3年內喝掉。

佳釀級（Crianza）紅酒需至少2年酒齡才能上市，其中至少桶中培養1年，通常4到5年酒齡就已達酒質巔峰。陳釀級（Reserva）紅酒需至少桶中培養1年且瓶陳2年始可上市，葡萄選自規定內的144個酒村，通常購買時已適飲，也可陳上5至10年。特級陳釀級（Gran Reserva）紅酒需經至少2年桶中培養與3年瓶陳才有資格上市，果實需來自144個特定酒村內，產量稀少，購買時已經適飲，但還可陳上15至20年（或以上）以體會其複雜度。至於白酒與粉紅酒也有佳釀、陳釀與特級陳釀級的類似規定（將在酒莊介紹時詳析），不過目前絕大多數都屬年份級類型。🍷

註：利奧哈的傑出年份包括：1964、1982、1994、1995、2001、2004、2005、2010。

葡萄酒裡的時光與靈光
Bodegas López de Heredia Viña Tondonia

千萬年前的蓬萊造山運動凸起了台灣島，之後火山噴發的熱熔岩混雜多樣礦物質，被納含於岩層裡蘊、養、蓄、藏成為含寶樸石，時機一到，裂縫而出，順山溪滾落至花東海岸，經歲月與浪花淘洗，成就了著名的紫玉髓與雪花玉等特有寶石。同理，最令人魂縈夢繫的釀醲同樣需時，以將頑樸嚴礪汰煉為層次繁複、氣韻沁心的珍醲，在瓶中閃耀時光與靈光；依我見，西班牙利奧哈產區的艾雷迪亞酒莊（Bodegas López de Heredia Viña Tondonia）最能體現以上光陰琢磨的真理。

為便於溝通，酒界人士常簡稱莊名為Viña Tondonia，當地老一輩人則稱其為Heredia。過去十幾年來，新派（現代派）與舊派（傳統派）利奧哈之風格差異與孰是孰非常起爭論，筆者認為酒風差異並非關鍵，酒質優劣才是核心。一家酒莊之所以眾所推崇（或群而鄙之），並非它擎起現代或傳統的大旗，而是在各流派裡是否已臻極致，以酒服人（多舌無益），而傳統頂峰上的典範若只擇其一，就只能是艾雷迪亞。

上利奧哈的阿羅酒村因有鐵路（建於1880年）可將葡萄酒北運至畢爾包（Bilbao）銷售而成為利奧哈葡萄酒首府。阿羅因酒致富，讓它在1890年成為西班牙兩座首有現代電力供應的城市之一（另一是Jerez），目前人口一萬兩

前景為札哈‧哈蒂設計的前衛造型品酒中心，背景的百年酒莊依舊昂立。

千人，位於海拔440公尺的丘陵上，可環景俯瞰袤廣的葡萄園。阿羅火車站就位於北郊，而其周遭的「車站區」（Barrio de la Estación）因地利之便成為上利奧哈名莊匯聚之所，艾雷迪亞也不例外。

阿羅第一

傳統派利奧哈王者的艾雷迪亞其實是阿羅設立的第一家酒莊，也是整個利奧哈第三老的酒莊（更早設廠的兩家是Marques de Murrieta與Marques de Riscal）。拉菲爾·艾雷迪亞（Rafael López de Heredia y Landeta, 1857～1938）於1877年創立本莊，1924年傳莊予兩子，後經西班牙內戰、世界經濟蕭條與二次大戰的動盪，直至1955年傳承至第三代的佩卓（Pedro López de Heredia Ugalde）後才又重新

站穩腳跟。目前由第四代的大哥胡立歐·賽薩（Julio Cesar，主掌葡萄園與釀酒）與兩個妹妹瑪麗雅·荷西（Maria José，負責公關行銷）、瑪希黛絲（Mercedes，本莊釀酒師）共同接掌；佩卓自2010年起因腦中風而無法參與莊務，且在2013年4月過世。今日的艾雷迪亞已是除裴嘉·西西里雅（Vega Sicilia）外，西國最受敬重的歷史名莊。

現代許多酒莊的培養酒窖甚而比醫院還淨潔無塵，而當年建莊時由拉菲爾挖鑿岩壁所成的地下酒窖則是另一番天地。地窖中心有條長達147公尺的中央隧道，可通達埃布羅河與對岸的Viña Zaconia葡萄園，隧道左右則延伸各有命名的培養窖室，其間燈光鵝黃黯淡，濕潤空氣中夾雜有舊木桶、青苔與黑黴氣息，光照未及的黝暗處甚至顯得鬼影幢幢（其實是員工快速移動的殘影）；在稱為老窖（Bodega vieja）的

超過百年的發酵用大木槽，若發酵時氣溫過低，可在大石墊高的發酵槽下方加溫以促發酵進程。

墳墓石窖,背景用以儲放酒瓶的石格看似公墓墳位。若親臨酒莊,目前尚可買到最老且酒質依舊健全的特級陳釀為1942年份(對待老酒,本莊政策是不換塞與回填酒液,僅換新蠟封)。

1

2

1. 左為1996 Viña Tondonia Blanco Reserva；右為1991 Viña Tondonia Blanco Gran Reserva。現在利奧哈以紅酒為主，事實上本莊在十九世紀末的白酒產量占了總產量的一半。

2. 發酵大槽內的酒石酸，除非自動脫落，酒莊並不刻意刮除槽壁的酒石酸結晶，此有助野生酵母附著，易於發酵。

瓶陳窖室裡除蛛絲掛頂如布幔，那些正歷經長年培養的酒瓶還被土黃色黴苔所掩蓋，幾乎要將其吞噬。不過，反正蛛絲入不了瓶中，蜘蛛還可噬害蟲（包括可能在軟木塞上寄生蟲卵的蠅類），而黴苔覆瓶甚至可保最佳濕度。

本莊的石鑿酒窖存放有包括紅酒（Tinto）、白酒（Blanco）與粉紅酒（Rosado）在內的800萬瓶葡萄酒，然而每年培養至適飲上市者卻僅有50萬瓶；這幾近千萬大軍的窖藏也代表沉重的賦稅，幸好艾雷迪亞屬於不必向上級投資人提交財務報表的家族企業，可我行我素地擇善固執。幾年前，佩卓還邀來伊拉克裔英國女建築師札哈·哈蒂（Zaha Hadid，曾獲普利茲克建築獎）替酒莊設計造型前衛且具流線感的遊客品酒中心，裡頭還安置有本莊在1910年參加「布魯塞爾世界博覽會」所設計的巴洛克風格木頭雕花展攤，極為吸睛，平均每年也約有兩萬遊客造訪本莊。不過2002年左右，本莊80%的市場還局限於西班牙國內，現已逐漸擴展外銷市場至50%，這或許與西國經濟頹靡有關，然卻也造福了亞洲等國的愛酒人。

固守傳統

艾雷迪亞目前依舊遵循一百多年前的釀法，一絲不苟，未曾稍改。手工採收葡萄後，以高瘦的木桶盛裝運回酒廠，以容量介於6,000到40,000公升的大木槽（共72個，多屆百年桶齡）進行無溫控發酵（未備有溫控發酵槽）。二十世紀初時，若發酵時氣溫過低而進程遲緩，酒莊可在大石墊高的發酵槽下方加溫以促發酵，但今日拜全球暖化之賜再無必要；但若發酵溫度過高，則在深夜氣溫降低時敞開大門，藉由淋汁（Pumping over）萃取時順便使

左至右為：Viña Bosconia Tinto Reserva, Viña Bosconia Tinto Gran Reserva, Viña Tondonia Tinto Gran Reserva, Viña Cubillo Tinto Crianza。

酒槽降溫。

　　黑葡萄都帶梗進行酒精發酵，隨後的乳酸發酵多在同一槽內進行，之後導入美國橡木桶培養（波爾多式的225公升桶），但特級陳釀款則直接在美國橡木桶內完成乳酸發酵。白葡萄會先去梗破皮，經24～36小時室溫浸皮（攝氏15度），才開始榨汁以及後續果汁發酵（不帶果皮）。其實六十多年以前，本莊是將園中混種的多個品種一起採收，一同發酵；之後至今則單一品種各自發酵，再行混調。不過現在還是有些利奧哈小農（Cosecheros）將田帕尼優、格納希，甚至是馬卡貝歐白葡萄放在同槽混釀。

　　艾雷迪亞早期（1930年以前）曾實驗過法國與匈牙利橡木桶，後認為木質密度較佳（氣孔較小）的美國桶更適合本莊擅長與堅持的長期培養。木材來自美國阿帕拉契山脈、密西根

州與俄亥俄州，且以後者為大宗（俄亥俄州木料密度最高）。橡木片來廠之後，需先經約1年半自然風乾（一半時間露天，一半時間室內），待木料濕度低於12%以下，便可請本莊附設製桶廠的兩位製桶師造桶（1年可造200～300個培養用橡木桶）。培養時的新桶使用率極低：平均約為10%新桶、50%桶齡10年左右，剩下的40%則屬元老級。由於美國老桶的使用屬於艾雷迪亞風味構成的重點核心，故而製桶師其實花費更多時間於翻修舊桶。目前窖內共有15,000個培養用橡木桶。

四園美酒

　　此次接受採訪的胡立歐‧賽薩表示，Viña Tondonia是其曾祖父拉菲爾‧艾雷迪亞在1890年所買下的第一座葡萄園。當時的利奧哈如法

1970 Viña Tondonia Tinto Gran Reserva讓筆者在品飲時彷彿上了天堂。

國布根地,園區持份分散、面積又小,因而拉菲爾需多次向不同農戶購地才整併成現在的110公頃(Viña Tondonia總面積為170公頃)。Viña Tondonia平均海拔約450公尺,為石灰岩質與河流沖積土,埃布羅河在此迂迴成一大圓形彎道,讓本園三面環水似半島,本莊地份都位在半島較高處。葡萄根瘤蚜蟲病在二十世紀初也來到利奧哈,故1907年全園經過重植,這時來此尋求葡萄酒原料甚至建莊的波爾多酒人也開始紛紛回鄉。

艾雷迪亞在Viña Tondonia葡萄園主要釀造陳釀級與特級陳釀級紅、白酒各一款:Viña Tondonia Tinto Reserva, Viña Tondonia Tinto Gran Reserva, Viña Tondonia Blanco Reserva, Viña Tondonia Blanco Gran Reserva。紅酒裡的田帕尼優占約75%,其他是占比較少的格納希、格夏諾與卡利濃;白酒以馬卡貝歐為主角

(90%),其餘是馬瓦西亞。陳釀級在橡木桶中培養6年,特級陳釀級則培養8~10年,後不經過濾裝瓶(桶中培養階段會每6個月進行一次換桶濾清),隨後還在窖中經多年瓶中陳年才上市。陳釀級最終上市時間已是採收年份後至少10年,特級陳釀級則至少18年,世上罕見。

本莊偶爾還會推出Viña Tondonia Rosado Gran Reserva,由於西班牙飲者不特青睞桶陳4年之久再加上多年瓶陳才推出的粉紅酒,外銷市場反倒較常見到。依規定,特級陳釀級的粉紅酒與白酒都需經過至少6個月桶中培養與3年半瓶陳,本莊在培養年限上早已大幅超越規定,可說是「超級粉紅酒」。

本莊的佳釀級以及陳釀級雖是年份酒款(年份以小級數字體標於酒標上),但在法規可容許摻入至多15%其他年份酒的規範內,本莊也

培養時,僅使用10%新桶(如下圖色澤較淡的橡木桶)。

1

2

1. 製桶大師正在翻新舊桶上蓋。

2. 醇釀於壁厚達90公分的地下石窖內培醞,美國舊桶是本莊風味之核心。

均添入過去最近兩、三個年份酒液以維持酒質水平與酒莊風格（雖此，酒質不可小覷）。至於特級陳釀級因艾雷迪亞堅持之故，必定僅含單1年份葡萄酒（法規未要求需使用100%年份酒才能列為特級陳釀級）。然而本莊的特級陳釀並未在酒標上標明Gran Reserva，僅於酒標下方以明顯大寫字體標示：如Cosecha de 1991（1991年份）以代表特級陳釀。年均產量在1～4萬瓶之間的特級陳釀紅、白酒全採手工裝瓶，並以蠟封軟木塞以加強保護需經長期熟成的頂級珍釀。

距離酒莊1公里處的另一座知名園區是El Bosque，海拔約470公尺，位於坎塔布里亞山脈的南向山坡，屬石灰岩質土壤且多石，平均樹齡40歲，共15公頃。本莊自此園釀造兩款紅酒：Viña Bosconia Tinto Reserva和Viña Bosconia Tinto Gran Reserva。相對於以波爾多形式酒瓶裝瓶的Viña Tondonia，Viña Bosconia裝於布根地形式瓶內。其實直至十九世紀末，此園所釀紅酒名為Rioja Cepa Borgoña，直譯就是「布根地品種利奧哈紅酒」，此因當時種有黑皮諾（Pinot Noir），故酒中含有高比例的黑皮諾之故，二十世紀初改酒名為López de Heredia Selección，後在1910年才正式更名為Viña Bosconia。

如今的Viña Bosconia紅酒含有80%田帕尼優（比例高於Viña Tondonia紅酒），其餘是格納希、格夏諾與卡利濃。陳釀級經過5年桶中培養，特級陳釀級則為8～10年，其後同樣需經多年瓶陳才能上市。若以Viña Bosconia的瓶型來判斷其酒風較Viña Tondonia更為細緻陰柔，恐怕不很恰當，其實兩者風格相當接近，但Viña Bosconia通常香氣較熟美豐盛、酒精度略高，也具較鮮明香料調性，現在的Viña

胡立歐・賽薩手拿1964 Viña Tondonia Blanco Gran Reserva白酒，1964為本莊傳奇年份之一。

Tondonia通常細滑優雅誘人。

第三座釀造紅酒的園區為Viña Cubillas，離酒莊最遠（4公里），海拔410公尺，平均樹齡40歲，為石灰質黏土，占地24公頃，自此園僅釀造Viña Cubillo Tinto Crianza紅酒，品種比例為約65%田帕尼優、25%格納希以及小比例的格夏諾與卡利濃，以新鮮的草莓果醬等風味為主，均衡、酸度佳，雖僅是佳釀級，日常飲用已是佳選。最後，離酒莊200公尺遠的Viña Zaconia只種馬卡貝歐單一品種，海拔340公尺，貧瘠多石，占地24公頃。直到1976年份，本莊會釀造以Viña Zaconia為名的貴腐黴甜酒，但因市場反應不佳，現只偶爾釀酒自用。目前酒莊自此園所推出的是Viña Gravonia Blanco Crianza干型白酒，金黃澄澈的酒色裡透出洋甘菊與熟楊桃氣韻，可搭風味略重的菜餚（如西班牙油漬紅椒鹹鯷魚）。

在艾雷迪亞的眾多地下窖室內，有一墳墓石

1. 造型現代的品酒中心內安置有百年前的巴洛克風格木料雕花展攤。
2. 老窖（Bodega vieja）內的酒瓶幾被黴苔所掩覆。

窖（El Cementerio），因其內儲放酒瓶的石格堆疊起來神似公墓的格式墳位，而被早期老員工如此戲稱，雖建莊人不愛這不吉稱謂，但暱稱恆久遠，就此永流傳。此窖內珍藏著本莊所有最寶貴的老年份珍釀，最老可上溯到1920年份。本莊現已少讓訪客參觀此「墳窖」，益添其神祕冥之感，裡頭的老朽木桌上立有一形狀張牙舞爪的痀僂老藤，上頭蛛絲牽頂如帳，蔚為奇觀。然，更讓筆者在心中觀想的是周遭的艾雷迪亞特級陳釀老酒，心想若能親啖，必能遇見天堂。🍷

Bodegas López de Heredia

Avda. de Vizcaya, 3
26200 Haro, La Rioja
Spain
Website: www.lopezdeheredia.com

註：本莊較早的絕佳年份包括：1954、1964、1970、1973、1976、1978。

守舊與立新
La Rioja Alta

與副產區同名的上利奧哈酒莊（La Rioja Alta）位於葡萄酒重鎮阿羅的「車站區」，和傳統派頂峰的艾雷迪亞酒莊為鄰，同列利奧哈傳統派的菁英。然而，相對於艾雷迪亞屬於完全「食古不化」的「硬蕊傳統派」，上利奧哈較為兼容並蓄，既保留傳統酒風，也無懼於開發新式風格，甚而跨足至其他產區成為由四家酒莊組成的Grupo La Rioja Alta, S.A.集團。其規模雖大、酒款不少，但酒質極佳且日進有功，還以物超所值的酒價攻城掠地，成為國際優質餐廳酒單的常客。

十九世紀末，根瘤蚜蟲病肆虐毀掉波爾多大半葡萄園，許多法國人南來阿羅車站區投資設廠，維基耶（Albert Viguier）便是其中一員，他在1890年將酒廠賣給利奧哈產區五名葡萄農，此五人小組同年創設Sociedad Vinicola de la Rioja Alta，並於1年後正式更改莊名為La Rioja Alta（法規明訂的今日，已不能將產區名設為莊名），隨後不久便在1895年的「波爾多世界博覽會」贏得銀牌獎。時至今天，本莊雖有其他投資者入股，但包括總裁在內的多位管理者依舊是五位創始者後代。整個集團在西班牙共擁有685公頃葡萄園，總部所在的上利奧哈副產區則握有450公頃園區，目前集團下各莊僅以自有葡萄釀酒。

變與不變

從1890年至1996年，本莊均以傳統大木槽進行酒精發酵，但自新釀酒廠設立後（設於離

上利奧哈酒莊招牌，依現今法規，已禁止以產區名替酒莊命名。

阿羅不遠的Labastida村）已改為溫控不鏽鋼槽釀酒。然而，百年老廠堅持不變的除了自1902年註冊的商標（圖樣為奧哈河與河畔四棵橡樹），還有不使用幫浦，而是就著燭光、每隔幾個月就進行手工換桶除渣的堅持。另，直到1950年代上利奧哈都以自設桶廠製作所需橡木桶，之後中斷了四十多年，至1995年又重新恢復自製美國橡木桶的優良傳統；橡木進口自美國田納西、俄亥俄、密蘇里與肯塔基各州森林，且在莊內經過2年戶外自然風乾後才用予製桶，產能在年均4,000～5,000桶。然而，過

1. 上利奧哈酒莊總部,約有40%產量用於出口。

2. 左為現任總釀酒師胡立歐・薩恩茲;右為酒莊總裁阿朗薩巴。

去在特級陳釀級紅酒酒瓶上套有金色網線以防假酒偽造的老傳統,在餐廳侍酒師抱怨開瓶麻煩後,已於1990年代取消。其實最早期的網線是包覆在酒標與瓶塞的蠟封之下,如此才具防偽功能。

創新方面,除現在常見的溫控不鏽鋼槽,上利奧哈還對旗下所有葡萄園進行衛星與紅外線繪圖,以期更精確了解各區塊在當年份的可能表現。現任總釀酒師胡立歐・薩恩茲(Julio Saenz)在受訪時拿出2012年9月底旗下Torre de Oña酒莊的葡萄園空照衛星暨紅外線顯示圖(見P.31)解釋:圖中綠色與藍色區塊表示長

勢茂盛，但品質較低（因靠近地下水層），紅色與橙紅則是最佳區塊，酒莊也會針對圖中的23個色塊園區分別採收與釀造（包括以不同橡木桶培養，於桶中完成的乳酸發酵比例也不盡相同），後再精確混調出所企求的酒質。本莊還在阿羅總部設有實驗培養酒窖，以針對不同葡萄品種、不同混調比例、不同林區來源的橡木桶、不同頻率的換桶除渣以及培養時程等都進行詳細對比與研究。守舊與立新並存。

兩大利奧哈特級陳釀酒

上利奧哈釀有兩款特級陳釀級、兩款陳釀級與一款佳釀級紅酒，其中的特級陳釀級Gran Reserva 890為頂級旗艦款，取酒名為890以紀念建莊元年，僅在最佳年份才推出（平均約每3年才出現一次），自1970年起至今，有推出GR 890的年份包括：1973、1975、1978、1981、1982、1985、1987、1989、1994、1995、1998、2001、2004、2005；且年均產量僅10,000～25,000瓶。胡立歐‧薩恩茲認為1995是GR 890有史以來最佳年份，筆者品嘗過後也給以極高評價。

GR 890的釀酒葡萄組成約為96%田帕尼優、3%格夏諾以及微量的卡利濃；田帕尼優來自上利奧哈副產區的Briñas, Labastida以及Villalba村，格夏諾與卡利濃則來自同區的Rodezno村。在酒精發酵與乳酸發酵後，酒液會導入

本莊在此實驗培養酒窖，針對不同混調比例、不同林區來源的橡木桶等進行詳細研究，守舊與創新並行不悖。

舊的美國橡木桶進行長達6年的培養（早些年可達8年），期間進行為數12次的手工換桶除渣，後未經過濾與黏合濾清便裝瓶，再經約6年瓶中培養後才釋出上市。GR 890架構精確、風味傳統而複雜，氣韻集中綿長，實為傳統派利奧哈瑰寶。

另款特級陳釀級Gran Reserva 904在西班牙餐廳酒單較常見到，價格較GR 890便宜一半，然品質優異。總裁阿朗薩巴（Guillermo de Aranzabal）表示其實本莊兩款特級陳釀都來自同樣的葡萄園，但在採收隔年2月再經反覆品試後，胡立歐·薩恩茲會決定哪些桶次獲選為頂級GR 890，哪些則選入品質略次一些的GR 904。GR 904的組成為90%田帕尼優與10%格夏諾，在4年半的美國橡木桶內進行4年的酒質培養（前些年為5年），不過濾與黏合濾清便裝瓶，再經4年瓶中培養後上市。此外，近年酒莊也將培養GR 904的舊桶桶齡自10～12年降

2

1. 特級陳釀級紅酒都需經多年瓶中培養後才釋出。

2. 本莊對旗下葡萄園進行衛星與紅外線繪圖，更精確了解各區表現。圖中綠色與藍色區塊表示長勢茂盛，但品質較低，紅色與橙紅則是最佳地塊。

1. Gran Reserva 890。
2. Viña Alberdi。
3. Torre de Oña。
4. Gran Reserva 904。
5. Lagar de Cervera, Albariño。
6. Áster Finca El Otero。
7. Viña Ardanza。
8. Finca San Martín。

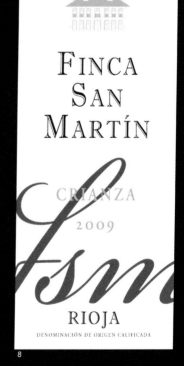

1

2

為4～5年，使果味略顯清鮮一些。取名904意在慶祝1904年創莊人之一的阿丹薩（Alfredo Ardanza）將自有的Bodega Ardanza酒莊併入本莊擴大規模。

本莊產量最大（年均產量80萬瓶）、最廣為人知的經典陳釀級紅酒其實是Viña Ardanza，酒名取自創莊人阿丹薩，首發年份為1942年，筆者品過幾個年份，確認酒質穩定優良。光看Viña Ardanza的酒名，會以為是單一園酒款，其實是混合多村多園果實所釀成。組成為80%田帕尼優（葡萄來自上利奧哈副產區的Fuenmayor與賽尼賽羅酒村），20%格納希。往日的格納希外購自下利奧哈副產區果農，後因許多當地果農流行拔除格納希、改種田帕尼優，導致外購葡萄來源日漸困難，本莊遂於2001年在下利奧哈的Tudelilla村自種格納希，目前也全以自有果實釀酒。Viña Ardanza的田帕尼優經36個月美國舊桶培養，格納希則為較短的30個月培養以保持果香，混調與裝瓶後經至少2年瓶中

1. 就著燭光、每隔六個月就進行手工換桶除渣。

2. 至1996年，本莊還以左手邊的傳統大木槽進行酒精發酵。

培養後上市。

1970年代末、1980年代初，本莊曾實驗以100%田帕尼優釀過幾個年份的Viña Ardanza，當時採用的是果色較深、風味較為濃縮的田帕尼優釀造，然而幾年後，主事者認為酒中還是略欠較豐盛的果味與香料氣息，所以又改回原來的雙品種混調配方。有意思的是，在絕佳年份本莊會推出特別版的Viña Ardanza，此時酒標上標的不是正常版的Reserva，而是Reserva Especial（特別陳釀級）；後者並非法定分級，當然也無特殊規定，只是酒莊標示特佳品質用語。Reserva Especial截至目前僅出現過1964、1973、2001三個年份。筆者喝過2001 Reserva Especial，酒質的確不凡，不過我同時認為2004年份酒質有Reserva Especial的質素（詳細品酒筆記請見Jason's VINO網站）。另，1980年代末，本莊曾釀過Viña Ardanza Blanco白酒，後因購入他區專釀白酒的酒莊而放棄Viña Ardanza白酒釀造。

酒質略次、價格略低於Viña Ardanza，但依舊優質的Viña Arana陳釀級紅酒以95%田帕尼優、5%卡利濃釀成，葡萄來自上利奧哈副產區的Rodenzo與Labastida村，在3年半的美國舊桶培養36個月後，經至少2年瓶陳後上市；Viña Arana整體酒風較之Viña Ardanza柔美些。本莊最初階的紅酒Viña Alberdi以100%田帕尼優釀成，口感柔潤，以不錯的酸度與簡單甜美果香引人，算是平日佳飲，經2年美國橡木桶（首年在新桶裡培養）與至少1年瓶陳後釋出。

攻城掠地

上利奧哈酒莊在站穩腳跟後的1980年代末開始向外擴展建莊，其中位於利奧哈阿拉維沙副

產區的Torre de Oña酒莊建於1987年，於1995年併入Grupo La Rioja Alta, S.A.，一軍Torre de Oña與二軍酒Finca San Martín主要都以田帕尼優釀成，酒格甘美豐潤，優質可口。位於斗羅河岸（Ribera del Duero）產區的Áster酒莊（建於1989年）也釀有兩款100%田帕尼優紅酒：Áster Finca El Otero與Áster，兩款酒質皆極優、極物超所值，前者一軍Finca El Otero以超過70歲樹齡的老藤所釀，尤為驚人，以法國新桶培養出現代風格。1988年起本集團也擁有位於西班牙西北部下海灣（Rías Baixas）產區的Lagar de Cervera酒莊，園區廣達75公頃，以阿爾巴利諾（Albariño）品種釀造同名白酒，其酒液與死酵母一同培養4～6個月，架構佳兼有宜人清香，搭魚鮮或開胃小點最是對味。

為與飲酒人保持友善關係且便於直接通溝，上利奧哈酒莊早在1976年即首開風氣之先創設「葡萄農俱樂部」（Club de Cosecheros），成為會員者可享客製化酒標、參加品酒課程，以及享有預約酒莊度假別墅與私廚餐酒搭配服務的權利，更加深化愛酒人忠誠度。酒友若有機會於產區一遊，不妨拜訪本莊近年新設的品酒、購酒鋪，親自體驗老酒莊完美摩登變身後的風貌。🍷

La Rioja Alta

Avda. de Vizcaya, 8

26200 Haro, La Rioja

Spain

Website: www.riojalta.com/en/index.php

葡萄酒的任意門
Bodegas Muga

筆者採訪過新、舊世界許多名莊，能同時釀好傳統與現代風格酒釀者極少，其中最令人折服且新、舊派葡萄酒都釀有多款、兼而酒質俱佳者，非位於上利奧哈副產區的慕卡酒莊（Bodegas Muga）莫屬。日本漫畫《哆啦A夢》有扇「任意門」可以隨意穿梭空間，而慕卡則憑藉著對傳統的堅持與現代實驗精神，讓飲者可在傳統與現代風味的利奧哈葡萄酒之間恣意穿梭，體會風土酒款的不同面貌。

慕卡家族源自上利奧哈的Villalba酒村，過去五百年來都是葡萄農家族，將耕種所得葡萄賣給大廠，僅在果賤傷農時，自釀自用或轉買。家族的依薩喀・慕卡・馬汀尼茲（Isaac Muga Martínez，～1969）與奧蘿拉（Aurora Caño）婚後不久，旋即在1932年建莊。其實本莊精深的釀造技術最早來自奧蘿拉，而其所學則源於在上利奧哈酒莊擔任酒窖大師的父親卡紐（Jorge Caño）；奧蘿拉在母親逝世後成為父親的釀酒助手，耳濡目染釀技自成。慕卡最早的釀酒窖設於阿羅市中心的民宅地下室，然空間狹小老

專門製作如圖中發酵用大木槽的師傅被稱為Cubero，而本莊的Cubero則是已在本莊工作四十多年的製桶大師阿茲卡拉提。

依酒款不同，橡木料會先經2～4年的戶外天然風乾，才會用來製桶；製桶最後一步驟便是以燒炙的鐵模在桶頂上壓印。

舊，後在酒莊經營上軌道、財務情況好轉後的1964年，買下位於阿羅「車站區」旁的250年石砌老宅Prado Enea重新翻修、擴建並建立慕卡高塔（Torre Muga）為地標，成為本區幾家百年老莊的鄰居。

以橡木安身立命

酒莊目前傳至第三代，接受筆者採訪的是釀酒師侯黑・慕卡（Jorge Muga）。侯黑指出本莊在釀造、培養、裝盛時僅使用橡木容器；我環目所及，莊內的建材除了石材就是橡木。其實直到1968年本莊才有足夠資金建立第一個釀酒用大木槽，製槽人則是來自San Vicente de la Sonsierra酒村的製桶大師阿茲卡拉提（Jesús Azcárate）；現在大師手下領導四名製桶師，

除在本莊自設的製桶廠每日製作8～10個225公升的培養用橡木桶，也擔任維護發酵大型舊槽的任務。製桶木料則主要來自法國、美國以及匈牙利，後者比例目前僅占10%，但因培養效果佳，侯黑將在未來逐步調高比例。

慕卡目前擁園250公頃，但還與長期合作的葡萄農購買果實（合約面積150公頃），平均總年產量在100～150萬瓶之間，在法國算是大規模酒莊，然而在利奧哈還只算中型酒業，因旁鄰的上利奧哈酒莊的產能約在600～700萬瓶之譜。自有園區都位在酒莊北方的歐巴倫薩斯山（Montes Obarenses）山腳，以黏土與石灰岩為主，聚合了北邊大西洋氣候、東邊地中海型氣候與西南邊大陸型氣候影響。在大陸型氣候影響相對較小的情況下，本莊有時會以「大西洋年份」（如2008年）或「地中海年份」

慕卡酒莊與其高塔。羅馬人曾稱利奧哈為「七個谷地之鄉」（Country of 7 Valleys），慕卡與幾家歷史名莊都位在由西算來、較為涼爽的首個奧哈谷地（Oja Valley）之內。

慕卡的紅酒通常在桶陳1年後，才進行各園區或各批次的混調。

（如2003年）來形容當年的氣候與酒質表現，前者指酒色較淺、花香較明顯的年份，後者則有較為熟美強勁的表現。

本莊採收相當晚，田帕尼優通常約在10月中開採，但遲至11月初或甚至11月中也非罕見，甚而曾有兩次在雪中採收的紀錄。自有園區包括El Estepal、La Loma、Baltracones、La Loma Alta、莎哈扎拉，其中的Baltracones是慕卡幾款頂級酒的主要來源。除利奧哈的主要品種外，侯黑也正對幾乎瀕絕的紅馬都拉娜黑葡萄進行釀造實驗，其心得是紅馬都拉娜在果實未完美成熟時，會出現類似不熟的卡本內—蘇維濃（Cabernet Sauvignon）會有的青椒味。此外紅馬都拉娜風味霸道，即便在混調時僅添入10%，也會讓人以為它是100%紅馬都拉娜品種酒，看來不適用於混調。

紅酒在大木槽進行酒精發酵時，本莊會以淋汁進行萃取，以前一日淋汁三次，目前則以新穎的機器進行輕柔淋汁，且頻率降低為僅僅一次（發酵完畢前啟動10分鐘淋汁作業）。之後的乳酸發酵從前是在同一大木槽中進行，現在只要是陳釀級與以上等級紅酒，都在培養用的小橡木桶進行（首年培養通常是新桶，微氧會透過氣孔滲進新桶內，在裡頭進行乳酸發酵可讓酒色更早穩定、不容易掉色）。經過期間長短不同的培養後，不經過濾程序，但會進一步以新鮮蛋白進行黏合濾清（在17,500公升的大木槽中進行，100公升葡萄酒需用到2～3個雞蛋白），濾清後沉至槽底的蛋白與酒渣的混合物還會用來製作高品質天然肥料以滋養園區土壤。

紅白反轉

侯黑表示，在十九世紀初，波爾多釀酒人與葡萄根瘤蚜蟲病都尚未來到利奧哈之前，總種植面積是目前的兩倍，且80%釀的是白酒，與目前紅酒當道的景況恰恰相反。慕卡以紅酒聞名，但其白酒、粉紅酒甚至是氣泡酒都釀得不錯。首先，在小橡木桶裡發酵的Muga Blanco是以90%維烏拉與10%馬瓦西亞釀成，酒質熟美芬芳，兼有極好的酸度與礦物質撐起架構，為現代版利奧哈白酒的優良典範，而發酵過白酒的橡木桶會被用來培養佳釀級紅酒。粉紅酒Muga Rosado的釀酒品種約是60%格納希、30%維烏拉與10%田帕尼優，經12小時浸皮萃取粉鮭色澤而成，酸度佳，以酸櫻桃、覆盆子風味為主；只在「大西洋年份」釀產的氣泡酒Cava Conde de Haro Brut以二次瓶中發酵法釀成，年

產量不過4萬瓶，以維烏拉為主要品種，其氣泡細密，架構纖細修長，極為可口，與當地的白蘆筍搭配尤其令人回味。

本莊的佳釀級紅酒品質較為普通，但陳釀級和以上等級紅酒皆值得推薦。Muga Reserva的主要品種為田帕尼優與格納希，但也含有小比例的卡利濃與格夏諾，架構與酸度俱佳，常帶有菸草與肉豆蔻氣韻。在年份特佳時，慕卡還會推出「特選陳釀級」（Reserva Selección Especial）紅酒，特選陳釀所用葡萄來自面積不大的老藤區塊，酒質與酒價都勝過正規版陳釀級紅酒。實情是，以上所提老藤葡萄在正常年份也都用在陳釀級的釀造上，但當遇到絕佳年份，陳釀級不需老藤助力以提升酒質時，侯黑便會將老藤區塊獨立裝瓶為Reserva Selección Especial。

特級陳釀級紅酒Prado Enea Gran Reserva是

經光陰醞釀的慕卡老年份紅酒。

左至右為Reserva Selección Especial、Torre Muga、Aro。其實Torre Muga的首年份為1989，但至1991年才正式推出首個商業上市年份。

1

2

1. 酒莊以圖中的500公升橡木桶（中間）實驗白酒的釀造，希望
   將新桶的影響再微調到更小（目前白酒是以225公升桶發酵釀
   造）。

2. 正在半戶外（有頂無牆）場地發酵中的本莊白酒。

3. 慕卡自家的橡木桶製造廠。

4. Prado Enea Gran Reserva是本莊傳統利奧哈紅酒的經典傑
   作。

5. 慕卡第三代的侯黑．慕卡為本莊釀酒師。

3 　 　 　 　 　 4 　 　 　 　 　 5

本莊傳統風格紅酒的頂峰傑作，酒名來自Prado Enea總部老石宅。品種約為80%田帕尼優、剩餘為格納希、卡利濃與格夏諾。用以釀造Prado Enea的葡萄總是最晚一批採收進廠（園區海拔介於600～650公尺），在10,000公升的大木槽進行完全無溫控發酵（僅使用野生酵母），之後先在16,000公升大木槽培養12個月，接著至少36個月橡木桶培養（包括法國新桶與美國舊桶）與至少36個月瓶陳後才上市。如此長時間培養出的Prado Enea氣韻優雅深沉，口感絲滑，單寧精巧細膩，是布根地紅酒愛好者也會激賞的美釀。此外，酒莊被炎熱的2003年份嚇到後便在大木槽裡裝設溫控設備，只是之後年份偏涼，故至今仍未控溫釀酒過。

接下來是兩款現代風格紅酒。Torre Muga紅酒顧名思義，取名自聳立莊前的慕卡高塔，當初是在侯黑的舅舅建議之下，針對國際出口市場所釀造；釀酒葡萄源自Villalba酒村的低產老藤，約以75%田帕尼優、15%卡利濃與10%格夏諾釀成，在法國新桶（Allier森林桶）培養18個月，經至少1年瓶陳後裝瓶。以現代波爾多手法培養的Torre Muga酒色深紅近黑，口

感豐潤、單寧緊緻，具極佳均衡感，酒質不輸高級波爾多，但相對可較為早飲，首個商業年份為1991年。本莊最價昂的Aro紅酒是遴選各園區中表現最佳的幾株葡萄樹嚴釀而成（釀法同Torre Muga），因含有30%格夏諾（其餘是70%田帕尼優），故酒色深黑帶紫、架構扎實，濃縮的風味以藍莓與黑櫻桃果醬氣韻為主，如同波爾多佳釀，Aro需較長的瓶中培養才適飲；以筆者品嘗過的兩個Aro年份而言，2009年份酒質明顯勝過2006。

慕卡不甘所釀好酒在國際上鮮為人知，自1980年代末便開始開拓出口市場（Torre Muga紅酒的出現便是積極的例證），目前有50%年產量用於出口至全世界五十餘國。在今日西班牙景氣如此低迷、失業率如斯高漲的年代下，國際出口市場反倒幫助本莊站穩腳跟，續釀古早味或新滋味醇酒，實乃酒友之福！🍷

Bodegas Muga

Barrio de la Estación s/n
26200 Haro, La Rioja
Spain
Website: www.bodegasmuga.com

小農的名釀傳奇
Bodegas y Viñedos Artadi

利奧哈三個副產區中面積最小者就屬利奧哈阿拉維沙，它和由大型釀酒合作社主導的下利奧哈與以大型酒商（或大型酒莊）為首的上利奧哈不同，傳統上以個體戶葡萄農為主體，多數均將葡萄賣給大酒商釀酒，通常僅在產量過剩時以類似二氧化碳浸泡法的手法，釀出不經木桶培養、果香甜美突出的年輕級（Joven）簡單紅酒，但這景況因一人的發想、堅持與願景而逐漸改變。目前的利奧哈阿拉維沙如雨後春筍般冒出許多小規模獨立酒莊，在大酒商制霸的利奧哈闖出令愛酒人欣喜的新意。

以上所提的關鍵人物，就是現年五十多歲的璜‧卡洛斯‧羅培茲‧德‧拉卡耶（Juan Carlos López de Lacalle）。身為葡萄農世家的璜‧卡洛斯深知果農看天吃飯不易，遂在1985年召集13名利奧哈阿拉維沙的葡萄農共同成立阿塔迪釀酒合作社（Artadi～Cosecheros Alaveses）自行釀酒，以獲得比單純賣葡萄更高的收益。因悉心釀造，加上果實來自有機耕種的老藤，阿塔迪在創立同年首釀的年輕級紅酒，一上市便大受歡迎。受到消費者肯定的同時，璜‧卡洛斯開始朝向釀造頂級紅酒的目標邁進。

其首款經橡木桶培養的紅酒是1987年份的Viña de Gain，由於價格平宜卻嘗有高級酒款

阿塔迪酒莊隱身於十二世紀古城拉瓜地亞的厚城牆裡，此為裝飾用的老式葡萄去梗機，置於接待室內。

阿塔迪一般不接受外訪，但遇貴賓或媒體來訪，便會以這部漆成白色的英國計程車載客進行葡萄園巡禮。

的複雜風味，更讓阿塔迪聲名大噪。然而合作社內有些果農只願釀造年輕新酒，不認同繼續研發需經培養程序的高級紅酒而退出，迫使璜‧卡洛斯後來在1991年買下幾名果農的葡萄園，正式創立阿塔迪酒莊（Bodegas y Viñedos Artadi）。二十多年後的今日，阿塔迪酒莊已是現代風格利奧哈紅酒的經典。

天然促發

接受筆者採訪時，莊主璜‧卡洛斯指出現代版的二氧化碳浸泡法（Macération Carbonique）約莫於50年前才發明：將整串未去梗的葡萄放進預先灌有二氧化碳的密閉發酵槽內，經溫控發酵而成（薄酒來新酒常用的釀法）。至於利奧哈阿拉維沙傳統上的「類二氧化碳浸泡法」是自然形成，非刻意促成：酒農採收後會將整串不去梗葡萄置入開頂式發酵槽內，底層小部分葡萄因重力壓損流汁，且藉由皮上野生酵母之助開始發酵，隨之而來的二氧化碳便開始充滿酒槽，又因二氧化碳比空氣重，便將空氣（氧氣）排擠出槽外；此缺氧狀態加上天寒使得正式的酒精發酵延遲多日，此時大多數整串未損的葡萄顆粒內，卻會因裡頭的酵素而

開始輕微皮內發酵，初步的果香與酒色天然萃取程序也因而發生，據此便可釀出果香滿盈的傳統利奧哈阿拉維沙年輕酒。這也是當地家家戶戶每日必喝的飲料。而酒莊至今仍以人工腳踩進行踩皮萃取。

阿塔迪酒莊目前在利奧哈阿拉維沙擁有80公頃葡萄園，總部隱身於十二世紀古山城拉瓜地亞（Laguardia）的厚城牆裡，設有恆溫恆濕地下培養酒窖，新的釀酒廠則設於城郊東南方的加油站旁。璜‧卡洛斯主要專長為葡萄種植與園區管理，釀酒方面則是監督與部分參與。創莊時便加入的釀酒師羅密歐（Benjamín Romeo）在1999年離開本莊並自創Bodega Contador酒莊（酒質同樣高超，同屬現代風格）。本莊後來延攬的總釀酒師是法國人嘉寶（Jean-François Gadeau）；之所以稱其為「總」釀酒師，乃因目前的阿塔迪已成為擁有三家酒莊的小型酒業集團，所產酒款非常多樣。

璜‧卡洛斯並不認同利奧哈管理當局依照在橡木桶裡培養時間的長短為葡萄酒分級，而認為葡萄園、甚至是葡萄樹藤年齡才是更佳的分級法，當然這與他長年來多次參訪布根地產區的經驗不無關係；他也在後來棄絕在酒標上使用佳釀級與陳釀級等傳統用語。璜‧卡洛斯也將田帕尼優與黑皮諾類比，認為前者也能夠表達出後者的細膩優雅風情；在他眼中美國橡木桶會掩蓋所培養酒款的風味，所以自創莊初始只採用法國橡木桶。我問，如果向當地傳統酒莊看齊只使用美國舊桶培養呢？璜‧卡洛斯表示他愛鮮美純淨且通透的果香，如果以舊桶培養，精粹的果香就會被「汙染殆盡」。以上在在顯示阿塔迪的新派作風與古有別。

本莊在利奧哈阿拉維沙的紅酒除Viña El

1. 獨占園Viña El Pison周遭受到丘陵完好屏障，具優良微氣候。

2. Viña El Pison園內植於1945年的老藤田帕尼優。

Pison之外，全以田帕尼優釀成。璜‧卡洛斯以Viña de Gain紅酒為酒質標竿，若不達標準，則將其裝瓶為最初階的Artadi Tempranillo（阿塔迪還是有釀年輕酒Tinto Joven，但並不出口）。Viña de Gain以20～30歲樹齡的果實釀成，酒價不高，酒質卻極為不俗，算是親近本莊酒款的良好入門，這酒也幫阿塔迪賺進穩固身家。此外，曾經一度停釀的Viña de Gain Blanco白酒也自2005年份起重新推出上市，它以100%馬卡貝歐釀成，酒質圓潤強勁，酸度不缺，帶有熟楊桃氣息，值得一試。

唯有老藤

基礎穩固後，璜‧卡洛斯再接再厲於1990年推出首年份的Pagos Viejos，成為全球愛酒人對阿塔迪印象最鮮明的代表性酒款。Pagos Viejos顧名思義是以多個園區（至少五個）的精選老藤葡萄所釀成，單寧精緻，酒體扎實，幾年前嘗到2004 Pagos Viejos時，甚至讓我留有現代派年輕巴羅鏤（Barolo）的印象，2010 Pagos Viejos表現更為驚人，偉釀也。

Viña El Pison是莊主的祖父Jenaro San Pedro Carrera所傳下來的美園，占地2.4公頃，除了田帕尼優外，還種有少量的格夏諾與格納希，位於周遭被丘陵完好屏障的區塊，周圍一如布根地的「Clos」，有矮牆圍繞，葡萄樹植於1945年，在此黏土質石灰岩土壤的低產園區裡（每

1. 古城拉瓜地亞的教堂鐘樓。
2. 採收前酒莊還會減去多餘葡萄串，讓樹上的葡萄風味更加集中。

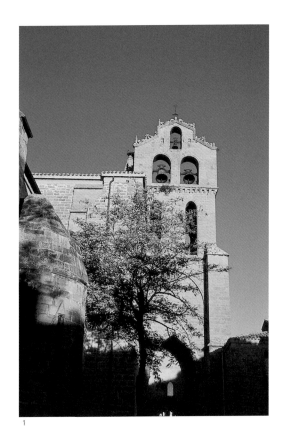

1

2

VIÑA EL PISON
2010
Rioja
DENOMINACIÓN DE ORIGEN CALIFICADA
Rioja Alavesa

VIÑEDOS LACALLE Y LAORDEN S.A.
LAGUARDIA · ALAVA · ESPAÑA

1

ARTADI
LA POZA
DE BALLESTEROS
Single Vineyard Wine
Rioja
DENOMINACIÓN DE ORIGEN CALIFICADA

2010

2

EL SEQUÉ

2010

ALICANTE
DENOMINACIÓN DE ORIGEN

BODEGAS Y VIÑEDOS EL SEQUÉ S.A. · PINOSO · ALICANTE · ESPAÑA

3

ARTADI
PAGOS VIEJOS
Old Vineyard Selection
Rioja
DENOMINACIÓN DE ORIGEN CALIFICADA
Rioja Alavesa

2010

4

ARTADI
VIÑAS DE GAIN
Selección de Añada
Rioja
DENOMINACIÓN DE ORIGEN CALIFICADA
Rioja Alavesa

2010

5

SANTA CRUZ DE
Artazu
GARNACHA | 2009

6

1. 本莊最頂級的Viña El Pison。

2. 酒質精采的La Poza de Ballesteros單一園紅酒。

3. El Sequé以慕維得爾品種釀成。

4. 以多個園區老藤釀成的Pagos Viejos。

5. Viñas de Gain酒價不高，酒質卻不俗。

6. Santa Cruz de Artazu格納希紅酒均衡優雅。

公頃僅產出2,500公斤葡萄），所產紅酒氣韻芳馥（年輕時有紫羅蘭芬芳），單寧絲滑如絨覆舌，氣質高雅精練凡人難擋，也是本莊第一款單一葡萄園酒款（首年份為1991年），年均產量僅約7,000瓶（含本段所提三品種）。釀造Viña El Pison總是本莊慎之重之的大事，因此乃璜‧卡洛斯對祖父教誨的致敬之作。

璜‧卡洛斯偶爾會發現在極為特出的年份裡，用以釀造Pagos Viejos的幾座園區裡會有一、兩座表現特別秀異，於是把當年份表現最佳的單一葡萄園裝瓶為Grandes Añadas（意為偉大年份）紅酒。但在釀出五個年份後，璜‧卡洛斯體會年份並非重點，葡萄園的風土潛質才是精粹，故而停釀Grandes Añadas。截至目前，產出Grandes Añadas的五個年份以及所出自的葡萄園分別是：1994（El Cerradillo園）、1998（Los Olivos園）、1999（El Cerradillo園）、2000（El Molino園）、2001（El Carretil園）。不過除了1994首年份，葡萄園名並未標在酒標上。

鑑於以上對發揚個別葡萄園風土的體認，經過幾年觀察後，阿塔迪終於在2009年份推出Viña El Pison之外的三個單一葡萄園酒款，酒價由低而高分別為：Valdeginés、La Poza de Ballesteros、El Carretil。其中價格最高（但比Viña El Pison略低）的El Carretil曾在釀造2001 Grandes Añadas時就被遴選過。筆者曾在酒莊試過2010 La Poza de Ballesteros，此園面積3.6公頃，朝西南向，以黏土質石灰岩土為主（含有許多石灰岩塊），如同本莊其他高級酒款皆以100%法國新桶釀成，其鼻息深沉甜美，結構絕佳，口感卻又濃馨糯潤，風味精深中可探見優良的儲存潛力。

原生的傑作

阿塔迪在掌握釀造田帕尼優的精髓後，將經營觸角延伸到另兩產區，繼續精研其他當地原生種的釀技。首先是在1996年在利奧哈東北方的那瓦拉產區建立Santa Cruz de Artazu酒莊，專門釀造格納希品種酒；由於酒莊與園區位於那瓦拉最北邊的Valdizarbe副產區海拔620公尺處（Artazu村），受到大西洋與較高海拔影響，使其格納希紅酒帶有優雅酸度與緊緻的單寧質地；最佳酒款是與酒莊同名的Santa Cruz de Artazu，釀自平均樹齡80～100歲的老藤，風味絕佳。

接著是在1999年與嘉寶共同買下西班牙東南部阿利坎特產區的El Sequé酒莊，目前自有園區40公頃，再加上租來的25公頃，產量頗具規模；葡萄園離地中海僅5公里之遙，位於600公尺海拔山坡上，日夜溫差可達攝氏18～20度，使酒款色深且風味凝縮，兼有極佳酸度與礦物質風味。最優酒款是同名的El Sequé（樹齡40～60歲），可說是釀出了慕維得爾（Mourvèdre; Monastrell）品種的最佳能耐，個人認為酒質勝過絕大多數法國南部邦斗爾（Bandol）產區的同類型酒款，堪稱慕維得爾紅酒之最，不可錯過。🍷

Bodegas y Viñedos Artadi

Carretera de Logroño s/n

01300 Laguardia, (Álava)

Spain

Website: www.artadi.com

part **II** 雍容醺酣玻美侯
FRANCE Pomerol

位於聖愛美濃（St-Emilion）西北邊的玻美侯，在波爾多算是一顆耀眼新星，該區最名貴酒款的酒價甚至勝過左岸梅多克（Médoc）裡規模較大的一級酒莊。玻美侯葡萄園面積（僅780公頃）甚至比聖朱里安（St-Julien）來得小，卻有數量極多的小型酒莊（無釀酒合作社），平均酒質水平極高，但難得碰上物超所值。本區絕大多數酒莊外貌就像普通房舍，卻大多享有酒堡（Château）稱號。

地理上而言，波爾多右岸產區的玻美侯就是一塊巨大的礫石河岸地形，整體相當平坦。由此朝西南的利布恩市（Libourne）方向走，地形較多砂岩，但東邊與聖愛美濃接壤的部分，

便有較豐富的黏土質。這裡生產的可說是全波爾多最溫潤、最豐盛、單寧最絲滑、最容易愛上的波爾多紅酒類型。優質的玻美侯色澤深沉，酸味適度，單寧光潤，餘韻美長如新嫁娘的裙襬。

玻美侯法定產區於1936年成立（同年禁種白葡萄），此地相當民主，並無酒莊分級制度（應是無長久銷售紀錄可資參考之故），酒莊皆是家庭規模事業，常因人事變遷而產生變異。本區地質組成看似不算複雜，主要差異只是從「礫石地」轉換成「帶礫石的黏土地」，或是轉變成「有些礫石的黏土地」，抑或「帶砂質的礫石地」變成「帶礫石的砂地」，然而同一品種在這些土質組成裡便可展現細膩風味變化，各莊酒釀也因而殊異。

貝翠斯（Pétrus）被認為是玻美侯的首席酒莊，其他精采酒莊還包括拓達諾堡（Château Trotanoy）、教堂克里內堡（Château L'Eglise-Clinet）、拉夫勒堡（Château Lafleur）以及老瑟桐堡（Vieux Château Certan）等。此外大名鼎鼎的樂邦酒莊（Le Pin）之品質與酒價相當接近貝翠斯，但因葡萄園只有2.2公頃，所以比葡萄園占地11.5公頃的貝翠斯還顯得稀有。樂邦是由比利時人賈克‧天朋（Jacques Thienpont）所創，天朋家族還同時擁有老瑟桐堡。這些優質酒莊大多位在黏土質土壤上（部分含有礫石），所釀酒款通常極濃郁且肉感豐滿，也最華麗澎湃。

玻美侯的酒之所以受到歡迎，是因以波爾多標準而言，它們較早熟、可較早飲用。主要品種是占玻美侯總體種植面積約80%的梅

靠近玻美侯村裡的教堂周遭有較多帶砂質的礫石地。

1

洛（Merlot），再來是約15%的卡本內─弗朗（Cabernet Franc，當地稱為Bouchet），以及僅占約5%的卡本內─蘇維濃。貝翠斯在園中所種植的梅洛占比幾近100%，且土壤幾乎全是藍黑色黏土，酒質驚人地華麗雍容。即使是品質最高的玻美侯紅酒，在陳放十多年後，就已經發展出極度迷人的酒香以及細膩酒質，甚至許多酒款在5年酒齡時就已經非常引人貪杯。

　筆者原計畫採訪貝翠斯，但因約訪時酒莊表示將進行長達一年多的整建工作，只好在未來補訪，不過，本章後頭將介紹的拉夫勒堡與教堂克里內堡其實在酒質上與貝翠斯同級，同樣令所有愛酒人景仰。

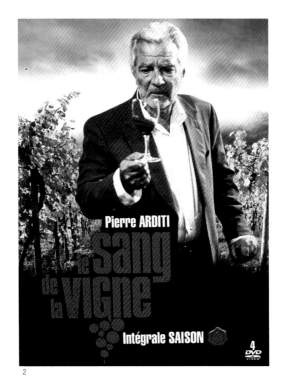

2

1. 玻美侯秋色，雲開，似有聖光罩護。

2. 法國謀殺案偵探小說《葡萄藤之血》（Le Sang de la Vigne）被改編成廣受歡迎的電視影集，第一集〈巴斯康之淚〉（Les larmes de Pasquin）場景便設在玻美侯。

夫君醇釀
Château Lafleur

波爾多右岸的玻美侯產區未有真正的村鎮聚落，教堂成為唯一地標，相似的田間小路橫豎劃過葡萄園，易讓人迷失方向，若一邊駕車一邊搜尋拉夫勒堡（Château Lafleur）莊址，錯失的機率相當大，因其雖有城堡之名，但無建物之實，酒莊只是簡樸的兩層樓民房，模樣甚至比貝翠斯酒莊（貝翠斯酒標上從未標上城堡Château字樣）更不惹眼。

十九世紀初的拉夫勒堡由貝尼耶家族（Bernier）耕植，但直到1872年亨利·格魯（Henri Greloud）購下本堡後才建立名聲；格魯當時已擁有旁鄰的樂給堡（Château Le Gay）。1915年拉夫勒堡與樂給堡又賣給亨利·格魯的孫女婿安德烈·何邦（André

Jacques Guinaudeau在拉夫勒堡的首釀年份為1985（與1986同屬相當優秀的年份）。

Robin）。身為利布恩市資深酒商的何邦，一眼探出拉夫勒風土潛質，便立刻投資埋設地下排水設備以及選育園內最佳植株以利來日種植；在其任內佳作送出，特別是偉大的1929年份。1947年何邦去世，將拉夫勒與樂給堡傳與泰芮絲（Thérèse）與瑪麗（Marie）兩名女兒。兩姐妹終身形影不離，同睡在樂給堡內的簡樸房間裡、終身未嫁，為照顧酒堡與附屬農舍的雞鴨鵝群奉獻一生。

雄性的溫柔

十九世紀末的拉夫勒堡酒價約等同於左岸三級酒莊，對當時仍被視為窮鄉僻壤的玻美侯產區酒莊而言實屬不易。美國酒評家派克（Robert Parker）在同時品嘗玻美侯酒王貝翠斯與拉夫勒堡後，認為後者是極少數能在某些年份挑戰、甚至超越前者的珍釀。由於拉夫勒堡僅擁園4.5公頃（自建莊起面積未變），平均年產量只得1萬多瓶，價昂難尋，故多集中在富有的藏家手中。法國知名葡萄酒作家卡薩瑪佑（Pierre Casamayor）以下說法，可提供有幸品飲者，或苦待機會一親芳澤者一些玩味線索：兩姐妹終身未婚，卻以理想夫婿之形象培養出拉夫勒堡既強勁又可親、雄性且溫柔、強勢之餘還能撫慰人心的特質。

泰芮絲與瑪麗即使勤奮努力，卻非釀酒專才，多年來酒質持平不墜（兩人的經典傑作為1947與1982年份），但未更上層樓年年發揮絕對風土潛力。1981年貝翠斯的酒窖大師貝胡

業（Jean-Claude Berrouet）擔任技術指導後酒
質明顯提升（1983與1984年份由貝胡業親手
釀出，不過後者酒質較為普通）。1984年泰芮
絲撒手人寰，隔年將本莊與葡萄園租予表弟賈
克・積諾竇（Jacques Guinaudeau）經營（創莊
人亨利・格魯是賈克的曾曾祖父）；由於賈克
原就是右岸弗朗薩克產區（Fronsac）北部大村
堡（Château Grand Village）莊主，釀酒經驗頗
豐，故能繼貝胡業將酒質提升至最高境界。拉
夫勒名氣不若貝翠斯與樂邦，除產量低，也與
賈克的謙遜低調有關。此外令賈克驕傲的優秀
年份包括：1989、1995、2000、2005、2009與
2010。

　　瑪麗也在2001年隨姐西歸，賈克便抓緊機
會排除其他競爭者於隔年購下本莊。他隨後
清除養雞場、種上缺失未補的葡萄株，也改善
整枝系統與園區排水。拉夫勒堡位於玻美侯

1

1. Château Lafleur直譯有「花堡」的意思，圖為秋陽下的鞦韆與葡萄園。

2. 園中第四區塊（綠草覆蓋部分）通常因排水較差、較為潮濕，僅被釀成二軍，但在炎熱如獄的2003年份，反成表現最佳區塊，成為一軍酒混調用要角。

2

含礫石較多的優良區塊。某些年份（如2008與2011）還能在酒中覓得耐人尋味的礦物質風味。此外，十九世紀末的拉夫勒堡園裡可能種有極少比例的馬爾貝克（Malbec）。

1. 拉夫勒堡酒莊主體只是簡樸的兩層樓民屋。

2. Château Lafleur（右）內含約50%卡本內一弗朗，替酒帶來較佳的酸度、架構與儲存潛力。Château Grand Village紅酒相當物超所值。

台地（Plateau de Pomerol）中心，鄰居均是La Fleur-Pétrus、貝翠斯、老瑟桐堡、Hosanna與La Fleur-de-Gay等名莊，園區位置自然優越。本莊園區雖不大，然而一整塊葡萄園卻可劃分四種土質的四塊區域（分別是礫石、黏土、砂土與粉砂之間的不同組合），其中三塊或多或少含有棕色礫石，排水性從佳到極佳，但是第四塊的中間偏東長條區域無礫石，多砂土、粉砂與黏土，排水較差同時也略肥沃，故刻意讓綠色雜草恣長與葡萄藤競爭水分。2003的炎熱年份（法國熱死許多人），本莊因土質多變所以有更多原料可供挑選與混調，不致酒質熟軟頹靡，而成為當年玻美侯表現最佳的酒堡。

因部分園區含較多礫石，故一反玻美侯

常態，本堡種有五成的卡本內─弗朗（尤以近老瑟桐堡一側種植最多，比例接近白馬堡〔Château Cheval Blanc〕），另五成則是本區經典的梅洛品種。每公頃種植密度在6,000～7,500株之間，平均樹齡則在相當理想的40歲熟年。平均產量很低，每株葡萄樹僅產0.5～0.75公升，也就是在最佳情況下每棵樹至多只產一

瓶拉夫勒堡。相較於以將近100%梅洛釀成的貝翠斯紅酒，拉夫勒堡更顯男子氣概，也需要較長時間以待酒質熟成。

鑑於園區規模小巧，賈克與其小團隊對每株葡萄樹可說如數家珍，故能給予最彈性與妥善的關懷及照料。在泰芮絲與瑪麗兩姐妹時代以及1985、1986兩年份，以上兩品種基本上是同

1. 本莊小巧的培養酒窖，將進行乳酸發酵的橡木桶上方並不是使用專業的玻璃桶塞，而是使用法國修院或學校食堂用的儉樸酒水杯（Verre de réfectoire），便宜實用（二氧化碳可從旁隙縫順利逸出），杯子也可重疊方便收納。

2. 酒莊溫馨的起居室，也是訪客品酒所在。

1

2

天採收（早期兩品種混種一起，未分行列）、同槽混釀，自1987年起分開釀造再行混調；1989年更進一步分開採收、分別釀造再混調；自1994年起，則非常精確地依品種與地塊差異分多次採收，分多批釀造，於隔年2月左右才進行最終混調（以梅洛而言每年都會分三批採收）。由於依區塊分多次採收，所採果實均能達最完美熟度（但絕不過熟）。

舊桶裝新酒

一軍酒Château Lafleur於小型水泥槽發酵（無發酵前低溫浸皮），整體發酵與浸皮萃取時間約16～20天（期間進行淋汁萃取），之後導入橡木桶進行乳酸發酵（窖溫調至攝氏21度以利進行），桶中培養18～20個月後經蛋白黏合濾清後裝瓶。令人驚訝的是培養用的橡木桶，絕大多數來自培養過Château Grand Village紅酒的9個月舊桶，真正新桶低於兩成，迥異於多數波爾多名莊；橡木桶則購自Taransaud與小型精品桶廠Darnajou。由於是藏家蒐羅的高價精品酒款，為防偽酒擾市，酒莊自2005年份起採用「泡泡防偽貼紙」（Prooftag）以隨機產生的泡泡圖形遏止仿酒劣行（波爾多第一家使用此法的酒莊）。另，本莊60%的產量都由右岸酒商Jean-Pierre Moueix經銷。

1987年份因酒質未達賈克高標，故全部降級以二軍酒Pensées de Lafleur上市（此為二軍首年份，以不鏽鋼槽發酵），另個未產一軍Château Lafleur的年份為1991年。早期的二軍酒的確是釀自年輕樹藤與一軍降級酒液相混而來，但自2000年起的二軍葡萄全來自上述所提的第四區塊（多砂土、粉砂與黏土）以及酒莊右側的柳眉狀小園區（停車場旁，後來

才種植），故嚴謹定義上，現在的Pensées de Lafleur已不算真正二軍酒，而是另款特定風土表述的玻美侯（2000年份的二軍酒質堪稱史上最強）。即便有二軍酒出現，本莊還是常將不夠水平的酒（三軍）整桶匿名賣出，以讓二軍酒維持在佳釀以上水準（據筆者品嘗經驗，此二軍水準極高，勝過許多酒莊一軍）。故尚未有機會品嘗正牌酒品者，不妨先試試拉夫勒堡箴言（Pensées de Lafleur）所言為何。

賈克的長子巴提斯特（Baptiste）與太太住在拉夫勒堡，兩人也是酒莊成員，賈克與妻子席薇（Sylvie）則居大村堡（此堡早期為自給自足大農莊，積諾寶家族自十七世紀便世居於此，釀造優級波爾多〔Bordeaux Supérieur〕等級紅酒）。在四人協心努力下，不僅拉夫勒堡達到巔峰水準，Château Grand Village紅酒也具相當好的水準。幾年前，賈克又在弗朗薩克區找到幾塊黏土質石灰岩優良園地，開啟「G計畫」（Project G，源自家族姓氏Guinaudeau字首），欲在成名既久的拉夫勒堡之外，重新發掘並定義新優質葡萄園，尚屬實驗階段，目前僅少量試售，酒名也只是暫定：2009首年份命名為G Acte 1（如此類推2010年份為G Acte 2，2011為G Acte 3……）。首年份的G Act 1目前嘗來僅算是好酒（優級波爾多），但離拉夫勒還有一大段距離，也略遜於Grand Village，不過賈克將在G Project園裡種植源自拉夫勒的老藤卡本內—弗朗幼株，故酒質前景值得期待。🍷

Château Lafleur (Château Grand Village)

33240, Mouillac

France

Tel: + (33) 5 57 84 44 03

Fax: + (33) 5 57 84 83 31

玻美侯裡的紫羅蘭
Château L'Eglise-Clinet

位於玻美侯的教堂克里內堡（Château L'Eglise-Clinet）園區占地與產量僅及同產區首席酒莊貝翠斯的一半，品飲過者有限，名氣也不若樂邦酒莊響亮，然而其酒質實與貝翠斯同級，長年被《法國最佳葡萄酒評鑑》（*Le Guide des Meilleures Vins de France*）列為三星最高等級，排名甚至勝過價格離譜的樂邦（二星等級）。教堂克里內堡紅酒裡常潛藏悠悠沁鼻的紫羅蘭花香，令人未飲先醉，折服在先。

目前的莊主是丹尼·杜宏圖（Denis Durantou），他指出1882年時其曾曾祖父胡旭（Mauleon Rouchut）集合了幾塊原屬Clos de l'Eglise與Domaine de Clinet兩莊的葡萄園，創建了本莊；不過直至1950年代中期，本莊其實原名為Clos de L'Eglise-Clinet（十九世紀末的玻美侯很少使用Château這個詞），後來才改為Château L'Eglise-Clinet。依莊名可猜出本堡應位於教堂附近，但事實上酒莊建物與葡萄園就位在玻美侯酒村的墳墓旁。本堡後傳予丹尼的曾祖母喬瑟芬（Joséphine Rabier），當時丹尼的父親賈克（Jacques Durantou）任政府要職，

教堂克里內堡就位在貨車右後方的兩層樓建築，葡萄園在玻美侯村的墳墓旁；較遠處有小尖塔的是Clos l'Eglise酒莊。

無心代母管理本堡，便自1942年起委由鄰近 Clos René酒莊莊主拉賽爾（Pierre Lasserre）代為種植與釀酒，而後者則可獲得售酒所得一半金額為報償。

氣象一新

拉賽爾原以為來日終將有機會入主本莊，不過對葡萄酒具極大熱情的丹尼破壞了其美夢。自波爾多大學釀造學系畢業後，丹尼於1983年正式接手經營，教堂克里內堡也邁入新時代。在拉賽爾時期的本堡紅酒就廣受好評，不過將其推上能與貝翠斯平起平坐的頂峰殿堂則要歸功於丹尼的掌理，自二十一世紀起連續幾個年份的精湛酒質也讓所有酒評家無異議評予高分。更令人驚豔的是年份欠佳的2002 Château L'Eglise-Clinet也釀得極為精采，其執著與釀酒功力可見一斑（不過許多酒評家在初期都誤判

1. 教堂克里內堡規模小巧的培養酒窖。

2. 具有紫羅蘭、黑醋栗與礦物質風味的2010 Château L'Eglise-Clinet。

1. 本堡發給訪客當作名片暨小禮物的防滴漏嘴捲片（Drop stop），正面的油畫乃莊主夫人的藝術作品。
2. 本堡隱密的招牌，有心人才看得到吧。
3. 1954年份的酒標上標的還是本堡舊名Clos de L'Eglise-Clinet。

此酒，未給出高分）。

拉賽爾代釀時期相當傳統守舊，例如早期並不去除葡萄梗（不過1960年以後全數去梗）、無溫控發酵、極少使用新桶培養（至多10%，1961年份因資金不足甚至完全無新桶），每公頃產量也在較寬鬆的6,000公升左右。丹尼掌權後，立刻在水泥發酵槽內裝設溫控設備，並購入可控溫的不鏽鋼槽、目前的新橡木桶使用比例也提升至約70%，產量則減至約每公頃4,000公升，酒質提升實屬自然。

二十世紀初的本堡園區面積達11公頃（約同貝翠斯今日面積），後在1914年家族分產時一分為二，喬瑟芬當時分到5.5公頃。目前教堂克里內堡的總園區面積為6公頃，用以釀製Château L'Eglise-Clinet紅酒者來自其中的4.5公頃（即旁鄰酒莊與墓地那塊），另一塊離酒莊稍遠的1.5公頃則用來釀造La Petite Eglise（首年份為1986，平均年產7,500瓶）。許多人「情有可原地」慣稱La Petite Eglise為本堡的二軍酒，實而它完全釀自那塊植於1983年的1.5公頃園區（砂土較多），與正牌一軍的Château L'Eglise-Clinet並非同源（同園），依嚴謹定義而言，是另款酒，非二軍，其新桶培養比例較低（40%）。另，1995～2003年間，丹尼也外購部分葡萄加上自有葡萄來釀La Petite Eglise，後因覺得外購葡萄品質不達其要求才放棄，又回復以百分百自有果實釀造；若口袋不夠寬裕，這「類二軍」是享受美酒的佳選。

老藤助功

本堡葡萄園位在風土優良的玻美侯台地上，底土為黏土，上層覆有許多礫石，加上一百多年前埋設的地下排水設施，故排水性極佳。在1956年的法國大寒害中，本堡有一半的葡萄藤倖存未遭凍死（4.5公頃中有2.5公頃需重植），故園中尚存相當珍貴、於1905年種下的卡本內─弗朗百年老藤（有1.5公頃）。另有在1935年混種卡本內─弗朗、梅洛與馬爾貝克的老藤區塊，不過馬爾貝克只剩寥寥幾株。平均樹齡約在45歲，其中有20%是65歲以上的老藤，益添酒質複雜度；Château L'Eglise-Clinet的年均產量約在18,000瓶。

過去的園中每公頃平均種植密度為6,500株，但新植株的密度已經提升到8,000株，種有85%梅洛與15%卡本內─弗朗（還有數量極微的馬爾貝克）。每5年會在園中施灑天然肥料，控制產量的作業始於春季去除多餘芽苞以及夏季的綠色採收，採收時的嚴選果粒已在園中手工完成，並不使用一般酒廠常見的葡萄汰選輸送帶（規模較大的酒廠必備）。若採收季氣候完美，35人的採收團隊可在48小時的工作時數內完成。前述所提的1935年老藤區塊乃多品種混種，因老藤梅洛與卡本內─弗朗、馬爾貝克通常一同成熟，故可一同採收，同槽混釀。

之後去梗、破皮便在八個小型不鏽鋼槽內釀造（2000年以前也採用水泥槽），每槽標有地塊名，故採地塊分區釀造（Vinification Parcellaire，而非現在常見的各品種分別釀造）後再行混調。總發酵與浸皮時間約15～21天，待酒液於槽中乳酸發酵完畢後，傾入小型橡木桶進行約18個月的培養、期間每3到5個月換桶除渣、最後經輕微蛋白黏合濾清

後裝瓶。橡木桶主要來自Darnajou桶廠，次要為Taransaud廠牌；培養時的新桶比例目前依年份不同落在50～80%之間，因丹尼在熟悉園區風土後，覺得產自黏土質的本堡葡萄酒確需以新桶培育出最佳酒質。不過1983～1995年份間僅有15～20%新桶。1989年份甚至完全無新桶：丹尼當時認為該年份酒質極佳，不確定新桶能有所增益，甚至害怕新桶過度影響，此為初識風土所下的判斷。

一款三喝，辨其細微

採訪時，丹尼拿出三瓶2010 Château L'Eglise-Clinet要筆者品嘗並說出差別。當然三瓶同年份紅酒都是極致美酒，不過第一瓶的酒質架構在中、後段較為凸顯，第二瓶顯得較為柔美豐潤，第三瓶則自頭徹尾架構完整均勻。既是同款酒為何喝三次？原來這三瓶都出自同一酒槽，差別在於裝瓶時間各差別約2小時：

老藤是本堡酒質精湛的祕器之一。

忙於新年份Château Montlandrie紅酒混調的莊主丹尼側影。
Château Montlandrie是他在2009年初購入的新產業，酒質優良，筆
者親鑑後推薦。丹尼並非遠住巴黎、假日才偶爾來訪的多金業主，
他的提包裡常備有：萊卡數位相機、手電筒、各種螺絲起子、板
手、老虎鉗、奇異筆、剪刀、園藝剪、開瓶器、蛇形軟管探燈、一
大串鑰匙等，如此才能隨時在酒堡內親力親為。

各是早上11:29、中午13:25與下午15:11。這吹
毛求疵的品嘗實驗告訴我們，即使是裝瓶自
同槽的同款酒，也會因槽底（11:29）與槽頂
（15:11）之別，而產生極細微的口感差異。莊
主說或許哪天他們添購了每小時可裝4,000瓶的
高速裝瓶機後，可望減少差異。不過說真的，
這差異一般人還真分不出來，也少有人可以一
次開三瓶如此價昂的酒款只為比較毫釐之別。

　丹尼表示自1983年接手起，自己任內最精
采的年份包括：1989、2001、2005、2008、
2009與2010。不過遭眾家忽略，然極為優秀的
2002年份才是他日常的歡飲，他甚至到市面上
盡其所能地搜刮2002 Château L'Eglise-Clinet，
不為轉賣，只為自己留著喝。他還認為至關重
要的釀酒目標在：釀造單寧量豐，卻喝不出單
寧感的酒款（這表示萃取手法必須適切，單寧
必須圓熟）。在嘗過多個年份後（包括2002年
份），筆者必須心悅誠服地承認，教堂克里內
堡帶有紫羅蘭香氛的豐沛底蘊確實極為迷人。
🍷

Château L'Eglise-Clinet

33500 Pomerol
France
Tel: + (33) 5 57 25 96 59
Fax: + (33) 5 57 25 21 96

Cantina Gallura
Tempio Pausania

PODERE
SAPAIO.99

VALDICAVA

AZIENDA AGRICOLA RABAJA'
BRUNO ROCCA

LUXARDO
1821

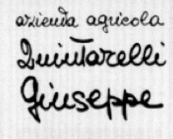
azienda agricola
Quintarelli
Giuseppe

Elio Altare

BIONDI-SANTI
MARCA PROPRIA
TENUTA GREPPO.

FULIGNI

FOSSACOLLE

TENUTAPIANIROSSI

ZARDETTO
SPUMANTI CONEGLIANO

TENUTA
SAN LEONARDO

BRUNO GIACOSA

GAROFOLI
Antica Casa Vinicola

TENUTA
ARGENTIERA
BÒLGHERI

ARGIANO
CANTINA DAL 1580

PODERI ALDO CONTERNO

AZIENDA AGRICOLA
COGNO

AMBROGIO E GIOVANNI FOLONARI
TENUTE

DORIGO

TASCA
CONTI D'ALMERITA

MASCARELLO
GIUSEPPE E FIGLIO
Proprietari produttori dal 1881

ARNALDO·CAPRAI
Viticoltore in Montefalco

DONNAFUGATA

ISOLE e OLENA

Colle di San Domenico

MASCIARELLI

TOMMASI
Viticoltori

PFITSCHER

布根地的香波─蜜思妮（Chambolle-Musigny）酒村位於北邊的莫瑞─聖丹尼（Morey-Saint-Denis）與南邊的梧玖（Vougeot）酒村之間，正處安邦背斜谷（Combe d'Ambin）出口的斷崖之下，緩坡之上，與南來北往的車流有段距離，遊客少擾，村子靜謐靈秀，以教堂為中心聚集不少迷人屋宅。當熙篤修院的修士在1112年落腳於此時，稱此地為Cambolla，後於1302年，本村始被稱為Chambolle。

村莊命名緣由據說是因附近的鞏恩小溪（Ruisseau le Grône）常在雷雨後滿溢爆激如沸水，並氾濫至農田而來：Champ（農田）+

香波─蜜思妮酒村正處轉色期尾聲的黑皮諾葡萄。

Bouillant（沸騰）。1878年時才加上本村最著名的葡萄園Musigny於村名後，成為Chambolle-Musigny。1960年1月，在出身酒農世家的阿朗·胡米耶（Alain Roumier）擔任村長期間，香波─蜜思妮與加州知名葡萄酒產區的索諾瑪（Sonoma）結成姐妹市，此因當時的索諾瑪已有不少香波─蜜思妮美酒的潛在客戶。

本村產有全布根地最溫柔婉約的黑皮諾紅酒，法國歷史學家胡奈爾（Gaston Roupnel, 1871-1946）愛以絲緞與蕾絲形容之，可說盡現黑皮諾的溫柔風景，此與其土壤中石灰岩塊較多、黏土較少、土層較薄有關，所賦予的清鮮酸度與優雅風格與北界的莫瑞─聖丹尼及哲維瑞─香貝丹（Gevrey-Chambertin）大異其趣。目前共有94公頃的香波─蜜思妮村莊級葡萄園、61公頃的一級葡萄園（Premier Cru）與24公頃的特級葡萄園（Grand Cru）。

本村的兩塊特級葡萄園剛好分據南北。北邊的邦馬爾（Bonnes Mares）特級園緊鄰莫瑞─聖丹尼的大德（Clos de Tart）特級園，總面積15.06公頃中的13.54公頃位在香波─蜜思妮村內，其餘1.52公頃則屬莫瑞─聖丹尼村。邦馬爾園以白色泥灰岩與黏土質石灰岩為主，不似香波─蜜思妮園中多石，且土層較厚，所產酒質較為強勁，單寧較豐，與香波─蜜思妮擅長的優雅細緻路數頗為不同。不過上坡處的邦馬爾區塊，土層較淺，質地較細，甚至混有牡蠣化石，酒質風格也較有香波─蜜思妮的芬馥與礦物質風味。

南邊的蜜思妮（Musigny）為全布根地少數幾個最卓越的特級園，許多專家都同意其酒質

邦馬爾特級園。若有機會遊歷香波─蜜思妮酒村，村內唯一的La Chambolle餐廳水準頗佳，酒單上眾多香波─蜜思妮名家紅酒待您一嘗。

常在邦馬爾園之上。海拔在262～305公尺的蜜思妮的總面積為10.85公頃，又分為相連的三塊，分別是最北邊的Les Musigny（5.9公頃，多稱為大蜜思妮〔Les Grands Musigny〕）、居中的小蜜思妮（Les Petits Musigny，4.19公頃）與南邊的La Combe d'Orveau（0.77公頃）。目前由Domaine Jacques Prieur獨有的La Combe d'Orveau是在1929與1989年才分兩次，由一級園升級至蜜思妮特級園，但地勢略低，朝西南向，向陽不若大、小蜜思妮的東南向優，故如遇較差年份，若未因應，可能水準較不穩定。Jacques Prieur的蜜思妮特級園紅酒酒

價也低於後文將詳述的兩莊許多。

香波─蜜思妮的24塊一級園當中以愛侶園（Les Amoureuses）最為人稱道，基本上土質與酒質水準都接近蜜思妮特級園，甚至勝過許多酒莊的其他特級園酒質，通常愛侶園的酒價也高於同莊的邦馬爾園紅酒。其他水準較高的一級園還包括Les Charmes、Les Hauts Doix、Aux Beaux Bruns、Les Cras與Les Fuées，後兩者由於在地理上較接近邦馬爾園，故架構較為緊實。未被列級的村莊級葡萄園中，以較靠近一級園的Les Fremières、Les Croix、Les Echanges等水準較高。

細膩的決勝點
Domaine Jacques-Frédéric Mugnier

香波─蜜思妮紅酒以馨美澄透的鼻息與婉約動人的口感擄獲人心，若以細膩的極致當作決勝關鍵，筆者心中的完美典型非賈克・菲德烈克・慕尼耶酒莊（Domaine Jacques-Frédéric Mugnier）莫屬。本莊位在香波─蜜思妮村最上坡處的香波─蜜思妮堡（Château de Chambolle-Musigny）中，並自

1891年起就註冊登記堡名為商標（今日酒標下方仍標明），然而以羅亞爾河，或等而下之以波爾多酒堡標準來看，它較似三層樓的深宅大院，與正格城堡相去甚遠。

十九世紀中期，菲德烈克・慕尼耶（Frédéric Mugnier）靠設在第戎城裡的烈酒生意致富，而得以在1863年買下香波─蜜思妮堡以及4公

世界級頂尖名園蜜思妮特級園。

頃的香波—蜜思妮酒村葡萄園，後更陸續添入他園。1950年創建人曾孫賈克‧菲德烈克‧慕尼耶（目前酒莊也以其命名）因身為銀行家而長住巴黎，也非釀酒專業出身，便將名下葡萄園租給布根地知名大酒商斐弗烈（Faiveley）耕作釀酒，並以斐弗烈為名貼標出售。1950年以前的釀酒事業都由外聘的酒莊總管代理。

年歲漸增的賈克‧菲德烈克‧慕尼耶，在1978年決定取回外租葡萄園好為晚年生活準備，不過與斐弗烈終止合約的過程並不順利。在法國政府基於保護佃農的氣氛下，當時的合約都是9年一簽，且若無特殊狀況，合約自動再延續9年，因此地主通常難以取回租地，況且此份合約還可由佃農直系血親世襲。最後在與斐弗烈談判妥協後才取回4公頃的香波—蜜思妮葡萄園，不過條件是讓售本莊在梧玖莊園特級園（Clos de Vougeot）的地份，且對方有權繼續租用位在夜聖喬治酒村（Nuits-Saint-Georges）的一級園Premier Cru Clos de la Maréchale直到2004年為止。

目前的莊主是家族第五代，也是賈克‧菲德烈克‧慕尼耶之子菲德烈克‧慕尼耶（與創始人同名）。他原是外海石油探勘工程師，因某次長假回鄉參與釀酒事業後，決計於1984年轉換人生跑道，定居香波—蜜思妮堡，成為慕尼耶家族第一位親自經營、親身管理葡萄園並釀酒的莊主。目前五十多歲的菲德烈克在釀出1985首年份之前，也曾入學葡萄種植技術高校六個月，除學習基礎知識，也擴展在酒界的人脈。

當菲德烈克的父親（逝於1980年）取回葡萄園後的1978～1984年之間，本莊釀酒是由來自布根地釀酒世家的貝納‧克萊爾（Bernard Clair）擔任酒莊總管代釀，然而這時期絕大

由左至右分別為Les Fuées、Les Amoureuses（年產僅900～2,700瓶）、Musigny（年產2,000～5,000瓶）與Bonnes Mares（年均產量僅900～1,500瓶）。

部分的葡萄酒在初釀後都賣給大酒商；若讀者有機會買到佳鐸酒商（Maison Louis Jadot）的1982 Musigny，其原酒很可能來自慕尼耶。

飛行釀酒師

由於當時本莊僅掌有4公頃葡萄園，故菲德烈克仍有空閒追尋其另項狂熱：飛行。他在1988年取得商業飛行執照後的10年內，除莊主身分外，每週還撥出3天擔任商業客機機師，也賺取豐厚薪資。這份外快讓他不必急於自酒莊獲利，任何莊務決策都可不受快速獲利的短視考量所影響。菲德烈克也逐漸將酒莊導向有機農法之路（但並不申請認證或宣稱有機農法）：自1986年起不再施用肥料，1990年起無使用除草劑，1995年後不再使用殺蟲劑。

對近年來愈趨流行的自然動力農法（Biodynamic Viticulture，也譯成生物動力法；農法細節請參見《頂級酒傳奇》相關章節），生性愛思考的菲德烈克則抱強烈懷疑的態度。他

1. 邦馬爾園裡的熟美黑皮諾。
2. 本莊自2005年份起也在Clos de la Maréchale釀製白酒。

認為由魯道夫‧史坦勒（Rudolf Steiner, 1861-1925）提出的自然動力農法只是無以驗證的假說，況且史坦勒連一方小菜園的實務經驗都無，如何教人信服？據筆者所知，史坦勒似乎也不喝葡萄酒。菲德烈克還指出，要被認證為自然動力農法酒莊，則必須每年在園中至少施灑一次「配方500號」與「配方501號」，然而若是園中土壤健康，根系發展完好，為何如此規定？他比喻：「這就如沒病，還強迫吃藥一般可笑。」他再引申其反感：「知名自然動力農法農者瑪莉亞‧圖恩（Maria Thun, 1922-2012）曾強調不要在耶穌受難日（Vendredi Saint）從事農務，但這似乎假設植物都是基督徒！那從事此農法的佛教徒如何是好？」聽畢，筆者也覺莞爾。

剪枝方面，他也有獨到看法。一般採行單居由式（Guyot Simple）整枝法時，結果主枝（Baquette）的長度在25～30公分左右，一般留四個芽苞；菲德烈克則自2000年起實驗留以較長的結果主枝，並留10～12個芽苞，後在春季4～5月以手工將多餘芽苞摘除，只留3～6個芽苞，以避免產量過大，果實品質降低。較長的剪枝法可讓葉子生長不至於太緊密，有助空氣流通，減少樹株罹病，且因葉片舒展空間增多，可提高光合作用效率；自2004年起此剪枝原則適用全園。

重返夜聖喬治

2004年合約終止，本莊自斐弗烈手中取回一級園Clos de la Maréchale，讓自有葡萄園面積一下子從4公頃躍升到14公頃，故菲德烈克

也擴大了釀酒窖規模。在慕尼耶手中，Clos de la Maréchale紅酒展現夜聖喬治酒村少有的深沉與優雅，嘗來芳馥流暢，神似馮內－侯瑪內（Vosne-Romanée）酒村出品，不同以往斐弗烈時期較為方正嚴肅的風格。此外，某些年份本莊也以Clos de la Maréchale園中略年輕的樹藤釀造此園二軍酒Clos des Fourches（夜聖喬治村莊級紅酒），花香鮮明，可較早飲用。

夜聖喬治一向以較雄渾直接的紅酒著稱，菲德烈克卻在取回Clos de la Maréchale同年，在黑皮諾葡萄樹上高處嫁接（Surgreffage）夏多內白葡萄，並在2005年產出Nuits-Saint-Georges Premier Cru Clos de la Maréchale Blanc白酒。這並非菲德烈克異想天開，他只想替酒莊增添一款白酒。其實在其私人酒窖中，還保留有幾瓶本莊1943年份的Clos de la Maréchale白酒，此酒後來之所以失傳、夏多內也消失在葡萄園中，應與二戰後白酒不受市場歡迎有關。

據菲德烈克表示，60～70歲酒齡的Clos de la Maréchale白酒依舊美味！因而此白酒不完全是「新作」，只能算是重返榮耀。

雖然目前本莊所產製的夜聖喬治酒款數量大大高過於香波－蜜思妮紅酒，但慕尼耶酒莊的經典傑作還是在於後者。位於村北的邦馬爾特級園呈一橫向長方形，若自南邊下坡處往北邊上坡處畫一對角線，則上半部的土質被當地人稱為白土（Terres Blanches，白色泥灰岩較多，酒質較優雅芬芳），下半部為紅土（Terres Rouges，有較多含鐵質黏土，酒質較沉厚堅實）。本莊的邦馬爾園區塊大約位在中間（0.36公頃），含有三分之二白土與三分之一紅土，比例極佳，所釀邦馬爾園紅酒雅中帶勁、豐潤迷人。

蜜思妮特級園紅酒一向被列為布根地最偉大的葡萄酒，慕尼耶的蜜思妮作品滋味芳馥深遠，雍容性感，飲來似以絲緞裏身，嬉遊天上

晦暗陰濕的酒窖最宜培養細膩的香波－蜜思妮美酒。

房子後面的中上坡處即為愛侶園。

人間。本莊的蜜思妮葡萄樹老藤種於1940年代，較年輕者則植於1958～1963年間（少數重植於1997年，但並不用來釀造蜜思妮）。菲德烈克曾在1986、1988與1989年份推出僅以1940年代樹株果實釀造，並單獨裝瓶的老藤蜜思妮（Musigny Cuvée Vieilles Vignes），但後發覺老藤混以略微年輕葡萄所釀酒款，不但具有特級園應有的集中酒質與儲存潛力，也能在酒齡年輕時便散發迷人風情，再加以沒有人要買「非最頂極但便宜一點的蜜思妮」，故老藤蜜思妮的實驗性瓶裝不復出現。其實以目前樹齡而言，所有的慕尼耶蜜思妮皆是老藤之作。

Chambolle-Musigny村莊級紅酒（左）酒質優良；Nuits-Saint-Georges Premier Cru Clos de la Maréchale紅酒（右）近年酒質進步神速。

本莊的一級愛侶園占地約0.53公頃，水準接近蜜思妮，雖脂潤感與體裁分量感不若蜜思妮，但果香較清亮，口感較清靈，清冽的礦物質風味更為顯著，其底蘊溫潤如玉，質地緻密，風雅高貴而不豔目，尤能領人沉醉愛河。相對於愛侶園主要以紅色水果為主調，本莊的Chambolle-Musigny Premier Cru Les Fuées則有較多黑色水果風韻，因就位在邦馬爾園左鄰（本莊擁園0.7公頃），架構較為緊實，較少清幽花香，但深度頗佳。初階的Chambolle-Musigny村莊級紅酒算是本莊比較物超所值的一款，因水準幾乎與Premier Cru Les Fuées不相上下，但價格減半，祕訣在於除村莊級葡萄之外，當中還混有近半的一級園Les Plantes與少數的蜜思妮年輕樹藤果實，補足了許多村莊級酒款架構較少的缺失。

酒莊目前將採收的黑皮諾全數去梗（十幾年前會留梗約30%），盡量不破皮以保留完整顆粒（可使酒中單寧更顯細緻），不特意進行發酵前低溫浸皮（但因夜間氣溫降低，通常會在3天後才開始發酵，因而造成類似天然低溫浸皮的效果）。酒質培養時新桶比例並不高（約20%）。酒質風格與同村其他兩家名莊（Domaine Georges Roumier、Domaine Comte Georges de Vogüé）相當不同，顯得酒色略淺，架構完足卻柔美，更具通透輕靈之美，何以致之？

菲德烈克解釋其實目前的釀法與兩位優秀同儕相當接近，況且影響因素太多（樹齡、無性繁殖系、剪枝方式、單位產量、釀酒槽形狀或是酒窖空氣中的野生酵母差異），實難以歸納成因。不過可以確定的是菲德烈克在短短約20年光景中，不僅光耀了慕尼耶酒莊門楣，也向世人示範了香波－蜜思妮的極致優雅典範。🍷

Domaine JF Mugnier

Château de Chambolle-Musigny
21220 Chambolle-Musigny
France
Tel: + (33) 3 80 62 85 39
Fax: + (33) 3 80 62 87 36
Website: www.mugnier.fr

貴在舉重若輕
Domaine Comte Georges de Vogüé

若從布根地葡萄酒重鎮伯恩城（Beaune）往北駕車，一遇到梧玖莊園特級園，便可準備左轉，順著長緩坡長驅直入香波—蜜思妮酒村。村內老教堂頗值得一看，除因列為歷史遺產，也因教堂本身與其內的幾幅宗教古畫的捐贈者即是沃居耶（Vogüé）家族的祖先尚·莫松（Jean Moisson）。教堂建於1500年，除鐘塔外，屬布根地哥德式建築（Gothique bourguignon）。

教堂旁有株種於亨利四世（Henri IV）掌政

1

1. 喬治·沃居耶伯爵酒莊為布根地的歷史名莊。
2. 沃居耶酒莊為特級名園蜜思妮的大地主。

2

時期（1575～1610）的古董椴樹（Tilleul），高17.5公尺，樹圍最寬處有8.7公尺，是必賞的風景。樹前的巴柏路（Rue de Barbe）上唯一建物即是本文主角喬治·沃居耶伯爵酒莊（Domaine Comte Georges de Vogüé）。本莊由尚·莫松建於十五世紀（約在1450年），不過一直要到1766年，尚·莫松的最後一位女性後代Catherine Bouhier嫁給Cerice François Melchior de Vogüé，沃居耶家族名號才首次出現。此後沃居耶酒莊與葡萄園有時由男性繼承，有時則由女性承繼成為嫁妝，但都維持在姻親家族之內，從未轉售，目前已經傳至第18代，掌有12.4公頃葡萄園，釀造美酒六款。

酒莊以1925年接掌管理的喬治·沃居耶伯爵（Comte Georges de Vogüé）命名，2002年起由其兩位孫女Claire de Causans與Marie de Ladoucette繼承。1940年代起的30年是本莊首段酒質極盛時期，1970和1980年代酒質略弱，不過自1990年代中起則由「鐵三角小組」領軍，再次復興成為本村的典範酒莊之一。鐵三角成員分別是釀酒師方斯華·彌耶（François Millet）、葡萄園管理主任布根釀（Eric Bourgogne，名字取得真好）與銷售暨行銷主任沛龐（Jean-Luc Pépin）。

釀酒無公式，個別調教而已

伯爵掌莊的60年期間常由巴黎住處來訪酒莊，實際莊務則需由阿朗·胡米耶（Alain Roumier）協助運作。胡米耶先是任職本莊葡萄種植主任（1949～1955年），後被拔擢為酒莊總管（1955～1987年），其實阿朗的父親與祖父都是本莊的元老級員工。在伯爵去逝同年的1987年，阿朗退休，後由方斯華·彌耶接手

釀酒大任。在擔任本莊釀酒師之前，彌耶已有12年顧問釀酒師的扎實經驗，個性嚴謹，應答總是深思熟慮，他強調釀酒無公式，而是根據每年份、每小塊葡萄園、每一橡木桶的表現進行適切的釀造與後續酒質培養。

葡萄園以接近有機農法的方式照料，不使用除草劑，改以農耕機或馬匹協助翻土，不施用任何肥料（天然糞肥也不使用），並拔除葡萄串北側與東側多餘葉片以助通風，漸少染黴腐果機率。目前主要種植的黑皮諾無性繁殖系為

本莊三大名釀，左至右為Les Amoureuses、Musigny、Bonnes Mares。

114、115、677、777、828與943。相對於他莊，本莊屬較早採收的一批，除因地塊優良、維持低產致使葡萄較早完美熟成，同時也不希望釀出過熟的葡萄酒，畢竟優雅清鮮才是香波—蜜思妮的風味標誌。

採收後的葡萄100%去梗，不破皮，接著放進大木槽（3,192公升，可溫控）自然發酵，由於使用開放式酒槽，且讓釀酒廠房門戶洞開，在秋季冷涼氣候下（攝氏10～15度）通常會在幾天後才開始發酵，這時會產生輕微類似發酵前低溫浸皮的效果，但不特意運用此技巧。發酵時僅採用野生酵母，酵溫可達攝氏34度，彌耶認為香波—蜜思妮酒款不應過度踩皮萃取，故不頻繁進行。

沃居耶的地下培養酒窖並不深，就在內院廣場下方且受夏陽曝曬，為保持攝氏13度的酒質培養窖溫，需終年空調控溫。培養時的新桶使用比例也不過度，近幾個年份的比例大約是Chambolle-Musigny Village 15%、Chambolle-Musigny Premier Cru 30%、Chambolle-Musigny Les Amoureuses 20%，至於兩款特級園酒款Bonnes Mares與Musigny則使用40～45%新桶。製桶的橡木來自法國中部Allier森林，合作的桶廠則包括Remond、François Frères、Gillet以及Rousseau。

裝瓶前若有必要，本莊會以水調和微量的乾燥蛋白粉（Blanc d'oeuf déshydraté），好替酒進行黏合濾清（據彌耶表示法國在幾年前已禁

1. 本莊資深釀酒師彌耶，2015是他所釀的第30個年份。

2. 截至目前，1993為Musigny Blanc的最後一個年份，目前以Bourgogne Blanc命名出售，但預計幾年後Musigny Blanc將重出江湖。

1

2

秋季採收前常有遊客騎腳踏車在蜜思妮特級園前的秀麗小道一遊。本園坡度雖和緩（8～14度之間），但大雨後仍有上坡土壤被沖刷到下坡的問題。

止直接以天然蛋白進行黏合濾清）。彌耶還指出，酒中的果香和桶味實處於二元對立，施用極微量蛋白除可幫助黏合掉一些酒渣（非本莊主要目的），還可協助果香與木香早些完美融合。

沃居耶初階的Chambolle-Musigny Village村莊級紅酒酒質優良（也反映在售價上），主要以位於上坡處的村莊級葡萄園Les Porlottes的葡萄，再加上約10%比例的一級園Les Baudes與Les Fuées，以及極小比例的蜜思妮特級園的年輕樹藤（約十幾歲樹齡）果實釀成，酒質自然不俗。其實早期（直至1994年份）的蜜思妮年輕樹株葡萄都被拿去混合前述地塊的葡萄，以釀造Chambolle-Musigny Village，此酒自1990年份起酒質益趨複雜、令人驚豔，但後來酒莊為清楚劃分各酒款間的品質位階，便在1995年首次推出Chambolle-Musigny Premier Cru，且完全以蜜思妮較年輕（樹齡低於25歲）果樹葡萄釀成，彌耶強調此酒雖以一級園名義出售，但其實即「年輕版蜜思妮」。自此，村莊級紅酒裡的蜜思妮葡萄內含量便隨之大幅降低。

視覺上的礦物質性格

一同品嘗Chambolle-Musigny Premier Cru時，彌耶提到本莊酒款具有視覺上的礦物質性格（Minéralité Visuelle），以此喻指紅寶石酒色相當澄透，可見杯底。他甚至認為有鼻息上

蜜思妮特級園，採收日期與邦馬爾園和愛侶園差不多。

的礦物質性格（筆者同意，有些酒聞來似有礦物質風味的前導線索，口啖後也印證嗅覺細胞的慣性直覺，但這極難向無概念者解釋）。口感上的礦物質風味較容易明瞭：質軟的蒸餾水與較硬的礦泉水口感不同，後者的硬度（鎂與鈣含量較高）也讓水喝來更顯爽口。香波—蜜思妮便是礦物質風味顯著、口感鮮爽細緻的美酒。相對而言，總是在本村酒款中另具一格的邦馬爾園紅酒，其視覺上的礦物質性格便較不顯著（酒色較深）。

沃居耶的愛侶園占地不若蜜思妮，但所擁有的0.56公頃也已據此一級名園的十分之一，多數葡萄藤種於1974年，其中一塊還是1964的成熟樹株，酒質精采，常可在紅色水果（覆盆子、紅石榴）與黑色水果（藍莓、黑醋栗）風味間尋得絕妙均衡。訪談中彌耶曾說到愛侶園是蜜思妮的情人，因風土相近，卻又存在些微差異（愛侶園中多石灰岩塊，蜜思妮黏土略多）。若據此與兩者風味而論，愛侶園是此對成雙愛偶的陰柔者，蜜思妮則多了渾厚陽剛。然而這純屬相對論，因對照於北邊的香貝丹（Chambertin）特級園紅酒，蜜思妮反較似貴婦，香貝丹則有王者之尊。

彌耶再論述：「當我們品嘗蜜思妮時，愛侶園必在其中，也即是以數學而言，愛侶園是蜜思妮的子集（Sous-ensemble），兩者也都有紅色玫瑰花香；相對地在品啖愛侶園時，雖有部分蜜思妮的影子，但其性格就是愛侶園，無法擴展成為蜜思妮。以上是隱喻，也是事實。」

本莊的邦馬爾園位在紅色黏土較多的下坡處（擁園2.66公頃），釀造時會進行較頻繁的踩皮萃取，否則無法完全詮釋出邦馬爾的風土潛質。相對於其他香波—蜜思妮酒款，邦馬爾園風格常常更接近香貝丹，酒體較豐潤，常啖有

沃居耶酒莊建物最古老的部分建於十五世紀。

黑櫻桃與藍莓風味（紅色水果風味較少），架構明顯、少礦物質風味、氣韻較沉，花香偏向紫羅蘭、牡丹，而非紅玫瑰；相對於礦物質風味鮮明但有時愛搞封閉的愛侶園，邦馬爾園則顯得開放而容易欣賞（酸度通常也略低於愛侶園），出自紅土的邦馬爾園總顯得多汁可口。

寰宇特級名園蜜思妮總面積不過10.85公頃，分屬17名酒農所有，然而本莊即擁有7.12公頃（Les Petits Musigny區塊的4.19公頃全為本莊

Chambolle-Musigny Village（左）；Chambolle-Musigny Premier Cru（右）。

新桶釀造的Musigny Blanc酒質雄渾扎實，餘韻極長，但酒精度常顯得略高，整體而言還無法與伯恩丘（Côte de Beaune）的最佳白酒較量。

沃居耶的蜜思妮紅酒氣韻如深潭，但不缺視覺上的礦物質性格，同邦馬爾園一樣酒體渾厚，但彌耶細辨兩者所透出的勁力性質不同：「邦馬爾園所展示的是架構性的勁力（Energie Structurale），蜜思妮透露的則是礦物性的勁道（Energie Minérale）。」本莊蜜思妮最令人讚嘆之處在於「舉重若輕」，飲之似不甚用力，卻已力透十分。這般舉重若輕的巧勁，筆者揣想，應與彌耶所謂礦物性勁道若合符節。本莊一直以來，都在蜜思妮酒標上註明Cuvée Vieilles Vignes（老藤款），而非老藤版的蜜思妮便是Chambolle-Musigny Premier Cru了。

布根地歷史最悠久酒莊之一的沃居耶珍釀如何地舉重若輕法，還待您親鑑。

物業），為蜜思妮的最重要生產者。有趣的是，7.12公頃中其實有0.65公頃種植夏多內，早期曾釀造Musigny Grand Cru Blanc白酒，後因樹齡較為年輕（主要植於1986～1997之間，另2006和2008年還在少部分黑皮諾上高處嫁接夏多內），故目前本莊僅以Bourgogne Blanc法定產區命名出售，然而酒價還是維持在特級佳釀的水準。此前的最後一個Musigny Blanc年份為1993，酒莊預計在幾年後讓這夜丘區（Côte de Nuits）唯一的特級園白酒重現江湖。以20%

Domaine Comte Georges de Vogüé

21220 Chambolle-Musigny

France

Tel: + (33) 3 80 62 86 25

Fax: + (33) 3 80 62 82 38

part IV

傑弗遜的黃金滴露
FRANCE Meursault

梅索村（Meursault）位於布根地葡萄酒重鎮伯恩（Beaune）城南20分鐘車程，其白酒產量居布根地各村之首，園區南邊與聲名極盛的白酒名村普里尼—蒙哈榭（Puligny-Montrachet）接壤。自二十世紀中期以降，由於美國市場對普里尼—蒙哈榭白酒需求殷切，導致梅索村名氣逐漸被前者掩沒。

其實十九世紀時，梅索村白酒的名望不僅與普里尼—蒙哈榭齊名，甚至因質素拔尖的

Meursault Premier Cru Les Perrières園區白酒而讓當時的布根地葡萄酒專家拉瓦勒（M. Lavalle）在其1855年所著《金丘葡萄園與偉大葡萄酒之歷史暨統計資料》（*Histoire et Statistiques de la Vigne et des Grands Vins de la Côte d'Or*）文獻中讚道：「Les Perrières白酒醇美細膩，芬馥特出，可輕易陳上三、四十載，除正格頂尖的蒙哈榭（Montrachet）白酒外，我不認為有比Les Perrières更極品精練的白

梅索村約有居民1,700名。此為Domaine Roulot酒莊在Les Tessons園區裡的獨占園Clos de Mon Plaisir。

酒。」

　美國第三任總統，也是美國獨立宣言主要起草人湯瑪斯・傑弗遜（Thomas Jefferson, 1743-1826），最愛普里尼—蒙哈榭酒村的蒙哈榭白酒，在他擔任駐法代表期間曾向酒商伊田・巴宏（Etienne Parent）購買一整桶的蒙哈榭並依其要求裝瓶。然而當時美國初建國、屬財力欠豐的新興國家，所以薪水不高的傑弗遜在偶有財力購買價昂的蒙哈榭白酒之餘，會另向巴宏訂購酒質接近但廉宜許多的梅索村白酒，並指定必須來自該村的黃金滴露園（Les Gouttes d'Or），此園現為梅索村的一級葡萄園（本村無特級葡萄園）。

　著名的伯恩濟貧醫院葡萄酒拍賣會於每年11月第三個星期天舉行，隔天星期一則會在梅索堡（Château de Meursault）舉辦梅索波列節餐會（La Paulée de Meursault），梅索村的酒農都會帶幾瓶上好的自家珍釀赴宴與眾賓共享，以歡宴替採收季畫上句點，本村也因而知名度大增。梅索堡為當地知名觀光景點，其附屬酒莊Domaine du Château de Meursault也釀有梅索與鄰村紅、白酒多款，遊客只消買張門票便可自由參觀大宅與其古老壯觀的地下酒窖，之後還可品嘗多款該莊酒釀，不過酒質較為普通，筆者最愛的反而是其初階Clos du Château Bourgogne Blanc白酒。

　梅索目前有村莊級葡萄園316公頃，一級園132公頃。風土最佳的三塊一級園位於村南的中坡處，分別是Les Perrières（13.72公頃，梅索最優秀園區，均衡耐久存）、Les Charmes（31.12公頃，較熟潤甘美）與Les Genevrières（16.48公頃，風格介於前兩者之間，但偏強勁）。另外其他三片主要的一級園位於北邊較靠近酒村處，由南至北分別是Les Porusots

Domaine du Château de Meursault地下酒窖裡的1991年份白酒。

（11.43公頃）、Les Bouchères（4.41公頃）與黃金滴露園（5.33公頃）。

　本村還有幾座村莊級葡萄園長久以來因酒質優良著稱，也常被單獨裝瓶，並在酒標上註明地塊名稱。較佳的幾個村莊級葡萄園包括Clos de la Barre（2.12公頃，Domaine des Comtes Lafon的獨占園）、Limozin（10.84公頃）、Les Narvaux（13.44公頃）、Le Tesson（4.17公頃，或稱Tessons）、Les Tillets（11.99公頃）、Les Luchets（3.38公頃）以及Les Casse Têtes（4.64公頃）等等。

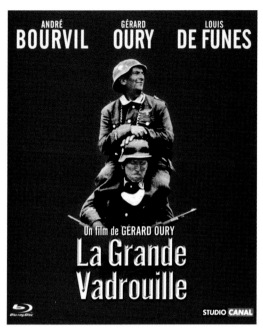

《大漫遊》的主要場景便在梅索村，該片為法國影史經典之作。

村內的多塊葡萄園還分上（Dessus）、下（Dessous）兩塊。一般而言，若是位於中坡處，上塊比下塊來得好（如Les Genevrières Dessus好於Les Genevrières Dessous）。倘是位處較上坡處，那麼較近中坡處的下塊比上塊佳（如Les Narvaux Dessous勝於Les Narvaux Dessus）。另本村園區面積廣闊，地形多變，加以釀法各異，因而風格多變，除傳統上比較圓潤熟美的類型外，近年也有許多架構修長、帶礦物質風味、酸度沁美的酒款出現。

複雜的紅酒命名

梅索村內北邊與南邊的幾座葡萄園也產少量紅酒，法定產區命名頗複雜。北邊靠近渥爾內村的Les Plures、Les Santenots Blancs與Les Santenots du Milieu的夏多內品種白酒為Meursault Premier Cru，若以黑皮諾釀成紅酒則是Volnay Santenots Premier Cru。位於下坡處的Les Santenots Dessous區塊，釀成的紅酒被命名為Volnay Santenots Premier Cru或是Volnay Premier Cru，但白酒則只能被列為村莊級Meursault。同樣位於村內北區、但更上坡處的Les Cras與Les Caillerets紅、白酒皆可釀，但皆命名為Meursault Premier Cru（此兩園為Meursault Premier Cru紅酒的唯一來處）。

此外，南邊比鄰布拉尼村（Blagny）的幾座海拔較高的園區：La Jeunelotte、La Pièce sous le Bois、Sous Blagny與Sous le Dos d'Ane釀成的白酒為Meursault-Blagny Premier Cru（有時也稱為Meursault Premier Cru），紅酒為Blagny Premier cru。位於前四片葡萄園的上坡處還有一小塊Les Ravelles，釀成的白酒是Meursault Premier Cru，若是紅酒就只能是村莊級Blagny。

許多法國人或熟悉法國電影者，即使非酒迷，也都對梅索村不陌生，因為由兩大知名喜劇演員布維爾（André Bourvil）與傅內斯（Louis de Funes）聯手主演的《大漫遊》（La Grande Vadrouille, 1966年出品）的主要場景之一便是梅索村。此片以喜劇形式紓解了法國人在二戰期間受德軍占領時的鬱卒與挫敗，編、導、演皆上乘，一度穩坐法國電影賣座冠軍長達三十多年（直到1998年才被《鐵達尼號》打敗），是所有影迷與酒迷必看的經典。

不用力的極作
Domaine Albert Grivault

1875年，出生於布根地的艾伯・格禮弗（Albert Grivault）成長為一雄心勃發、志氣軒昂的19歲莊稼漢，當時還未有宅男窩居仰靠父母，怯懦不經壓的草莓族也尚不存在。格禮弗承自雙親幾小方葡萄園，他親耕親作、汗滴禾下土，偶然直起被農務壓得發疫的腰桿之際，他堅定望向遠方梅索村村政廳的五彩瓦頂，堅定喃喃自語誓要闖出一番境地。未久後的1879年，他開始購入梅索村中最為人覬覦的Clos des Perrières（後列為一級葡萄園），此時艾伯・格禮弗酒莊（Domaine Albert Grivault）初具雛型。

十九世紀末時葡萄根瘤芽蟲病肆虐（1878年開始入侵梅索村），法國絕大多數葡萄樹在劫難逃，經濟景況極差，許多葡萄農開始拋售葡萄園，格禮弗於是趁機並分三次才將面積0.95公頃的Clos des Perrières購入完成拼圖，使成為本莊獨占園至今。為了聚資以維持園務進行順暢，格禮弗遂在1888年於法國南方的貝茲耶城（Béziers）創設蒸餾廠，蒐購當地多品種的葡萄酒用以蒸餾貝茲耶精釀白蘭地（Fin Béziers），由於酒品暢銷，也讓他賺入人生第一桶金。

與布根地僅用一到兩品種的酒渣或是帶渣葡萄酒以蒸釀白蘭地不同，貝茲耶精釀白蘭地內含法國南部多種葡萄，更添繁複風味。以筆者第二次採訪本莊時有幸品嘗到的1900年蒸

1. 圍牆後即是Clos des Perrières一級園，為梅索村最精英地塊。
2. 莊主米歐爾・巴岱雖是七旬老者，但精力飽滿聲如洪鐘。

餾之貝茲耶精釀白蘭地來說，氣韻細膩芬馥，焦糖、菸草、李乾、肉桂與地系等風味如漣漪般在口中綻放綿延，回味無窮。格禮弗感官敏銳，在贏得由伯恩城內酒商舉辦的盲飲競賽後，便代表金丘（Côte d'Or）成為1900年世界博覽會酒品競賽的評審。然而不堪經年南北奔波操勞，糖尿病症加重，那曾經腰桿硬挺、幹勁十足的青年格禮弗，終在1909年油盡燈枯與世長辭，享年52歲。

艾伯・格禮弗酒莊目前擁園6公頃，此為歷年來逐漸縮減的結果。1904年格禮弗將一塊0.55公頃Meursault Charmes（現為一級園，位於優質的上塊）捐給伯恩濟貧醫院，因此目前還有一款伯恩濟貧醫院酒莊（Domaine des Hospices de Beaune）的梅索白酒被稱為Meursault-Charmes Premier Cru Cuvée Albert Grivault。格禮弗去世後，其遺孀在經濟蕭條

的1931年將另一塊1公頃的梧玖莊園賣給德拉圖堡（Château de la Tour），至今，在梧玖莊園東北角還有一石門的門楣上刻有Veuve Albert Grivault（艾伯・格禮弗遺孀）以資紀念。今日酒莊的私人酒窖裡還存有幾瓶1929與1923年份的Clos de Vougeot紅酒，以前者較優。

格禮弗當年育有兩女，均嫁給醫師，因膝下無男丁承繼，逝世後，葡萄園皆外租給佃農耕作釀酒，直到1960年代末才重新取回葡萄園，由格禮弗的外孫與外孫女（巴岱〔Bardet〕姐弟）自行釀酒。目前因姐姐老邁，釀酒大任主要由莊主米歇爾・巴岱（Michel Bardet）負責，不過他也已屆70高齡，幸而其二女兒克蕾兒（Claire，白天有個人事業）可分擔酒莊行政運作。幾年後他若退休，三兒子亨利—馬克（Henri-Marc Bardet）將接掌釀酒職責。

1970年代初，布根地大部分酒莊仍未備有

本莊不強調新橡木桶的使用，而是強調酒質清新並呈現風土特色。

裝瓶設備，當時本莊在釀酒後，均整桶賣給俄裔法籍的葡萄酒作家兼酒商艾勒斯·利秦（Alexis Lichine, 1913-1989，其曾是Château Prieuré-Lichine的業主），接著以卡車載運裝滿酒的橡木桶，經險峻的法國中央高地才運抵波爾多，後由利秦裝瓶轉賣。幾番勞途之後，利秦乾脆找來布根地當時屈指可數的專業裝瓶業者替本莊裝瓶。時值1975年，這也是米歇爾·巴岱停止整桶賣酒、自行於酒莊裝瓶、極力提升酒質的首年份。是年日籍記者高島先生來訪，以嫻熟文筆陳述本莊歷史經緯，讓日人得識此優良酒莊，日後成為大和民族愛酒人熟識的名莊。

目前台灣進口商除其最基礎款的Bourgogne Blanc未進口外（園區位於酒莊後頭獨占園〔Clos de Vigne〕的後半部），其餘如村莊級的Meursault Village、Meursault Premier Cru Les Perrières（本莊擁園1.55公頃）與名聞遐邇的Meursault Premier Cru Clos des Perrières均進口數個年份。本莊也以不鏽鋼槽釀有果香純淨、口感均衡雅致的Pommard Premier Cru Clos Blanc紅酒，此一名氣較小的紅酒，台灣只進口絕佳年份（如2002、2005年份等），實而此酒頗物超所值，水準穩定（風格較像臨村渥爾內），每個年份都值得酒商引進以服務愛酒人。玻瑪（Pommard）以產製紅酒出名，此一級園稱為白園（Clos Blanc），除因土質較白，也與十二世紀時曾經一度種植夏多內白葡萄有關。

不用力的美釀

本莊有五名外雇領薪的葡萄農協助照料園區，巴岱只負責釀酒，整體而言釀法傳統簡單：夏多內手工採收後，直接榨汁，依酒質發展狀況，會在發酵與培養期間偶爾進行攪桶（Stirring，莊主妙喻說就如學生使壞就打他耳光，若乖就順其自然）。培養時的新桶使用相

當節制，Clos des Perrières以及Les Perrières都使用20%新桶（其他白酒使用舊桶），桶中培養約10～11個月後裝瓶。所有步驟都做到極致的酒不一定最好喝，不過度力求，有時更顯純樸美質。

Perrières法文意指礦石開採場，可知Les Perrières一級園舊時為採石場，其地底即是侏羅紀時期的石灰岩層，替酒增添堅實耐久儲的能耐、鮮明的酸度與礦物質風味。Clos des Perrières實位於Les Perrières之核心，周邊有1.5公尺高的石牆圍繞，牆內可說是整個梅索的至精華葡萄園，其內的微氣候也讓白天蓄積的溫度可多暫留於牆內一會兒，許多專家咸認它具有特級園風土。兩者向陽相同（約是東南

東），差別在於Clos des Perrières（平均樹齡22歲）土層較深，黏土多些砂石少些，酒質顯得較Les Perrières（本莊區塊的平均樹齡為51歲）來得豐潤寬廣。本莊的這兩塊葡萄園都是位在下塊（中坡處），風土潛質較之上塊為佳（上塊更為貧瘠多石，氣溫較低）。

因圍牆之故，Clos des Perrières不會有上坡園區土壤因大雨而下滑至其內的狀況，具獨特而優良的風土條件，莊主巴岱曾申請讓此園升等成為特級園，不過他表示由於Clos des Perrières為本莊獨占園，村內其他酒農因妒生恨，不願見本莊鶴立雞群獨有特級園，故每當他申請複核成為特級園時，此案每每在梅索的村政廳階段就被打回票，故而這塊有特級園水準的良園

本莊珍藏的1929 Clos de Vougeot紅酒。

1. 1900 Fin Béziers細膩芬馥，焦糖、菸草、李乾、肉桂與地系等風味如漣漪般於口中綻放綿延擴大。

2. 莊主鍾愛的女僕雕像（雕於1860年代）。一次狂風颳倒斷成多塊，經工匠黏合復原，莊主將她立於花園老松之下看護本莊。

始終只列在一級園，也因此本村並無特級葡萄園。Clos des Perrières白酒在年輕時酒體尚未完全育成，還需得益於瓶中培養，真正實力通常在採收年份後10年才開始展現。幾年前有幸飲到的1979 Clos des Perrières，色澤銅黃亮澤，嘗有滿口蜂蜜與焦糖的陳酒韻味，更有葡萄乾與核桃添香，世故繁複而完滿，依舊可再陳個好些年。

已是七旬老者的巴岱曾任職電子工程師32年，並同時掌莊釀酒，如今依舊精力飽滿聲如洪鐘。異於許多布根地酒農保守心態，他健談開放，且不吝開酒讓訪者品試。即便酒莊不缺名氣賣酒，巴岱依舊每年參加在巴黎舉行的「法國農產品總競賽」，且成為葡萄酒競賽組裡的獲獎常客，其2003 Clos des Perrières便榮獲金牌獎。何因？「唯有壓低身段，年年讓眾家評審以盲飲方式、不受酒標與酒莊名氣影響，無私評斷，才能顯現本莊酒質之出眾」。每當筆者啖飲Clos des Perrières，便會想起巴岱老先生回應提問的堅毅神情，此時杯中美酒顯得愈加意蘊深長了。

Domaine Albert Grivault

7, Place Murger
21190 Meursault
France
Tel: + (33) 3 80 21 23 12
Fax: + (33) 3 80 21 24 70

張力於美酒之必要
Domaine Roulot

酒莊外表，門上石牌寫著Guy Roulot Viticulteur（積‧胡樓，葡萄農）。

胡樓（Roulot）家族約自1820年左右便在梅索村安身立命，主要為葡萄農戶，也有蒸餾釀造渣釀白蘭地的傳統，但真正開始釀造葡萄酒是後來的事。酒莊與酒標原名為積‧胡樓（Domaine Guy Roulot），約在1990年代後期才改為目前的胡樓酒莊（Domaine Roulot）。胡樓的酒風格自創莊人積‧胡樓（Guy Roulot）時期起，便以異於多數梅索村白酒的風格闖出名號：所有喜愛純淨、晶透、直接、沁酸、礦物質風味的梅索白酒愛好者，都認為本莊為此體例的登峰造極者。

積‧胡樓不幸於1982年英年早逝後，其妻曾接連外聘三位酒莊總管負責釀造與營運，直到1989年，在巴黎追尋舞台劇演員生涯的兒子讓—馬克‧胡樓（Jean-Marc Roulot）才決意返回梅索（當時33歲），與胞姐攜手經營酒莊。讓—馬克在大學念的是巴黎戲劇學院，對葡萄酒只懂皮毛，故回鄉後馬上補讀一段時期的釀酒學，於多年實戰經驗後，現已是本村白酒的大師級人物，姐姐則負責財務與外銷業務。

即便成為名莊釀酒師，讓—馬克還是難以忘情表演藝術，故每年會抽出百分之五的時間與精力延續藝術生涯，他也極為享受在釀酒師與演員身分間角色互換的樂趣。幾年前他與友人合寫了Meursault Les Luchets 1999的劇本，透過兩個角色在品啖1999年份的Meursault Les Luchets（為胡樓的眾多酒款之一）白酒時，以對話形式透露葡萄酒哲思；例如他們鄙棄「奶油小生類型」（Effet crème）的葡萄酒：這種酒只討好味蕾，如在舌頭上塗抹奶油，但我們通常只在麵包上塗果醬呀。

讓—馬克在舞台劇中扮演的角色名為Monplaisir，其實取名自他家Meursault Les Tessons Clos de Mon Plaisir白酒，而這款酒名又來自積‧胡樓在世時因美國進口商Monplaisir極為喜愛Meursault Les Tessons這款酒，積‧胡

樓遂將此塊有圍牆環繞的美園命為Clos de Mon
Plaisir（直譯有「我的歡愉之園」之意）。筆
者上網爬梳，發現Monplaisir家族姓氏主要集
中在美國麻薩諸塞州，但該州也僅不到八戶人
家承襲此姓氏。

然而舞台劇排練太耗時，近年他多是在電影
或電視中扮演次要但畫龍點睛的角色。在2011
年法國暑假上映的《你將是我兒》（*Tu seras
mon fils*，也譯成《換子記》），讓一馬克扮演
醫師，劇中又出現Clos de Mon Plaisir白酒的
身影；此劇有幾個有意思的橋段，其一是當老
莊主的兒子Martin目送父親棺木進入火葬的焚
棺機器時，突發奇想問殯儀館人員此棺木是
否為橡木，館方人員說是來自法國中部森林
Tronçais的良質木，Martin此時喃喃自語說：
「老爸從來不喜過多橡木味。」然而此時骨灰

1

2

3

1. 三款一級葡萄園梅索白酒，左到右：Les Bouchères、Les
   Perrières、Les Charmes。

2. Meursault Les Tessons Clos de Mon Plaisir為本莊招牌酒款。

本莊也自Les Tessons與Les Charmes葡萄園裡進行馬撒拉選
種（Sélection Massale）。

3. 讓一馬克‧胡樓演技精準，釀技也不遑多讓。

1

2

1. 讓—馬克強調所有的種植與釀造，都為了成就開瓶時刻，飲者能體會到酒中精神奕奕的張力。

2. 本莊以白酒出名，但也釀造Bourgogne Rouge、Monthélie Rouge與Auxey-Duresses Premier Cru Rouge等少量紅酒。

與橡木已經燒混一體，無法須臾分離了。讓—馬克也在2012年9月（法國院線）上映的《艾麗榭宮的滋味》（*Les Saveurs du Palais*，台譯《巴黎御膳房》）一片中飾演法國總統府艾麗榭宮的官邸總管（葡萄酒當然也在其管轄之內），角色名稱即是Jean-Marc Luchet，再一次，Meursault Les Luchets酒名又成為角色名稱。

箭在弦上

或因莊務繁忙，或因要求採訪酒莊的作家與媒體者眾，胡樓總喜歡將分別來訪者召集一起聯訪與試酒，頗有明星架式，筆者只好與其他兩位一起分享採訪片刻，不過它確為本村明星酒莊無誤。積·胡樓時期的本莊白酒已屬精練沁酸的修長風格，讓—馬克則將父親奠基的體例定義地愈加精準與深刻，似乎要將表演藝術的精準演繹延伸至對於風土的精密詮釋，他強調：「所有的種植與釀造都為了成就開瓶時刻，飲者能體會到酒中精神奕奕的張力（Tension），如箭在弦上，啖酒入喉，在口中劃出滿弓、繃至最緊的美麗弧線，弓箭手鬆指，嗖嗖中靶！這就是我理想中的美酒。」

積·胡樓在創莊的1930年代至1960年代之間僅握有少少幾公頃園地，後在1960～1970年之間開始積極擴園，買入Les Luchets、Les Tillets、Les Tessons村莊級地塊與Les Perrières一級園，直到1982年積·胡樓撒手人寰時共有14.5公頃，後再經賣地、購地，目前掌控有15公頃葡萄園，不過其中僅約10公頃為自有園，其他為Fermage形式的租地釀酒（每年需繳一定數額的金錢，或是葡萄收成裝瓶成酒給地主當作租金）。這種Fermage合約通常可簽9、18

或25年為一期，若是前兩者，當合約期滿而地主無異議，可自動再續約9年。本莊自2000年起即採有機種植，2013年起獲正式有機認證。自然動力農法則從2004年開始實驗（以最佳的一級園開始實驗起），自2012年起已全面改採此法，不過讓一馬克還不確定將來會申請自然動力農法認證，與此法相關的500與501號等配方則以外購方式取得。

不瞎攪和

本莊主要以釀造白酒為主，除了阿里哥蝶（Aligoté）品種白酒外（阿里哥蝶只以不鏽鋼槽釀造與培養），釀法都如出一轍（包括最簡單的Bourgogne Blanc也是）。若遇夏多內葡萄健康且品質高的年份，讓一馬克會先進行破皮手續後再進行榨汁，如此可以較低的壓力榨汁，並拉長壓榨時間為2.5小時，得出的榨汁雖不若直接榨汁來得清澄、包含較多的果渣，但這也成為培養時重要的風味來源。近年來也減少攪桶次數，主要只在酒精發酵完畢前輕微攪動死酵母渣，在橡木桶中的培養期間通常不再攪桶，除遇酸度較高的年份（或來自偏涼地塊），會進行1個月一次的攪桶，相對於有些酒莊每星期攪桶三次，可謂相當節制。

白酒經12個月桶中培養後，會連同酒渣一同移置大型不鏽鋼槽繼續培養6個月，再經輕微過濾與濾清（不為除浮渣，是讓純淨無染的風味能透析如鏡），之後裝瓶。前述的6個月不鏽鋼槽培養，可讓果味精鮮通透，並使之「箭在弦上」。近年新桶的使用比例也減少為Bourgogne Blanc 5%、村莊級梅索5～15%、一級酒則約25%。裝瓶時會故意留有較多的二氧化碳於瓶中（每公升溶有900～950毫克

CO_2），以保清鮮與增長儲存潛力。

胡櫻產量最大（23,000瓶）的Bourgogne Blanc以多地塊混調而成，果味集中，風味清亮，架構相當堅實，以初階的地方性產區白酒而言相當精采。本莊釀有多款村莊級梅索白酒，均在酒標上標名地塊名稱，相對於傳統上多將不同村莊級葡萄一同混釀，本莊試著讓各地塊風土獨自發聲，也是本村最早將村莊級酒款分開裝瓶者。Les Vireuils、Les Meix-Chavaux與Les Luchets同位於上坡，與奧塞—都黑斯（Auxey-Duresses）村相鄰，朝東北向；其中Les Vireuils位於最高處（海拔約300公尺），石灰岩多一些，風大些，酒質清鮮，酒體修長緊緻；Les Meix-Chavaux位於靠村的中坡處（海拔250公尺），黏土多些，酒體較為圓熟；Les Luchets位於兩者之間的中上坡，石灰岩頗多，常是最晚採收者，風格清麗優雅，藏有精巧龍骨，尾韻轉為圓潤。

Les Tillets雖位於土層較淺的上坡處（海拔近300公尺），但朝東與東南向，故葡萄較為早熟，偏圓熟的口感中常帶有香料味，但酸度與架構極佳。Les Tessons Clos de Mon Plaisir

熟成酒窖一角。本莊常集合好幾名記者一起品酒聯訪（圖右）。

是位於Les Tessons裡有高牆圍繞的中上坡區塊，雖主要園區由本莊所有，但並非獨占園（Domaine Pierre Morey也擁有一小塊），算是較為典型的梅索風格，具核桃與可頌麵包氣韻，豐潤中藏有沁酸與礦物質架起的龍骨，為村莊級中最佳酒款，也是本莊招牌酒。

四款一級梅索白酒中Les Bouchères較為柔美豐潤，其最後年份為2010，本莊也自同年份開始釀起Clos des Bouchères。背後原因在於2010年本莊與Domaine des Comtes Lafon一起買下大酒商Labouré-Roi旗下一家酒莊，並平分所屬葡萄園，讓一馬克將原有的Les Bouchères地塊租給Comtes Lafon，自己則專心釀造新分得的Clos des Bouchères（位於Les Bouchères之內），此有高牆圍繞的園區現成本莊獨占園。同樣位於朝東中坡處的一級園Le Porusot，風格則顯得較為方正堅實，但風味集中有深度。

最優秀的一級園白酒當然是Les Charmes與Les Perrières，前者由於位在Les Charmes-Dessous的下坡區塊，為達較佳成熟度，採收時間較Les Perrières晚幾天，但因有種於1942年的老藤相助，風味開放豐熟且均衡，為Les Charmes-Dessous的良好範本。Les Perrières為本莊的極致酒質展現，架構完整，質地潤滑芬芳，礦物質撐起足以讓細節展現的架構，風土潛質盡顯。

酒齡尚輕的本莊酒款需要知性式的賞析，不像多數梅索酒只消飲者付出一點感性便可雅俗共賞。胡樓酒莊白酒清新出塵，甚至有些仙風道骨，需待極致成熟後（村莊級採收後5年起，一級酒至少10年），才能展現近似顯微手術精雕手法下的醇釀深蘊。🍷

Domaine Roulot

1, Rue Charles-Giraud
21190 Meursault
France
Tel: + (33) 3 80 21 21 65
Fax: + (33) 3 80 21 64 36

潤物細無聲
Domaine Michel Bouzereau et Fils

有些人不用高聲銳詞、言大而夸，便得以對他人產生春風化雨之效；有些酒不必偉岸驕盈、喧嘩巧飾，也得以令飲者如沐春風。米歇爾‧布澤侯酒莊（Domaine Michel Bouzereau et Fils）便如是，啖飲其白酒有如沐浴秀麗景致之中，春風徐徐，楊柳垂岸，小河緩淌，麗陽折射淺灘濕潤圓石，讓人想輕闔眼皮，讓清風巧掠眉梢。杜甫〈春夜喜雨〉一詩的「隨風潛入夜，潤物細無聲」可總括以上筆者無才瑣碎的印象描繪。布澤侯能如何地在您唇舌喉頰間潤物細無聲，輕輕喚醒您疲萎味蕾，還待您親試。

可惜本莊酒款在台灣幾未聽聞酒友談論，也尚無酒商進口，反倒是中國以及香港在幾年前已悄悄引進，令人羨慕。布澤侯名氣不彰，大概與美國酒評家和媒體未予重視有關，然而一些較為成熟而獨立的市場，像是英國與日本，早已引進此布根地梅索村最佳酒莊之一的醇釀。不過法國本地的《法國最佳葡萄酒指南》2013年版倒是給了優秀的兩星評價（最高三星）。其酒釀55%出口，其餘主要供應法國的高級葡萄酒專賣店與餐廳，個人客戶僅占10%（皆是長年老客戶，已無法再接收新客）。筆者今次採訪一系列品嘗下來，對照售價，深覺

2009年份起本莊搬回尚一巴柏提斯特的祖父舊屋，並擴建酒窖，使延長桶中培養的願望得以實現。本莊酒質風格接近Domaine Roulot，但較為柔和，可提早飲用。

梅索村最物超所值的酒釀便在此。

布澤侯在梅索算是大家族，已在此定居七代，也與村內其他酒農家族聯姻，不過十九世紀末起才真正成為酒農世家，目前40歲出頭的莊主尚－巴柏提斯特（Jean-Baptiste Bouzereau）乃第四代酒農。往前推兩代的酒農家族要角是羅伯（Robert Bouzereau）與路易（Louis Bouzereau）兩兄弟。羅伯育有兩子：米歇爾（Michel Bouzereau）和皮耶（Pierre Bouzereau），兩兄弟原與父親羅伯一同經營酒莊，後於1971年分家自立，本莊也因而成立；同年米歇爾之子尚－巴柏提斯特誕生。路易也生有兩子，並各自在梅索建莊。目前在本村以布澤侯為姓的主要酒莊有四家，而其中又以米歇爾・布澤侯酒莊品質最高。

莊主尚－巴柏提斯特。

逐步蛻變

直到1980年代末，時任莊主的米歇爾仍將三分之二的葡萄酒賣給大酒商，1989年尚－巴柏提斯特自海軍退役後在第戎研讀釀酒學一年，同時與父親並肩釀酒。在尚－巴柏提斯特建議下，逐漸提高自家培養、裝瓶、貼標上市的比例；1999年米歇爾退休時，本莊已達百分之百自家裝瓶，尚－巴柏提斯特也在同年成為新一代莊主。

新人新氣象。2000年起，園區進行全面翻土（以前僅部分翻土；現有11公頃葡萄園）。2002年起拉長葡萄酒在桶中培養時程：直至2001年，都會在採收前夕將前一年份的葡萄酒裝瓶；2002年起，較初階的Bourgogne Blanc與Meursault Les Grands Charrons會在採收隔年8月底、9月初進行換桶除渣，之後讓酒連同細緻酒渣在不鏽鋼槽內繼續培養2～3個月，於11月

或12月裝瓶。其他檔次較高的白酒在換桶除渣後，會再導回橡木桶裡繼續培養，至採收後第2年的2月才裝瓶。此外，自2005年起，若有對抗黴菌之需要，並不施灑化學農藥，僅使用對環境較友善的波爾多液（以硫化銅為主調配而成），基本上接近有機農法。

皮中存風土

夏多內於手工採收之後、榨汁之前，尚－巴柏提斯特通常會先進行輕度的破皮擠粒（Foulage）手續，因為他認為「風土存於葡萄皮中」。不破皮、直接整串壓榨的果汁較為清澈，可釀出風味輕巧純淨的葡萄酒，然而卻欠缺風土真味；相反地，經破皮才壓榨的果汁，果渣含量高（葡萄品質不完美者勿試），一同於橡木桶中培養通常可得出更接近風土的酒

梅索村的最佳一級園三劍客，左至右：Genevrières、Perrières、Charmes (Les Charmes Dessus)。

款。本莊採輕緩的慢速榨汁方式：需時2.5～4.5小時以求品質，靜置澄清一晚後，隔天便將果汁引入橡木桶中進行酒精發酵。

由於本莊不使用人工選育酵母，完全靠葡萄皮或酒窖中懸浮的野生酵母發酵，所以發酵進程難以預料，順其自然的結果是，有時遲至第8天才開始發酵。另，布澤侯酒窖既深且冷，發酵速度慢，完成時間也較晚（通常在聖誕節到1月之間才完成）。酒精發酵後、乳酸發酵開始之前，會節制地進行攪桶（攪動死酵母渣以增加酒體），但乳酸發酵完成後便停止攪桶。攪桶頻率因時（年份）因地（葡萄園位置）制宜：冷涼年份多攪些；位於貧瘠上坡的Meursault Blagny Premier Cru與Meursault Perrières Premier Cru攪桶頻率高些，Meursault Les Grands Charrons和Meursault Charmes Premier Cru鑑於酒體偏豐潤，故可降低次數。

精確用桶

本莊培養用的橡木桶80％來自梅索村裡的Damy桶廠，新桶使用比例依酒款而不同：Bourgogne Blanc為15％、Meursault Les Grands Charrons為20％，其他較佳的村莊級（如Les Tessons等）與一級園酒款都在25％左右，使用比例最高的Meursault Perrières Premier Cru也不過30％。桶料來源主要是法國中部的Tronçais森林與法國東北的Vosges森林，後者尤其適合用以陳釀風味較集中醇厚的Meursault Charmes Premier Cru與Meursault Genevrières Premier Cru。至於酒體較精瘦、酸度較鮮明的Meursault Blagny Premier Cru則採中部Allier森林的木桶，以其柔軟甜潤的特質使Meursault Blagny的體裁略加腴潤。桶中培養時間也依酒款而異（14～18個月之間）。

布澤侯也釀小部分紅酒（10％），不過白酒才是賴以成名的主力。Bourgogne Blanc雖是入門款，但清新可口中可探知不差的結構，由三塊葡萄園果實釀成。三款村莊級梅索中（皆標示區塊名〔Lieux-dits〕）以Meursault Les Grands Charrons在年輕時最為氣韻奔放（檸檬、甘草、鼠尾草與椴花花茶等）；Meursault Le Limozin最為豐潤凝縮，園區就位於Genevrières Premier Cru下方，嫁接在兩款美國種砧木（Rootstock）上（161-49號砧木可讓果實保有較佳的酸度，SO4號砧木讓果實較早熟，果色快速轉為金黃），有時在白桃風

Meursault Le Limozin（左前）風味較濃郁；Meursault Les Grands Charrons（右後）較為開放可親。

本莊地下酒窖既深且冷，發酵進程顯得較慢。

味外，Le Limozin還帶有些微隱約的白胡椒氣息；Les Tessons位處Les Grands Charrons上方的中上坡處，土層較淺，但中心結構與尾韻都更上乘些，酒質接近一級園。

本莊釀有四款一級園梅索白酒，其中的Meursault Blagny位於最上坡的Les Ravelles區塊（海拔400公尺），與西邊的普里尼—蒙哈榭酒村毗鄰，因氣溫較低總是最晚採收，酸度通常較為鮮明，然也因此成為本莊最長壽的酒款，以清雅蜜香誘人，帶有打火石風味；尚—巴柏提斯特認為它是款混合有普里尼—蒙哈榭、梅索與夏布利（Chablis）三產區風格的白酒。米歇爾當初於1968年墾殖此園時種的是黑皮諾，1988年才改種夏多內，並於1999年經法

國法定產區管制局認可，由原來的村莊級葡萄園升為一級園。

其他三款一級園白酒當然都是梅索村的佼佼者。本莊的Meursault Charmes位於較佳的上塊，由三小塊葡萄釀成，酒質脂滑豐腴，但又同時均衡輕巧迷人。Meursault Genevrières則位於通常認為稍遜一籌的下塊，但本莊釀品除圓潤豐美，還兼具支撐整體的龍骨，好酒無疑。布澤侯的Meursault Perrières有八成位於土質貧瘠的上塊（上坡），其餘位於土層較深，一般認為更佳的下塊（中坡），在本莊手裡的Meursault Perrières氣韻通透純淨、架構修長精練、口感細滑光緻，若能讓其在唇舌間潤物細無聲，可謂至高享受。本莊也在普里尼—

蒙哈榭釀有兩款一級酒Les Champs Gains與Le
Cailleret，水準同樣極高。

　　1990年代的梅索，多數酒農（包括米歇爾掌
莊時期的本莊）裝瓶較早、採收時間略晚、新
桶使用略多。今日新一代釀酒人所追求的則是
風味的細緻與優雅（這與現代烹飪減少使用奶
油與過於厚重的醬汁也有關），故而拉長桶中
培養時間，略早採收尚帶有清新風味的成熟葡
萄，並減少新桶比例與攪桶頻率，而尚一巴柏
提斯特絕對是這後起風潮的領導菁英。🍷

梅索葡萄園上坡處可見不少半廢棄的小舍，其實是舊時汽車未發明
之前葡萄農所建，是週末帶全家踏青郊遊望遠的好處所。圖為米歇
爾．布澤侯酒莊蓋在Les Tessons園內的樣式（早時裡頭還設有簡易
廚具）。

Domaine Michel Bouzereau et Fils

5, Rue Robert Thénard

21190 Meursault

France

Tel: + (33)3 80 21 20 74

Fax: + (33) 3 80 21 66 41

Website: www.michelbouzereauetfils.com

part V 夏多內的皇者風範
FRANCE Puligny-Montrachet

夏多內因樹體強健、不易患病、個性平實、可塑性強、適合不同的環境與釀法，遂成全球最受歡迎的國際白酒品種。此品種雖源自布根地，但目前全世界許多產區已可釀出與布根地並駕齊驅的夏多內白酒。然而，即使是國際最優秀的釀酒師都必須承認，夏多內的皇者風範來自布根地的普里尼─蒙哈榭（Puligny-Montrachet）酒村，村內最優秀生產者的特級園酒款，在適度熟成後的精湛表現，他處無法企及，堪稱夏多內的登峰造極之作。

普里尼─蒙哈榭共有114.22公頃的村莊級葡萄園、100.12公頃的一級園以及21.3公頃的特級園。村內的特級葡萄園有四塊，其中的蒙哈榭（Montrachet，8公頃，海拔250～270公尺）被稱為夏多內的酒皇，也是全球最昂貴干白葡萄酒的來處。蒙哈榭園區橫跨在北邊的普里尼─蒙哈榭與南邊的夏山─蒙哈榭（Chassagne-Montrachet）酒村之間，4.01公頃位於前者，3.99公頃位於後村。1879年時，兩村都將蒙哈榭加在村名之後以拉抬名聲。1728年，修士阿努（Abbé Arnoux）曾在《布根地現狀》（Situation du Bourgogne）中寫道：「拉丁文或法文都無法描繪蒙哈榭白酒的甘美……其細緻與傑出也難以名狀。」

目前蒙哈榭的擁有者共有16位，其中持份最大者是拉基旭侯爵家族（Marquis de Laguiche），但其2.06公頃都交由Maison Joseph Drouhin種植、釀造並裝瓶出售。布根地第一名莊侯瑪內─康地酒莊（Domaine de la Romanée-Conti）也擁有0.67公頃（位於夏山─

知名酒莊兼酒商Bouchard Père & Fils的蒙哈榭葡萄園。

騎士蒙哈榭處於坡度較陡的上坡，氣候較為涼爽，酒格勻稱修長，礦物質風味明顯。

普里尼—蒙哈榭酒村內的葡萄農工作群像（銅像）。

蒙哈榭），其他擁園的重要酒莊還有Bouchard Père & Fils（0.89公頃，位於普里尼—蒙哈榭）、Jacques Prieur（0.59公頃，位於夏山—蒙哈榭）、Domaine des Comtes Lafon（0.32公頃，位於夏山—蒙哈榭）以及僅有0.08公頃的樂弗雷酒莊（Domaine Leflaive，園區位於位於夏山—蒙哈榭）等等。

騎士蒙哈榭（Chevalier-Montrachet，7.59公頃，海拔260～300公尺）特級園位於蒙哈榭山（Mont Rachet）之下，蒙哈榭特級園之上，處於坡度較陡的上坡，表土淺，土壤含有許多石灰岩塊（上段為魚卵狀石灰岩，下段則較多夏山石灰岩〔Pierre de Chassagne〕），園中甚至有幾處岩床外露。上坡較為涼爽的氣溫讓此園酒釀勻稱修長，酸度清鮮靈動，礦物質風味明顯。騎士蒙哈榭最北邊的一塊1.27公頃園地原屬Le Cailleret一級園，後在Louis Latour與Louis Jadot共同申請下，經審獲准升級為騎士蒙哈榭特級園，兩莊為紀念十九世紀地主Adèle Voillot

以及Julie Voillot兩姐妹，將這一小塊騎士蒙哈榭稱為Les Demoiselles，所釀酒款則標示為Chevalier-Montrachet Les Demoiselles。擁有騎士蒙哈榭葡萄園的名莊包括Bouchard Père & Fils、樂弗雷、Louis Latour、Louis Jadot與Jean Charton等等。

巴達—蒙哈榭（Bâtard-Montrachet，11.87公頃，其中5.84公頃位於夏山—蒙哈榭）特級園位於蒙哈榭下方，地勢平坦，幾無坡度，土壤肥沃深厚，酒質圓潤豐厚，較為有勁雄渾，優雅鮮活非其所長，但最佳酒莊的版本也能保有相當好的酸度，持有巴達—蒙哈榭的重要酒莊有樂弗雷、Domaine Ramonet與Paul Pernot等。巴達—蒙哈榭東北角的特級園為比昂維紐—巴達—蒙哈榭（Bienvenues-Bâtard-Montrachet，3.69公頃），地勢貼近平原區，基本上風土條件類同巴達—蒙哈榭，酒格也趨近，或許較柔美早熟，樂弗雷酒莊在此擁有1.15公頃，成為最主要的擁園者。

普里尼—蒙哈榭的17塊一級園中以Le Cailleret（3.93公頃）最為知名，酒價也最為不凡，就位於蒙哈榭北邊一路之隔的中坡處，園中多石、朝東（不似蒙哈榭朝東南），酒體優雅精練具深度，但不若蒙哈榭架構堅實。本園南邊靠近蒙哈榭那頭的0.6公頃小區塊稱為Les Demoiselles，擁園者之一的Domaine Amiot Guy酒莊釀有Puligny-Montrachet Premier Cru Les Demoiselles。

值得一提的是，樂弗雷以及伊田‧索賽（Etienne Sauzet）酒莊竟是僅有的二名擁有蒙哈榭園區的普里尼—蒙哈榭村生產者，且占地極微，然而兩者皆為目前本村最秀異的釀酒者，將在後面章節詳介。

風土的載點
Domaine Leflaive

經典夏多內白酒出自布根地，而絕大多數愛酒人心中的極致典範，屬來自普里尼－蒙哈榭酒村的白酒。村內幾家菁英酒莊中，又以樂弗雷酒莊（Domaine Leflaive）為頭號頂級名莊，且因酒標上家徽的兩隻公雞形象被暱稱為「公雞酒莊」，本莊產酒則是「公雞家的白酒」。布根地名莊總是行事低調，即便是侯瑪內－康地酒莊也都在鐵柵門上鑲有RC兩字，向只能在外一窺究竟的「門外漢」透露名莊所在線索，但位在普里尼－蒙哈榭村內栗樹廣場（Place des Marronniers）南邊一角的樂弗雷酒莊，只有門牌號碼無酒莊名號，即便立在莊前，都難知曉原來公雞他家在此。

1717年，克勞德·樂弗雷（Claude Leflaive）

1

1. 野生葡萄樹爬滿的牆壁二樓為酒莊辦公室。

2. 本莊的蒙哈榭葡萄園僅有0.08公頃，年均產量約400瓶，價昂難得。

2

始定居於普里尼—蒙哈榭，其在栗樹廣場的舊居仍是目前莊址，我們今日所識的樂弗雷酒莊其實是由喬瑟夫‧樂弗雷（Joseph Leflaive, 1870-1953）建於1920年，之後不久喬瑟夫便大刀闊斧整頓葡萄園（包括選擇新款優良嫁接砧木），並開始自家裝瓶販售，也培養起一群死忠私人客戶。1953年喬瑟夫逝世後，四子女之中的喬（Jo）負責行政與財務，文生（Vincent, -1993）則掌管葡萄園、釀酒與

銷售。1990年文生之女安蔻‧樂弗雷（Anne-Claude Leflaive, 1956-2015）接手父職，與堂兄歐立維耶（Olivier Leflaive，喬之子）共同經營本莊，不過因歐立維耶一方面忙於同名酒商事業（Olivier Leflaive，成立於1984年），同時與安蔻對酒莊經營方向不同調（例如他不同意安蔻試行自然動力農法），導致歐立維耶後來離開本莊，董事會也在1994年決議由安蔻成為唯一的經營者。

1989～2008年間，梅索村的知名酒農皮耶‧莫黑（Pierre Morey）擔任本莊的酒莊總管一職，在其建議與協助下，安蔻在1990年以5%的自有園區實驗自然動力農法，後逐漸擴大面積，終在1998年將全部自家葡萄園改以此法耕

1. 思慮清晰、性格堅毅的安蔻‧樂弗雷為樂弗雷莊主。

2. 本莊四款精采白酒，左到右Puligny-Montrachet Premier Cru Les Pucelles、Chevalier-Montrachet、Montrachet、Puligny-Montrachet Premier Cru Le Clavoillon。

本莊的私人窖藏，款款令愛酒人賞心悅目，心花怒放。

種（並在幾年後獲得認證）。自然動力農法學說有其盲點與混沌處，也不乏對此抱持謹慎態度的懷疑論者：如對同儕酒農表示採行自然動力農法使果質與酒質突升，賈克‧菲德烈克‧慕尼耶酒莊莊主菲德烈克‧慕尼耶笑說：「這其實與自然動力農法無關，而是同時放棄使用除草劑與化肥之故。」對無法科學實證酒質因之提升的自然動力農法，菲德烈克所言也有幾分道理。

　　然而樂弗雷酒莊極富實驗精神。安蔻‧樂弗雷在1990年首批實驗自然動力農法的園區有1公頃，包括普里尼—蒙哈榭村莊級的Les Houlières、Les Grands Champs，一級園的Clavoillon與特級葡萄園比昂維紐—巴達—蒙哈榭，並分出實施慣行農法（施用化肥、除草劑與化學農藥）的對照組，與有機和自然動力農法的實驗組。幾年實驗下來加上多次矇瓶試飲，本莊與一些酒界專業人士皆認為自然動力農法組在酒質上勝過有機農法組，自此本莊成為自然動力農法的忠實信徒。的確此法總是有些「心誠則靈」的信仰成分在內而招致懷疑，但因土壤健康了，酒質的改善似乎也順理成章。然而在酒質上，自然動力農法是否真的優於有機農法，還是各有說法與定見。

　　第一批首試中的比昂維紐—巴達—蒙哈榭特級園之成果最具說服力。此園當時平均樹齡30歲，樹況頗差，不僅有樹葉萎黃病還兼樹幹瘦弱與產量銳減，安蔻與總管皮耶‧莫黑決定不予拔除，死馬當活馬醫，便停用除草劑，且挖鬆土壤施以自然動力農法配方，孰料受治的葡萄株反應出奇地好，如今依舊健康地產出令本莊自傲的優質葡萄，且現在平均樹齡超過50歲，為本莊最老的葡萄樹。實施自然動力農法不僅增益於土壤與環境，也有助員工之健康

1. 本莊的特級葡萄園（圖為騎士蒙哈榭）都以本莊擁有的三匹馬進行翻土。

2. 左為Meursault Premier Cru Sous le Dos d'Ane；右為Mâcon-Verzé村莊級白酒。

（不必再碰觸化學抗黴劑）。

定日與定時

　　講到自然動力農法，讓我想起前一陣子拜讀知名美食大家蔡珠兒在新作《種地書》的〈嫁果子〉一文，文中提到明末清初文學家李漁（1610〜1680）在《閒情偶寄》中提到合歡樹要澆洗澡水，「常以男女共浴之水，隔一宿而澆其根，則花之芳妍較常加倍」，這還是李漁親身所鑑，算是古人的另類自然動力農法？此外，自然動力農法強調農事有定日與定時，有時須配合月象進行，這又與珠兒姐文內所提的南北朝經典農書《齊民要術》的「嫁棗」技巧，產生有意思的呼應：正月初一日出時，用斧背在樹幹槌擊敲打，可使棗樹結果豐盛。原來，擊傷果樹韌皮可阻止養分向下傳輸，促進開花結果，古時農書叫「嫁果」，現在叫「環剝法」。讀此，筆者揣想，果真以男女共浴之水澆予葡萄樹根，將來酒香更為芳妍否？《閒情偶寄》未提及澆灑時刻，但若依自然動力農法原則，用於根部土壤的，最好選擇月亮在土象星座的根日。

　　本莊在夏多內採收後，通常會經過破皮才進行榨汁（進行較慢速的2〜3小時榨汁）。榨汁入小型橡木桶以野生酵母酒精發酵後，在冬至（或聖誕節）之前的下弦月階段會進行攪桶，冬至過後白晝日長，能量場域改變，據現任酒莊經理勒裴提（Antoine Lepetit）表示，此時已不適合攪桶，以上做法據自然動力農法學說而來。之後的桶中培養期間（時間與新桶比例每款酒各不相同）並不進行換桶去渣，只在裝瓶前進行；若有需要，裝瓶前會進行輕微的黏合濾清與過濾。本莊每個法定產區酒款常常來

本莊白酒在橡木桶培養後，還會再次導入不鏽鋼槽培養幾個月，以保持酒的鮮爽度，也拉長酒質培養期（不過最頂級的蒙哈榭僅在木桶中培養）。

自該園內分散的多塊地，都會分別釀造、培養後再予混調（甚至會因使用砧木不同而分別釀造）。

　　2009年歐立維耶取走其在本莊所有的1.25公頃持份之後（其中最大一塊是Meursault Premier Cru Sous le Dos d'Ane），本莊目前在普里尼—蒙哈榭擁園23.66公頃。最初階的Bourgogne Blanc白酒一向穩定優質，不過酒價也等同於他莊村莊級水平，而村莊級的Puligny-Montrachet是以七塊地的葡萄（Les Brelances、Les Grands Champs、Les Nosroyes、Les Reuchuax、La Rue aux Vaches、Les Tremblots、Les Houlières）釀成，同樣值得信賴。此外，2004年本莊在馬貢（Mâcon）產區購下9.33公頃葡萄園，開始釀產Mâcon-Verzé村莊級白酒，只有部分酒液以木桶培養，展現清幽小白花與礦物質風味。

一級園之首Les Pucelles

　　一級葡萄園白酒當中以Puligny-Montrachet Premier Cru Les Pucelles酒質最高，基本上屬特

級園品質，本莊在Les Pucelles中擁有三小塊葡萄園（共3.6公頃），當中的Le Clos du Meix幾乎全由本莊所有。Les Pucelles一級園的土壤與巴達—蒙哈榭近似，但石頭多一些，酒質甚至更加精妙多變（唯不若後者豐滿），年輕時具清透花香與檸檬草風韻，幾年成熟後以核桃與榛果味添韻，架構絕佳。

Puligny-Montrachet Premier Cru Les Combettes就位在梅索酒村旁的優質中坡處，葡萄樹種於1963與1972年（已達成熟壯年階段），酒質細膩、礦物質風味鮮明，尾韻綿長。Puligny-Montrachet Premier Cru Les Folatières位於較陡的上坡處，向陽佳，酒質豐潤成熟且保有極佳酸度。位於Folatières下坡處的Puligny-Montrachet Premier Cru Le Clavoillon酒體較輕、也較為早熟，樂弗雷擁有此園85%面積，其果味清新柔美，10年酒齡後會出現誘人蜜香，但整體架構不若前三者修長堅實，酒

價也較為可親。

特級園中的騎士蒙哈榭長期以來為本莊招牌旗艦白酒，本莊有三塊地（共2公頃），兩塊在此園下坡，一塊位於上坡，植於1955到1980年之間，較之雄渾圓潤的巴達—蒙哈榭酒款來得更加精練，明顯的酸度與礦物質風韻呈現仙風道骨的氣質。樂弗雷的比昂維紐—巴達—蒙哈榭老藤植於1958與1959年（共1.15公頃），氣韻深沉馥郁，不僅有巴達—蒙哈榭（本莊有1.91公頃）的力道，還能將精緻風味醞釀其中。

至於樂弗雷的蒙哈榭葡萄園直到1994年才購入，位於夏山—蒙哈榭酒村內區塊，為南北向種植（植於1960年），由於僅有0.08公頃，每年僅產一桶有餘（標準每桶228公升，換算平均年產約400瓶），因而無法裝滿正常規格的兩個橡木桶，故本莊每年需向桶廠依當年的蒙哈榭產量訂製特殊規格桶（可能是310或320公升桶）。樂弗雷的蒙哈榭以100%新桶培養（其他酒款頂多25%），強勁濃郁，帶香料與蜂蜜調性，反而較少展現本莊擅長的緊緻修長架構與沁酸風格。

因自然動力農法之助，本莊酒質愈加純淨無染，益發地忠實傳達風土特色，使所釀酒款成為名副其實的「風土載點」，開瓶品啜之間，風土之味源源不絕下載至飲者味蕾，有待您以專心致意解壓縮其內涵，賞其純真之美。🍷

酒莊的葡萄酒品嘗室。

Domaine Leflaive

Place des marronniers
21190 Puligny-Montrachet
Tel: 33 (0)3 80 21 30 13
Fax: 33 (0)3 80 21 39 57
Website: www.leflaive.fr

晶瑩淺碧妙酸香
Etienne Sauzet

布根地的普里尼—蒙哈榭酒村裡除樂弗雷酒莊名聲享譽全球，另一家同樣受愛酒人尊崇（雖不若俗稱「公雞酒莊」的前者讓人朗朗上口、名氣響亮）的菁英酒莊乃是伊田·索賽（Etienne Sauzet）。事實上依筆者尚稱有限的品嘗經驗判斷，伊田·索賽在酒質上實已與樂弗雷酒莊並駕齊驅（近年甚至凌駕？），

尤其在酒齡年輕時就已經令人垂涎三尺，並具有不輸樂弗雷的久存潛力與較為可親的酒價，更讓人傾心。其酒色淡黃晶瑩透碧，口感精妙緊緻，酸香提韻，已臻普里尼—蒙哈榭白酒之極致。

生於1903年的伊田·索賽在繼承了幾公頃葡萄園後著手建莊，在1950年左右已經將自有

十字架後邊是Puligny-Montrachet Premier Cru Les Pucelles葡萄園，位於背景的是普里尼—蒙哈榭酒村。本莊在2009年最新買入的葡萄園是Premier Cru Hameau de Blagny（位於本村上坡）的部分園區。

本莊釀酒師本諾‧立弗。

葡萄園擴展至12公頃有餘。1975年伊田‧索賽去世後，由其孫女賈寧（Jeanine）與夫婿傑哈‧布多（Gérard Boudot）承接酒莊營運與釀造。1991年，賈寧的母親將葡萄園均分給三位子女：賈寧與兩位兄長尚—馬可（Jean-Marc Boillot）與亨利（Henri Boillot）。後者曾將分得的葡萄園租給賈寧與夫婿種植、釀酒。當時為增補失去的部分普里尼—蒙哈榭村莊級與一級園地塊所造成的減產，他們隨即設立小型的酒商事業（Négociant），少量買進熟識的優質葡萄農之葡萄或葡萄汁（約占總產量10～15%），以進行釀造與培養。目前本莊所有酒款都標以Etienne Sauzet（而非Domaine Etienne Sauzet），所以僅看酒標，並無法分辨哪些是以自有葡萄釀造，哪些以購入葡萄釀造，抑或是混合兩者。然而可確定的是，酒質在每個法定分級裡均有傑出表現。

從理性控制到自然動力

加上前幾年買進的園區，伊田‧索賽酒莊目前擁園約10.5公頃，分布在地方性、普里尼—蒙哈榭村莊級、普里尼—蒙哈榭一級與特級葡萄園。前幾年主採理性控制法（Lutte raisonnée）種植，但在實踐上其實相當接近有機農法。理性控制法並無特別的施行細則與規範，雖會使用農藥保護葡萄，但在施行劑量與頻率上則相當謹慎與溫和，除非必要才施用；也不使用除草劑，以器械與人工翻土。每公頃種植密度為10,000～12,000株，以熟齡樹株以及老藤為主，年輕樹藤不多。

在春季會拔除多餘芽苞與葉片以達減產與通風目的，莊主傑哈‧布多認為在夏季拔除多餘果串的「綠色採收」（即疏果）並不適用於夏多內白葡萄，因植株會將多餘精力灌注到剩下的葡萄串，使每顆果粒更加飽含果汁致使風味失去集中度。相對地，若是對黑皮諾進行綠色採收，則留下的果串之果皮會轉厚，更利增色添香。本莊並自2006年起轉為全有機種植，後經幾年實驗下，終在2009年將全園改以自然動力農法耕作，主要相關農法配方自行製作，其餘外購，也並不打算申請自然動力農法認證。

經過為期約6～7天的手工採收後（通常較他莊早一週採收以保清鮮風格，但成熟度不見得較差），酒莊會以氣墊式壓榨機對夏多內進行超過2小時的慢速溫柔榨汁，接著在低溫下進行靜置以去除較粗的酒渣，隨後便導入橡木桶（輕到中度燻桶）內進行酒精發酵（依年份不同，約需2星期至好幾個月），之後的乳酸發酵當然也在桶內進行。基本上盡量採用野生

左為Montrachet（葡萄來自夏山─蒙哈榭村）；右為Bâtard-Montrachet特級園白酒。2010年份因落花致結果減量，使風味集中但又保有優雅酸度，極為精采。

酵母發酵，但若遇較艱難、黴菌侵襲較多的年份，則果汁的前期靜置澄清通常必須更徹底，若過於澄清的果汁在發酵進程上顯得遲緩，酒莊便會使用人工選育酵母來觸發。偶爾也會進行攪桶手續以增進酒體圓潤度，不過最近幾年來已經減少攪桶頻率。

桶中培養期間約在10～18個月之間（地方性的Bourgogne白酒約10個月，村莊級12個月，一級與特級白酒則為18個月）。此外自2000年份開始，已經降低新桶培養的比例：特級葡萄園白酒最高40%新桶、一級園最高30%，村莊級則最多採用20%新桶。舊桶的使用最多不超過四個年份。白酒經橡木桶培養後，自2002年份起通常會再經幾個月的不鏽鋼酒槽培養（與細緻的死酵母渣一同培養）以保留新鮮清脆的果味，以特級白酒為例：經12個月桶陳培養後，會再經6個月不鏽鋼槽培養。隨後（自2006年份起）採用可以套上不鏽鋼鐘型罩的新型垂直式過濾器進行輕微過濾，此封閉式過濾器可減少酒質氧化、保留清新風味（此機器因過濾速度慢故較少人採用）。最後裝瓶貼標，於靜置幾月後上市。

需空調的地下酒窖

普里尼－蒙哈榭酒村由於地下水位較高，無法挖掘太深的地下酒窖，故並不存在真正深入地下、恆溫恆濕的涼爽培養酒窖，因而本莊如同本村同儕，只能在酒窖裡加裝空調控溫。伊田‧索賽的酒窖空調設備於1980年代初裝設，之前酒窖並非理想的長期儲酒場所，故窖裡僅存有零星幾瓶伊田‧索賽1960年代老酒。

伊田‧索賽的村莊級Puligny-Montrachet白酒釀得極好（目前釀自12塊葡萄園，最主要來自Les Meix），以優秀的2010年份為例，在品嘗當下我心中暗忖：「若布根地初階的村莊酒都能釀得如此清新可人、均衡細膩與通透優雅，哪怕新世界的夏多內以澎湃果味搶市？」本莊釀有七款一級園白酒，其中Premier Cru La Garenne位在最上坡的土壤貧瘠處，總是一級園中最晚採收者，即遇大熱年也能在酒中保有可愛清雅的酸度（同一地塊若釀成紅酒則稱為Blagny Premier Cru）。

Premier Cru Les Referts位處中、下坡處，旁

本莊花園裡的幼年酒神銅雕。

1. 小房間內為本莊私人藏酒窖;橡木桶以法國中部Allier森林木料製作。

2. 本莊酒款精妙緊緻,目前年產量約8萬瓶。

3. 伊田・索賽酒莊。鑑於酒商事業成功以及在1998年買入Puligny-Montrachet 1er Cru Les Folatières部分園區,本莊在2001年擴大釀酒廠面積以因應所需。

Chevalier-Montrachet特級園位於上坡,較為貧瘠且多石灰岩塊。

鄰梅索村的Premier Cru Les Charmes葡萄園,具成熟果香與圓潤但均衡的酒體,架構鮮明(有部分為60歲老藤)。Premier Cru Les Folatières位於中、上坡處,具迷人精緻的花香與礦物質風味,酒體圓滑精練且芳雅,總展現普里尼—蒙哈榭的經典風情。Premier Cru Les Combettes與Premier Cru Les Champs Canet位於最佳的中坡處,黏土與石灰岩比例完美,並列為本莊最精采的一級園白酒:Les Combettes酒質豐潤、架構扎實、儲存潛力極佳,Les Champs Canet

則種有本莊最老的葡萄藤(植於二次大戰前夕),同樣有良好儲存潛力,風格較為緊緻修長。

本莊釀有四款特級園白酒:Montrachet、Chevalier-Montrachet、Bienvenues-Bâtard-Montrachet與Bâtard-Montrachet;其中前兩者是以購入的葡萄汁或葡萄進行釀造與培養。伊田・索賽的Bienvenues-Bâtard-Montrachet地塊與右邊的Premier Cru Les Pucelles接壤,所以骨子裡有Les Pucelles的細緻風格。至於四款特級酒當中價格最低(然品質極高)的Bâtard-Montrachet則以華麗豐潤見長,多數葡萄來自本莊自有、位於普里尼—蒙哈榭酒村這邊的Bâtard-Montrachet區塊,少部分來自外購的夏山—蒙哈榭酒村的Bâtard-Montrachet區塊。特級葡萄園的每公頃平均產量在3,000~4,000公升之間。

自二十一世紀初起,傑哈・布多之女艾蜜莉(Emilie)與來自松塞爾(Sancerre)產區釀酒世家的丈夫本諾・立弗(Benoît Riffault, 其松塞爾的家族酒莊為Domaine Claude Riffault)便加入本莊經營與釀酒團隊。有了本諾的加入,近幾個年份伊田・索賽的酒質似乎更顯風格,通透精練、架構緊緻。酒莊前景光燦,酒友有福了。🍷

Domaine Etienne Sauzet

11 Rue de Poiseul
21190 Puligny-Montrachet
Tel: 33 (0)3 80 21 32 10
Fax: 33 (0)3 80 21 90 89
Website: www.etiennesauzet.com

托斯卡尼裡最知名的葡萄酒產區有三,分別是古典奇揚替(Chianti Classico)、蒙鐵布奇亞諾貴族酒(Vino Nobile de Montepulciano)以及蒙塔奇諾布雷諾(Brunello di Montalcino),其中又以蒙塔奇諾布雷諾平均酒質最高,菁英酒莊最多。蒙塔奇諾布雷諾位於古典奇揚替南方,在西耶那市(Siena)南邊約40公里處。1968年,蒙塔奇諾布雷諾列為法定產區(Denominazione di Origine Controllata,以下均簡稱DOC);到了1980年又成為義大利首個升為最高等級的保證法定產區(Denominazione di Origine Controllata e Garantita,以下皆簡稱為DOCG)。

蒙塔奇諾布雷諾產區的行政中心為蒙塔奇諾鎮(Montalcino),產區範圍同行政區劃分,面積共24,000公頃,周邊有三條河川圍劃本區,使之呈四方形。蒙塔奇諾鎮名首在西元814年形諸文字,位在567公尺海拔的山頂處,周邊植有大量橡樹,鎮名Montalcino源自義大利文的Monte dei lecci(橡樹山)。蒙塔奇諾鎮的最上端,有座建於十四世紀的雄偉防禦式城堡,現設有餐廳與葡萄酒專賣店,遊客除了用

傳統派的蒙塔奇諾布雷諾釀造者都以大型橡木桶培養酒質。

餐，也常登上城堡制高點，欣賞美麗環景；鎮上除更多的酒鋪與餐廳，也開設有幾家民宿以因應旅遊熱季所需。

遊客眼下的繁華，讓人難以想像1950年代的蒙塔奇諾，被列為西耶那省裡最貧窮的市鎮（依每人平均所得估算）。1959年該鎮的《城堡報》（La Fortezza）刊出一項對當地農舍的調查結果：「210家農舍建物狀況極糟，281家沒有廁所，243家欠缺電燈照明，281家無飲用水，135家的牲畜糞坑設置不當。」然而，到了1980年代中期，蒙塔奇諾脫胎換骨，反成西耶那省裡最富有者，而這一切都要歸功於本區的液體黃金：蒙塔奇諾布雷諾紅酒。

據考古學研究，蒙塔奇諾鎮及附近地區早在一萬年前就有人類居住，且在埃特魯斯坎人（Etruscan，約在西元前1200年自小亞細亞遷居到今日的托斯卡尼）時期，可能就已開始發酵葡萄釀酒；目前鎮上還可見到埃特魯斯坎及其後繼者古羅馬人的遺址、墳墓與手工文物。蒙塔奇諾鎮在1260年歸附西耶那公國之下，西耶那公國與佛羅倫斯公國征戰落敗後，領導人便與數千居民及法國聯軍部隊躲避到蒙塔奇諾鎮的城堡內；由於堡體固若金湯，佛羅倫斯公國與其西班牙聯軍久攻不下，便在四年後的1559年由法國和西班牙簽屬和平協議，戰事告一段落。蒙塔奇諾與西耶那公國轄下其他地區，就此由佛羅倫斯的梅迪奇家族的柯西摩一世掌理。

甜白酒乃舊時王道

1865年，火車首次駛到蒙塔奇諾鎮東北邊的Torrenieri村，才將遺世獨立的本鎮與外界文明相連結。約此同時，蒙塔奇諾的幾位有錢鄉紳農莊主人已經釀出名為Moscadello的優良甜白酒，這才是十九世紀時蒙塔奇諾的葡萄酒王道，歷史早於蒙塔奇諾布雷諾紅酒。十八與十九世紀時，用以釀造Moscadello的蜜思嘉葡萄（Moscato Bianco）是種植面積最廣的品種。十九世紀中期之前，蒙塔奇諾所產的紅酒稱為Vermiglio，是以山吉歐維列（Sangiovese）為主，混和其他品種所釀成。1888年，在畢雍帝·桑提家族（Biondi Santi）手中才以百分之百的山吉歐維列釀造出首款的蒙塔奇諾布雷諾紅酒。山吉歐維列的種植面積也在十九世紀末超越蜜思嘉。

受人尊敬的小酒杯

講到蒙塔奇諾布雷諾，若不提朱力歐·甘貝利（Giulio Gambelli, 1925-2012），則本地的酒業風景拼圖就要缺失關鍵一角。甘貝利是當地極受尊崇的釀酒顧問，在去世前一年的86歲高齡，仍舊擔任蒙塔奇諾布雷諾幾家名莊顧問（包括Soldera、Poggio di Sotto與Il Colle），此外，奇揚替產區的重量級酒莊Montevertine也曾受他指導。甘貝利因其超乎常人的品酒能力，被敬稱為「品酒大師」（Maestro Assaggiatore），也暱稱為「小酒杯」（Bicchierino）。

甘貝利其實未曾接受過釀酒學訓練，當唐奎迪·畢雍帝·桑提（Tancredi Biondi Santi）早年在Enopolio釀酒合作社擔任顧問時，無意間發覺當時年僅14歲的甘貝利嗅味覺驚人，便將他帶在身邊擔任釀酒助理，從此開啟一代大師的釀酒歷程。甘貝利曾憶及他向唐奎迪所學，除先進的釀技外，最重要的學習乃酒窖的清潔衛生，因為在1970年代時，當地許多酒窖內依

蒙塔奇諾鎮有座建於十四世紀的雄偉城堡，遊客可買門票登上城堡制高點欣賞村鎮與產區全景。本區多數酒莊規模極小，22%酒莊所擁有園區面積還不到1公頃。

舊可以嗅聞到禽糞與風乾臘腸味。當「超級托
斯卡尼現象」風起雲湧時，甘貝利還是堅持山
吉歐維列乃是可自成一格的高貴品種，不必與
法國品種混調，因而世人也讚他為「山吉歐維
列大師」。欲知更多甘貝利的事蹟，懂義大利
文的讀者可參閱Carlo Macchi在2007年出版的
傳記《甘貝利：聽酒之人》（*Giolio Gambelli:
l'uomo che sa ascoltare il vino*）。

成也邦菲，敗也邦菲

　　蒙塔奇諾鎮之所以能跳脫最貧困村鎮的歹
名，得以日漸富庶，雖得力於蒙塔奇諾布雷諾
紅酒，然而背後真正推手還屬美資的邦菲酒廠
（Banfi）。紐約的馬力安尼（Mariani）兩兄
弟先是在美國靠著銷售Riunite品牌的義大利隆
布斯可（Lambrusco）甜味氣泡紅酒致富，身
為義籍美人後代的兩人想在蒙塔奇諾布雷諾如
法炮製，便於1978年購下本區南部大片土地
（此地過熱、海拔過低，並非種植山吉歐維列
的優良地塊），正式成立邦菲，開始大量種植
蜜思嘉，甚至要求其他葡萄農將山吉歐維列改
嫁接為蜜思嘉，並允諾會負責收購，想釀造
Moscadello di Montalcino微氣泡甜白酒回銷美
國再創事業高峰。

　　然而人算不如天算，此時美國大眾的品味轉
變，他們已經厭棄清新帶氣的甜白酒，改為嗜
喝酒體飽滿的強勁紅酒。就在當地人準備看邦
菲垮台笑話時，邦菲「幡然悔改」，將原有的
蜜思嘉重新嫁接為山吉歐維列與法國品種（後
者主要用以釀造超級托斯卡尼紅酒）。蒙塔奇
諾布雷諾紅酒成為邦菲「退此一步，即無死
所」的戮力新標的。

　　同樣為迎合美國市場，邦菲釀造出酒精度

Capanna酒莊的Moscadello di Montalcino晚摘甜白酒（酒精度
14%），口感甜潤，酸度佳，具焦糖、鳳梨以及肉豆蔻風味。

高、單寧萃取多、酸度低（園區海拔過低）、
橡木桶影響鮮明（常帶香草、咖啡與焦糖氣
味）的早飲型蒙塔奇諾布雷諾。邦菲除了基礎
款蒙塔奇諾布雷諾有部分酒液在大木槽培養
外，全以350公升的小型橡木桶培養。但此類
「大塊頭」的濃縮酒款，於我嘗來，常顯得氣
萎神疲，粗裡粗氣（雖美國《葡萄酒觀察家》
〔*Wine Spectator*〕雜誌常評予高分）。目前邦
菲是蒙塔奇諾布雷諾的最大釀造廠，年均產量
將近100萬瓶。由於蒙塔奇諾布雷諾葡萄酒公
會（Consorzio del Vino Brunello di Montalcino）
針對議題表決時，產量以及銷售量愈大的酒廠
之可投票數愈多，使得邦菲對本產區掌有極大
（過大）的影響力。

蒙塔奇諾布雷諾之外

　　在產區劃定範圍內，除Brunello di Montalcino

DOCG外，還可釀造Rosso di Montalcino紅酒（可說是蒙塔奇諾布雷諾的「二軍酒」，美國人稱之為「baby Brunello」）、Sant' Antimo DOC（比照超級托斯卡尼紅酒，可以加入外來品種）以及先前提過的Moscadello di Montalcino DOC（可分為風格清新的微氣泡甜酒以及無氣泡、較甜美稠潤的晚摘甜酒類型）。此外，由於蒙塔奇諾布雷諾產區範圍也同時劃為Chianti Colli Senesi DOCG，因此釀

酒人也可以選擇釀造此酒（必須至少含75%山吉歐維列）。甚至可以選擇釀造最初階，但管制較少的IGT Toscana葡萄酒（IGT=Indicazione Geografica Tipica，中譯為典型地理區標記）。

蒙塔奇諾布雷諾產區的氣候較北邊的奇揚替更溫暖而乾燥（受西邊地中海氣候影響更明顯，蒙塔奇諾鎮上的外圍步道上甚至種有仙人掌），東南則有海拔1,738公尺的阿米亞塔山（Mount Amiata）障護，擋掉冰雹及暴風雨。目前產區內的葡萄樹總種植面積為3,500公頃，登錄為Brunello di Montalcino者有2,100公頃，Rosso di Montalcino為510公頃，Moscadello di Montalcino有50公頃，Sant' Antimo則有480公頃，其他葡萄酒也占有360公頃。

「沒大沒小」

山吉歐維列如同黑皮諾，基因傳序不穩，容易產生變異，義大利各區對其稱法也存有差異。在Scansano產區稱為Morellino，在古典奇揚替名為Sangioveto，於蒙鐵布奇亞諾慣稱為Prugnolo Gentile，到了蒙塔奇諾則是布雷諾（Brunello）。1825年，植物學家阿切比（Acerbi）寫到山吉歐維列可分兩類：「大山吉歐維列」（Sangiovese Grosso）與「小山吉歐維列」（Sangiovese Piccolo）。當人們經實驗知道布雷諾其實就是山吉歐維列的一種無性繁殖系，當地果農與葡萄種植學專家立刻宣稱布雷諾就是「大山吉歐維列」：一說是果粒較大，另一說是果串較大，也指果皮較厚一些；總之，言下之意都認為布雷諾品質勝過外地的山吉歐維列。

一度，蒙塔奇諾的酒界分為兩派意見；一派認為當地的布雷諾就是「大山吉歐維列」，

蒙塔奇諾鎮最不缺的就是葡萄酒專賣店，這家Grotta del Brunello除葡萄酒，也銷售當地起司、臘腸、蜂蜜以及特色甜食。鎮上較佳餐廳包括Re Di Macchia、Vineria Le Potazzine與Il Giglio等等。民宿則推薦B&B Galleria Turchi。

另一派堅持布雷諾就只是山吉歐維列，並無大與小之別。山吉歐維列的無性繁殖系研究專家班迪奈利（Roberto Bandinelli）博士則傾向後者的「無差異理論」。班迪奈利的說法有實驗根據支持：其實驗團隊將果農認為的「大山吉歐維列」（直接來自蒙塔奇諾）、「小山吉歐維列」以及來自托斯卡尼其他產區的山吉歐維列，同時種在相同風土條件的實驗園區；結果，以上三者對照之下，不論果粒、果串都極為相似，所謂的性狀差異都在此泯滅；蒙塔奇諾布雷諾葡萄酒公會目前也認同班迪奈利的看法。但可確認的是，來自本產區最老酒莊的布雷諾株植絕對更適合種在蒙塔奇諾，表現勝過移自他區的新款山吉歐維列無性繁殖系。

蒙塔奇諾布雷諾產區南部的Sant'Angelo in Colle酒村一景；村內Trattoria Il Pozzo餐廳的農婦料理用料扎實，滋味道地。

布雷諾門事件

依據義大利的規定，蒙塔奇諾布雷諾必須以百分之百山吉歐維列釀成（即義大利人所說的Sangiovese in purezza；Rosso di Montalcino亦須如此），酒色通常是或深或淺的紅寶石色澤，頂多是深石榴色，然而約自1990年代中起，逐年出現許多酒色深紅近黑、不透光、風味濃縮、帶異國香料風味的「新類型」蒙塔奇諾布雷諾，讓不少新一代的葡萄酒作家與酒評人懷疑，這新型酒款應該是混調了其他葡萄品種的「混種酒」（《葡萄酒觀察家》雜誌不僅未曾懷疑，還常評予高分）。

其實多年來已有許多繪聲繪影，說是有人趁月黑風高，將大酒槽自外地運至蒙塔奇諾準備進行非法混調，混調原料有些來自西西里的Nero d'Avola品種紅酒，有些據稱來自西班牙，但以上都未獲證實。《紐約時報》（New York Times）的葡萄酒專欄作家Eric Asimov在

一篇2006年的報導中指出，蒙塔奇諾的一些傳統派釀酒人「堅信有些酒莊已經使用山吉歐維列以外的葡萄酒進行混調，以加深酒色，且讓酒款更可早熟易飲」。2008年3月，以外地品種非法添入蒙塔奇諾布雷諾的醜聞終於正式揭發，國際媒體馬上冠此事件為「布雷諾門案」（Brunello Gate；義文是Brunellopoli）。

在葡萄酒法規相對鬆散的新世界釀酒國來說，以上指控沒啥大不了，但在義大利算是詐欺罪。司法介入後，2003年份就有近100萬瓶的「問題酒」被扣，共有幾十家酒廠被幹員審訊調查。鑑於義大利隱私法保障，最終是哪幾家酒廠涉入「布雷諾門案」並未公開。然而一般認為，本區產量最大的幾家愛釀「色深味濃」版本蒙塔奇諾布雷諾的大品牌，應脫不了干係（據推測也有幾家小酒莊涉案）。相對地，本章後頭介紹的幾家菁英酒廠，涉案可說微乎其微。2008年10月，蒙塔奇諾酒農以壓倒性票數通過「蒙塔奇諾布雷諾暨Rosso di Montalcino應維持百分百的山吉歐維列釀造」，此案一通過，讓「布雷諾門」案掩門落

蒙塔奇諾布雷諾葡萄酒公會每年會對該年份做出整體評價（以一到五星評比），並請藝術家製作當年份藝術品，展示於鎮上廣場：如1992年份為二星，1996為三星，2000年的「蒙娜麗莎吐舌鬼臉」也是三星。近幾年的五星年份有2004、2006、2007、2010以及2012。然而這是相當粗略的年份分級，因每家酒莊所在地點的風土都不同。

幕。

土壤組成極其複雜

蒙塔奇諾布雷諾產區在歷史洪流裡，曾經多次滄海桑田，大海淹沒數次，又退去多次，直到現在存有良園美酒以佐思古幽情。大自然移山倒海下，有堆積、有沖刷、有黏合、有壓實，造成本區土壤組成有如轉鏡萬花筒，異常複雜，算是全球土質組成最複雜的產區之一。

葡萄酒作家歐姬芙（kerin O'Keefe）將蒙塔奇諾布雷諾劃分為七個非正式副產區以方便討論，七者為Montalcino、Bosco、Torrenieri、Tavernelle、Camigliano、Sant'Angelo與Castelnuovo dell'Abate。其中蒙塔奇諾鎮附近南北的Montalcino區是最早升起的山地，海拔最高、土壤年代最老，也較貧瘠，但礦物質豐富，可釀出全蒙塔奇諾最長壽、芬芳、複雜且優雅的酒質，章後將介紹的此副產區酒莊包括畢雍帝·桑提、Pian dell'Orino、Salvioni及Fuligni。位於中西部的Tavernelle以及東南部

的Castelnuovo dell'Abate將在相關酒莊章節介紹。

培養規定

在現代派釀酒人遊說運作下，桶中培養時間在1998年，被自4年降為2年，但傳統派支持者至少還護衛了「總體酒質培養時間」維持4年的底線。因而，目前蒙塔奇諾布雷諾必須在酒莊經過至少4年的總培養時間（陳釀級〔Riserva〕則需5年），且在採收後起算第五個年度的1月1日才能上市（陳釀級則是第六年度1月1日）；例如2005年份蒙塔奇諾布雷諾的可開始上市時間為2010年1月1日，2005年份的陳釀級蒙塔奇諾布雷諾則是2011年1月1日。至於Rosso di Montalcino則在採收隔年的9月1日即可趁鮮上市。🍷

蒙塔奇諾布雷諾創造者
Biondi Santi

義大利國寶級酒莊畢雍帝・桑提（Biondi Santi）的總部位於蒙塔奇諾鎮南方約2.5公里處，酒莊所在的別墅暨農莊Villa IL Greppo約建於1732年，且於1790年就已在酒莊（農莊）內裝瓶，早於波爾多五大酒莊。名氣雖大，但有些酒評人或葡萄酒雜誌對其蒙塔奇諾布雷諾紅酒評分偏低，依筆者判斷，應肇因於醒酒時間不足。

畢雍帝・桑提的酒釀實屬全義大利最長壽耐放者，需要相當長的醒酒時間：品飲其陳釀級的蒙塔奇諾布雷諾時，酒莊建議先將該瓶酒液倒出一些，以增加瓶內液面與空氣接觸面，讓其「原瓶醒酒」至少8小時才飲（本莊不愛使用醒酒器）。然而，酒莊的建議有一小缺點：瓶中最上層的酒液會顯得醒酒過度，也不是每個場合都方便如此操作。以我在2014年初品嘗1997 Biondi Santi Brunello di Montalcino Riserva的經驗為例，建議可將酒輕緩地傾入醒酒器，並放入電子溫控酒窖內（攝氏16～18度為佳）至少3小時才適飲。將各項變數（溫度、醒酒時間與和緩專注的品飲心情）控制好，即能嘗出本莊名釀之不易：能在酸度與單寧之間達到絕佳均衡感；至20～30歲酒齡時，會開始釋出瀝青、老煙斗與打火石等的副韻。簡言之，即愈陳愈香，愈放愈見風味。

酒莊所在的別墅農莊Villa IL Greppo。本莊也接受遊客付費參觀酒窖與品酒；最近也將開設附設酒鋪以方便訪客購酒。

開車經過這條著名的松柏小徑後，義大利國寶酒莊就隱身其後。Biondi Santi Brunello di Montalcino Riserva釀產年份包括：1888、1891、1925、1945、1946、1947、1951、1955、1957、1958、1961、1964、1967、1968、1969、1970、1971、1975、1977、1981、1982、1983、1985、1987、1988、1990、1993、1995、1997、1998、1999、2001、2004、2006、2007。

1. 釀造過後的葡萄皮渣與籽就成為天然肥料。

2. 左為第五代傳人雅可伯；右為剛去逝不久的父親法朗哥。雅可伯的母親過世之後，他將掌有本莊百分之百的股權。

義大利唯一入列

1999年1月號的《葡萄酒觀察家》雜誌在名為〈世紀美酒〉（Wines of the Century）的專題中嚴選出二十世紀之12瓶傳奇名釀，本莊出品的1955 Biondi Santi Brunello di Montalcino Riserva便名列其中，其他入選菁英還包括1900 Château Margaux、1955 Penfolds Grange Hermitage、1921 Château d'Yquem與1931 Quinta do Noval Nacional Vintage Port等等。由於義大利僅入選一款，故撰文者沙克林（James Suckling）對本莊此款1955年份陳釀級紅酒的評論首句便是「若無畢雍帝‧桑提的偉大老酒，義大利酒界何以自處？」（Where would Italy be without the great old wines of Biondi Santi?）

本莊陳釀級蒙塔奇諾布雷諾之美名歷久不衰，且因其無與倫比的長壽特質，常使其成為投資者最愛之標的物。據《葡萄酒觀察家》一篇在2013年5月的報導，義大利酒專家艾斯波希多（Sergio Esposito）與人在紐約合夥成立的「瓶中物資產基金」（Bottled Asset Fund）公司，向Biondi Santi SpA公司（現與本莊無關）以500萬美元代價，購入高達7,000瓶Biondi Santi Brunello di Montalcino Riserva的珍稀老年份：最新年份為1975，可回溯至1945年份，且包括傳奇的1955與1964年份。大名在外，還曾招致中國「商標權蟑螂」搶先註冊「Biondi Santi Brunello di Montalcino Riserva」為專利商標，造成本莊不少困擾。

蒙塔奇諾布雷諾的源起

本酒莊的釀酒歷史起自克雷蒙地‧桑提

（Clemente Santi）。克雷蒙地於十九世紀初自比薩大學的藥學系畢業，當時他在托斯卡尼擁有多處農莊，且將精力投注在農業經營上，尤對IL Greppo（即本莊現址）投以全副心力。克雷蒙地的釀酒天份首在1867年的「巴黎萬國博覽會」上展露：他釀的Moscadello甜白酒獲得大會頒發「特別榮譽獎」（Mention Honorable）；由於當時法國人對自家葡萄酒自視甚高，克雷蒙地此次獲獎可說彌足珍貴。他隨後又在1869年的「蒙鐵布奇亞諾農業展」中以「Vino rosso scelto (brunello) del 1865」（1865年份「布雷諾」特選紅酒）參展並獲獎，此為「Brunello」字樣首次出現。布雷諾既是品種名，也為酒名；本莊因此品種在釀造後呈深棕色而命之Brunello。

克雷蒙地之女卡特琳娜（Caterina）嫁給在佛羅倫斯執業的醫師雅可伯・畢雍帝（Jacopo Biondi）後，生下費路丘（Ferruccio, -1917）。費路丘承襲外祖父對葡萄酒的熱情，也開始釀酒生涯，並將父、母親姓氏結合，使Biondi Santi成為新家族姓氏，以遙念克雷蒙地・桑提對葡萄酒的貢獻。費路丘在1888年所釀、標為「Riserva」的布雷諾紅酒，也公認是世上首款蒙塔奇諾布雷諾紅酒。其實早在克雷蒙地時代，便已開始採百分之百山吉歐維列（即布雷諾）釀造紅酒，但費路丘在園中篩出品質更高的植株，且開始以大型橡木槽進行長時間酒質培養，而不隨俗釀造當時主流的早飲型紅酒，於是奠定了蒙塔奇諾布雷諾的原型。

因而，畢雍帝・桑提家族即是蒙塔奇諾布雷諾紅酒之同義詞；且全然以山吉歐維列釀造的創新做法，早於奇揚替的後輩菁英約有百年之久。其實，當時追隨本莊開始釀造蒙塔奇諾布雷諾的酒莊還有Paccagnini、Anghirelli、Angelini、Vieri以及Padelletti，也都曾因酒質優良獲獎，但這些酒莊皆在一次世界大戰前就相繼停產，唯畢雍帝・桑提依舊堅持釀造傳統至

本莊的培養酒窖暨品酒室；蒙塔奇諾布雷諾以及Rosso di Montalcino不能釀自海拔超過600公尺的地方，但法規未定最低海拔限制。

迷迭香、橄欖樹與葡萄樹之後的迷人小舍，其實是工具堆放間。1967年時，蒙塔奇諾布雷諾的1公頃葡萄園價值約等同15,537歐元，同樣地塊到了2007年已經漲到每公頃350,000歐元，漲幅幾乎達23倍之多。

今。1932年，義大利農業暨森林部在對奇揚替與蒙塔奇諾進行研究調查後，正式認定費路丘為「蒙塔奇諾布雷諾紅酒之發明者」。

1888年，畢雍帝·桑提家族也在蒙塔奇諾鎮的主廣場上開設義大利葡萄酒專賣店（Fiaschetteria Italiana），早期本莊的蒙塔奇諾布雷諾即由此售出，酒標上也都標上「Fiaschetteria Italiana」字樣。這家葡萄酒零售店暨咖啡店目前依舊營運中，且名列「義大利歷史遺址」（Locali Storici d'Italia）。可惜筆者採訪時正處11月底觀光淡季而暫時歇業，無緣一探。

費路丘去世後，由兒子唐奎迪（Tancredi Biondi Santi, 1893-1970）在1922年接班。因明瞭自家醇釀儲存潛力絕佳，唐奎迪便開始有計畫地留存本莊的陳釀級紅酒，且包括最古老、最傳奇的1888與1891年份（今日本莊私人酒窖內，還存有1888年份2瓶，1891年份5瓶）。當義大利政府有意將蒙塔奇諾布雷諾納入法規管理時，唐奎迪便被徵招撰寫產區設立標準，之後本產區才在1968年被列為DOC法定產區。

女王金口親啖

即便成為法定產區，國際上仍不識蒙塔奇諾布雷諾為何物。時來運轉發生於1969年：時任義大利總統的薩拉蓋特（Giuseppe Saragat, 1898-1988）參訪倫敦時，與英國伊莉莎白女王二世午宴所啖紅酒即是1955 Biondi Santi Brunello di Montalcino Riserva；當此消息傳回義大利，蒙塔奇諾的酒農才認知到，原來他們的「地酒」如此珍貴。自此，蒙塔奇諾布雷諾

的葡萄園面積逐年擴大：1969年時僅有56公頃，1980年（同年升級為DOCG）擴至640公頃，2010年占地1,880公頃。目前，園區面積已達2,100公頃，可年產900萬瓶蒙塔奇諾布雷諾紅酒，自行裝瓶的酒莊約有200家。

唐奎迪逝於1970年，同年由畢業於農業科學系的兒子法朗哥（Franco Biondi Santi, 1922～2013）接手，在後者誓言維護釀酒傳統與精誠努力下，本莊的酒壇地位更加屹立不搖。法朗哥也因其對產區之貢獻，被當地人尊稱為「博士」（Il Dottore）以及「蒙塔奇諾紳士」（Gentleman of Montalcino）。1974年《國家地理雜誌》（*National Geographic*）11月號在〈托斯卡尼文藝復興新貌〉（The Renaissance Lives On in Tuscany）專題中大篇幅報導畢雍帝・桑提與新任莊主法朗哥，文中提及當時本莊陳釀級酒款在義大利的酒價：剛釋出的1964 Biondi Santi Brunello di Montalcino Riserva要價101美元，1945年份338美元，1925年份560美元，如果當時還買得到偉大的1891年份，則要攀升到驚人的1,140美元。以當時的生活水準而言，不可謂不高貴，即便相較於當時波爾多的五大酒莊，本莊的陳釀級蒙塔奇諾布雷諾仍是全球最昂貴的葡萄酒（若不將布根地酒王Romanée-Conti計算在內？）

法朗哥在2013年4月與世長辭，享壽91歲，莊務則傳承到第五代的長子雅可伯（Jacopo Biondi Santi，現年65歲）。法朗哥當初接手時的葡萄園面積是4公頃，今日的葡萄園總面積為25公頃（13公頃在IL Greppo，另12公頃在蒙塔奇諾鎮西邊），另有120公頃的橄欖樹、麥田與森林。畢雍帝・桑提的蒙塔奇諾布雷諾年均產量在7萬瓶之譜，其中約六成用以出口。許多媒體愛提及法朗哥與雅可伯父子長期不

合，但據我親訪所得，兩人對莊務及釀酒的想法一致，皆視已身為傳承者，而非創造者。更何況在雅可伯建議、法朗哥欣然同意下，1983年本莊又回復以傳統大木槽發酵陳釀級蒙塔奇諾布雷諾的做法。

然而生性好奇、富實驗精神的雅可伯，斷然不可能在畢雍帝・桑提莊內進行任何有違本莊傳統的實驗探索與自我學習，故而在1990年代初遠赴托斯卡尼西岸的馬雷瑪地區（Maremma）購地，並創立Tenuta Castello di Montepò酒莊：該莊有500公頃面積，葡萄園只占50公頃，釀酒十餘款，多屬「超級托斯卡尼」類型，例如：Morione（100%梅洛）、Schidione（山吉歐維列＋卡本內─蘇維濃＋梅洛）、Sassoalloro（100%山吉歐維列）、Morellino di Scansano（山吉歐維列＋小比例卡本內─蘇維濃）等等。

失婚記

法朗哥、雅可伯與雅可伯的岳父塔里亞布耶（Pierluigi Tagliabue，擁有Villa Poggio Salvi酒莊）在1992年共同創立Biondi Santi SpA公司，並由此公司經銷畢雍帝・桑提的葡萄酒。然而，後來法朗哥與塔里亞布耶對本莊的商標使用權出現爭議而鬧翻：法朗哥僅同意以「Biondi Santi」登錄公司名稱，並未同意塔里亞布耶擁有「Biondi Santi」的商標使用權；事實上，在未知會法朗哥父子的情形下，塔里亞布耶甚至私下向法院申請「Biondi Santi」的商標使用及擁有權（幸好未果）。

法朗哥因此與親家攤牌，離開以其姓氏為名的經銷公司，與父親同一陣線的雅可伯也在2006年辭去該公司的執行總裁職務。因而，目

BBS11無性繁殖系在秋收後,葉片呈現燦紅亮金的斑斕色彩。本莊初期的種植密度可達每公頃12,000株;在二戰後為讓當時體積碩大的農耕機進入葡萄園,只好降低種植密度。現因有小型農耕機出現,已逐年重新提高種植密度,目前約在每公頃2,800株上下。

前的Biondi Santi SpA與本莊已無任何瓜葛，也被取消畢雍帝・桑提葡萄酒的總經銷身分，改由以雅可伯之名成立的JBS公司（Jacopo Biondi Santi）擔任經銷。因此事件，雅可伯的婚姻亮紅燈，愛妻變前妻，岳父變前丈人。

本莊整體園區海拔在385～507公尺之間，向陽方位多樣：朝北、東北、東、東南以及正南。土壤以泥灰岩以及石灰岩土為主，還含有些大塊的Galestro（黏土壓成的片岩）。產量不高，每公頃約在2,000～3,000公升之間。手工採收通常自9月中開始，採收季時較大的日夜溫差，也醞釀了日後芬芳酒質與清雅酸度。自創莊起始僅使用自家葡萄造酒，只用野生酵母發酵。

畢雍帝・桑提幾代以來的釀酒人都以釀造傳統風味的酒款為尚，但各時期的釀法與設備的使用也存有些微差異，然細究酒質，家傳滋味長存。在費路丘與唐奎迪時代，陳釀級以及標準款蒙塔奇諾布雷諾都在開放式大木槽發酵；法朗哥時期開始引進當時視為先進設備的水泥發酵槽與溫控發酵；直到1983年，在雅可伯建議下，法朗哥同意重新啟用大木槽發酵釀造陳釀級蒙塔奇諾布雷諾。此外，雅可伯接手後的首年份（2013），還進行了三項微調：略微拉長了「整體發酵與浸皮時間」（以前是15天，現為20～23天），再者是略微降低發酵溫度，最後是引進力道溫柔（最多施以兩個大氣壓力）的榨汁機（其實是以釀造白酒的機器壓榨山吉歐維列）。

本莊最頂級的酒款當然是Brunello di Montalcino Riserva：此陳釀級僅釀於特優年份（均產約1萬瓶），葡萄樹齡超過25歲（包括少數1936年的老藤），在Slavonia大木槽培養3年後裝瓶，採收後6年上市，一般有50年潛

蔓延攀爬在別墅農莊Villa IL Greppo的野生葡萄樹。1932年本莊首次出口葡萄酒至美國。

力，特佳年份甚至可陳上百年。之下是標準款Brunello di Montalcino Annata（Annata為年份之意）：其實標準款與陳釀級的酒標相同，差在後者瓶頸處的圓弧狀小標會標示「RISERVA XXXX年份」；Annata釀自10～25年樹齡葡萄樹，在水泥槽與不鏽鋼槽發酵，於Slavonia大木槽培養3年後裝瓶，採收後5年上市，有30～50年的儲存潛力。

「紅帶」與「白標」

若年份不佳，本莊會將Riserva與Annta降級，縮短培養時間，釀成特別版的Rosso di Montalcino Fascia Rossa（Fascia Rossa為「紅帶」之意，也繪於酒標上）；紅帶的首年份為1970，之後只出現過三個年份：1989、1992、

2002。至於標準版的Rosso di Montalcino，因為酒標呈乳白色，稱為「白標」；釀自5～10年樹齡葡萄樹，在水泥槽與不鏽鋼槽發酵，於Slavonia大木槽培養1年後裝瓶，採收後3年上市，年輕時便均衡易飲，約有15～20年潛力。另，「紅帶」的品質與酒價皆勝於「白標」。

1950年起，本家族便開始釀造粉紅酒自用，但直到2004年才首次商業上市，產量不高，年產約4,000瓶；由於Sant' Antimo DOC僅管制紅酒與白酒的釀造，故在蒙塔奇諾布雷諾產區範圍內所產的粉紅酒僅能標為IGT Toscana（因市場銷售不佳，2012將成最後的粉紅酒年份）。關於Moscadello甜白酒：1960年代時，市場對Moscadello di Montalcino需求不再，本莊只好忍痛拔除釀酒用的蜜思嘉葡萄，所釀最後一個Moscadello年份為1969。法朗哥曾在自傳中提到蜜思嘉的麻煩之處在於：採收時，聞香而來的大胡蜂所咬噬掉、使成不堪用果實之量，遠比工人能採的還多，只好停產此酒（雅可伯之子Tancredi在2014年底訪台時，透露將來應會讓Moscadello重現江湖）。

傳奇品酒會

1994年9月，法朗哥曾邀請16家國際葡萄酒媒體與酒評人參與一場「空前絕後」的本莊老年份Brunello di Montalcino Riserva垂直品飲，所嘗的15個年份包括：1888、1891、1925、1945、1955、1964、1968、1970、1971、1975、1981、1983、1985、1987、1988。當時替英國《品醇客》（Decanter）雜誌出席的葡萄酒作家貝法奇（Nicolas Belfrage）對1891年份評出滿分10分的完美評價（該酒酒齡已103歲！），替本莊傳奇再添一筆。其實，上述的前三款老酒均是二戰的倖存者：1944年春，在德軍抵達蒙塔奇諾前夕，唐奎迪、法朗哥與一

自1983年起，本莊又回復以傳統大木槽（如背景木槽）發酵陳釀級蒙塔奇諾布雷諾；Annata以及Rosso di Montalcino則在水泥槽（圖右）與不鏽鋼槽發酵；中央的老式垂直榨汁機自1980年代末期已不再使用。

Brunello di Montalcino（左）；Rosso di Montalcino標準款（右）。

名可靠的酒窖人員，便漏夜砌牆，將家族酒窖藏於其後，才使1888、1891與1925年份的陳釀級蒙塔奇諾布雷諾幸免於難。

BBS11

法朗哥在1970年9月聯合佛羅倫斯大學農業科學系的兩位教授，根據費路丘在十九世紀末所篩出的植株群，更進一步以5年時間、於候選的40株中，再篩出最佳、最適合本莊種植的BBS11（Brunello Biondi Santi, vite no. 11）無性繁殖系；目前本莊若有新植的需求也皆採用BBS11，它也被歐盟登錄為「推薦種植的無性繁殖系」。

雅可伯指出BBS11較其他產區的山吉歐維列有以下差異：顆粒較圓、果皮較厚，且果串無一般山吉歐維列常會增生出旁翼小串的現象。Castello di Montepò的山吉歐維列無性繁殖系也都採用BBS11。此外，畢雍帝‧桑提正在篩選中，以後也會進行註冊、並商業供應的無性繁殖系還包括BBS44與BBS4，然而由於它們皆有註冊商標權保護，他莊即便使用，也不能宣稱

為「BBS無性繁殖系」。

也因本莊的陳釀級蒙塔奇諾布雷諾極為長壽耐放，使得每隔幾十年就得進行一次換塞（Ritappatura）與添瓶（Ricolmatura）的手續。唐奎迪首開先例，在1927年時替1888與1891年份的陳釀級換塞和添瓶。現在擁有老年份陳釀級的酒友也可享受這項服務：酒莊每年會在官網上宣告當年將進行換塞、添瓶服務的目標年份，以2013年而言，接受此服務的陳釀級年份包括：1945、1955、1961、1964、1968、1969、1970、1971、1975、1977、1981、1982以及1983。客戶所提供的酒款經檢驗、並符合標準的話（比如若酒液水平低於「中肩處」〔Mid-Shoulder〕，則會被拒絕受理），本莊會新開一瓶同年份老酒來添入客戶的酒款中，並依市價與所添入的毫升數計價。

🍷

Biondi Santi

Villa Greppo 183

53024 Montalcino (Siena)

Italy

Website: www.biondisanti.it

熠熠新星
Pian dell'Orino

蒙塔奇諾布雷諾產區裡名莊輩出，各擁美名與追隨者，然而近年最受矚目者，非建莊不過十來年的歐立諾酒莊（Pian dell'Orino）莫屬。歐立諾的莊址與主要葡萄園位於國寶級酒莊畢雍帝‧桑提以北不過幾百公尺，共享同樣的風土，近幾年份表現耀眼，成為本區最受關注的熠熠新星。

卡洛琳‧保畢哲（Caroline Pobitzer）來自北義南提洛爾省（Südtirol），從小成長於祖傳的文藝復興城堡Castel Katzenzungen裡。就在城堡下坡的600公尺海拔處，生有一株樹齡已超過600歲的超級老藤（Versoaln白葡萄品種），此樹蔓生爬行甚廣，是全球形體最大的葡萄樹（占地350平方公尺），也是歐洲最老的葡萄樹（此句取自官網，但難道其他地方有比它更老者？）。此超高齡巨樹是卡洛琳幼時玩伴，

右為酒莊農舍與莊主夫婦住處；左為2007年落成的圓形釀酒廠。產量的75%用以出口。

左為莊主暨釀酒師彥安，右為莊主夫人卡洛琳。

每年依舊可產酒以供家族使用，更重要的，如非這老藤潛移默化地滋養她的葡萄酒熱情，將她領到蒙塔奇諾布雷諾，焉有本莊的誕生？

卡洛琳在1997年購下這塊Pian dell'Orino葡萄園，並建立同名酒莊，但頭兩年她並不住在莊內，葡萄酒由她與父親及一位友人共同釀造。草創初期的釀酒工作其實未盡全力，可能較像怡情嗜好。2000年時，卡洛琳遇到來自德國的釀酒師彥安·艾爾巴赫（Jan Erbach），兩人在志業與情意上投緣契合，便在同年底開始共同經營酒莊，且結為連理。彥安在德國師事Hartmut Schlumberger大師學習葡萄樹種植，後畢業於知名的蓋森翰葡萄酒學院（Geisenheim Academy）釀酒學系，也曾在法國普羅旺斯的Château Revelette生活以及工作過；既然擁有不凡學、經歷，實際釀酒工作當然由彥安主導，其完全經手的首年份為2001年。

與公會分道揚鑣

「布雷諾門案」（詳情請見導論相關段落）後，彥安曾建議蒙塔奇諾布雷諾葡萄酒公會，

應該善用自1990年左右發展出來的「花青素分析技術」來辨別葡萄酒中的實際品種組成；當然即使有儀器，也需先替山吉歐維列品種建立其特有的「花青素特徵分析」，才能作品種比對。然而，公會絲毫不理會其懇切建議，彥安氣憤之下遂退出公會，不再涉入。

本莊目前有五塊葡萄園（其中一塊為實驗園區），占地雖有6公頃，用以釀酒者只有5公頃（登錄為蒙塔奇諾布雷諾者有3.5公頃；Rosso di Montalcino為1.5公頃）。四塊主要園區裡，位在酒莊所在地的Pian dell'Orino Vineyard海拔為420公尺，朝南與東南，首植於1970年，以淡色的石灰岩質土為主，黏土質的顆粒較細，不僅混有貝類化石，還有些大塊的Galestro（黏土壓成的片岩）。

Pian Bassolino Vineyard位於酒莊南邊幾公里，海拔330～370公尺之間，首植於1999年，屬較為貧瘠的風化土壤，有石灰岩沉積，也有含鐵質的地中海紅土。第三塊的Scopeta Vineyard位在產區南邊，介於Castelnuovo dell'Abate與Sant'Angelo in Colle兩村之間，海拔330公尺，首植於2005年，朝東南，以黏土與石灰岩為主，坡度可達35度。最後的Cancello Rosso Vineyard，離東南的阿米亞塔山不遠，園中含高量石灰岩與含鐵矽酸鹽，海拔為320公尺。以上綜見，四園的共同特色為海拔至少320公尺以上。

彥安自2003年起便採自然動力農法耕作，所有相關配方（如BD500與BD501）皆親自製作，且很快將會獲得正式農法認證。他採收時篩果嚴謹，整體產量不高，每公頃平均產量通常為2,900～3,200公升，2012年份甚至只剩每公頃1,700～2,000公升。通常每株樹只留四串葡萄，最高產量為每棵樹只釀產一瓶。因為葡

在2,500公升大木槽中培養的2012年份蒙塔奇諾布雷諾紅酒。

1. 酒莊牆壁上的建材便有一塊當地知名的Galestro石塊（黏土壓成的片岩，中間那塊）。本產區西北部散布較多。

2. 自然動力農法的配方502號，是以西洋蓍草塞入雄鹿膀胱（如圖），經曝曬、埋土、出土後使用，可增進肥料的硫與鉀肥。

萄園平均海拔相當高，鑑於低產所獲致的凝縮風味都有鮮明酸度支撐，結果是均衡且細節鋪陳有方的美釀。

月相與月軌

　　既然是自然動力農法信徒，「觀月行事」再自然不過。彥安會在月圓之前泡製「蕁麻植物飲」，灑在園中以抗粉孢菌；因月圓時黴菌繁殖力特強，此時才介入，已經無法「防患於未然」。另外，當「月亮在其運轉軌道的下降

階段」（Lune descendante），樹液會下降，彥安可執行剪枝作業。若有裝瓶需求，他會選擇「月亮在其運轉軌道的上升階段」（Lune montante）進行，認為可封存靈動的果香；順理推論，若反其道而行，在「月走下軌」時裝瓶，將來開瓶時的酒香可能會暫時顯得封閉滯悶。

　　酒莊在各園中種有多款山吉歐維列的無性繁殖系，其中也包括畢雍帝・桑提所篩選出的BBS11（既然風土類同，如此選擇也不令人奇怪）。由於彥安的德國家人也養蜂，於是他以酒精萃出蜂膠（約10公斤酒精兌上1公斤蜂膠）後，再混合釀酒後的酒渣沉澱物，調製成特殊「蜂膠塗漿」，於春季剪枝後，抹上葡萄枝切口處，以助葡萄樹快速回復元氣。他解釋，即使在1公頃園區內使用0.3公升塗漿，都會讓整個園中溢滿蜂膠氣味！至於植於葡萄行列間的豆科綠肥植物，會在春末以農耕機將它們推躺於地，覆蓋土壤上，以防水分過度蒸發（繼之的夏季相當乾熱）；由於綠肥並未被砍除，仍可提供多樣昆蟲一處暫時的棲地。

　　釀造時，僅使用野生酵母，從不添加人工選育酵母或酵素，萃取時以淋汁方式進行，裝瓶前並不進行過濾。在居家農舍旁的圓形新酒窖落成於2007年，此前由於設備不完善，釀酒過程有時顯得瑣碎不順手；新窖啟用同年底還添購了葡萄篩選輸送帶，使得之後的酒質與穩定度都更為提升。本莊最初階的紅酒是Piandorino，葡萄來自各園長勢較盛的區塊，萃取時間較短、發酵溫度較低（不超過攝氏28度），在大木槽中培養1年後裝瓶上市，可口與果香為其訴求。

　　自2010年開始，本莊部分酒款會標上園區名稱。Rosso di Montalcino Bassolino與Piandorino

1. 地下培養酒窖終年恆溫攝氏13度，濕度接近100%。前景的500公升橡木桶，主要是萬一大木槽裝酒後若還有剩，才會使用，且將逐年售出小桶，再添大槽。

2. 左至右：2008 Brunello di Montalcino、2007 Brunello di Montalcino Bassolino di Sopra、2004 Riserva Brunello di Montalcino以及2011 Rosso di Montalcino Bassolino。另，本莊曾釀過一款特殊的Scopeta園區紅酒，以格那希與卡利濃品種釀成，酒質優異，勝過法國大多數同類酒款，不過莊主已將這兩品種拔除，改種山吉歐維列。

一樣都在不鏽鋼槽釀造，酵溫不超過攝氏32度，總體發酵與浸皮時間約3週，之後在2,500公升的大型木槽培養約18個月，本莊Rosso的酒質已經有相當好的水準，架構、均衡、層次都在水準之上。Brunello di Montalcino及以上等級酒款則在木槽釀造，酵溫通常不超過攝氏34度（有時達35度），總體發酵與浸皮時間約3～5週，之後在2,500公升的大型木槽培養約35～42個月，裝瓶後再經至少1年瓶中培養後上市；其酒質優越，在近年更是大幅躍進，表現令許多同儕失色。

彥安曾在2004與2006年份釀過陳釀級蒙塔奇諾布雷諾，但他觀察到當地許多酒莊的蒙塔奇諾布雷諾紅酒的標準款與陳釀級酒款所用的葡萄來源與品質其實是一樣的，只是後者的培養時間較長；他認為此種分級並不理想，此後，停釀陳釀級，改釀他所稱的「Cru」頂級款（即是在單一葡萄園中，若某年份的該園之某區塊表現特佳，就會單獨裝瓶）：筆者有幸曾在莊內試到2007 Brunello di Montalcino Bassolino di Sopra（就是Bassolino園中的上部〔Sopra〕區塊），為其芬芳優雅且具深度的酒香所傾倒，口感質地緊緻，多層次，有布根地特級園最佳酒款的影子，酒質不輸任何蒙塔奇諾產區內的知名頂級酒莊；此酒由於產量少（僅產出1千多瓶，我喝到的是主人所私存的倒數第3瓶），不易購得。

歐立諾所使用的二氧化硫量極低（2007 Brunello di Montalcino的二氧化硫總含量，每公升僅有39毫克），適合對此成分特別敏感的飲者。此外，卡洛琳是奧地利Zalto杯廠的酒杯愛用者，認為其杯可以絕對誠實地呈現酒質的善與惡。筆者採訪當時以杯試酒，探得善念滿盈，飲來感動，特此推薦。🍷

1. 培養中的蒙塔奇諾布雷諾紅酒。

2. 圖中的獸類（恐龍？）脊椎骨挖自Pian dell'Orino Vineyard，心型貝殼化石則源自Pian Bassolino Vineyard葡萄園。

Pian dell'Orino

Loc. Piandellorino 189

53024 Montalcino (Siena)

Italy

Website: http://www.piandellorino.com

一飲入魂
Salvioni

進入山城蒙塔奇諾鎮，放眼所及，最多的就是葡萄酒專賣鋪，唯一隱身鎮中的酒莊僅有薩維歐尼（Salvioni）：它位在北邊「加富爾廣場」（Piazza Cavour）樹蔭下一角，不設招牌，只在門鈴上標有家族姓氏Salvioni。相較於本區另家名莊Poggio di Sotto，以酒風而言，若Poggio di Sotto是Château Lafite，本莊就是Château Latour；若以布根地的角度來看，Poggio di Sotto應來自香波─蜜思妮酒村，本文主角則是哲維瑞─香貝丹村的特級園佳作。

朱里歐‧薩維歐尼（Giulio Salvioni, 1944-）是創莊人暨目前的莊主，其實他是釀酒第三代。本家族自朱里歐的祖父時代即開始釀酒（酒窖一角還留存有其祖父釀的幾瓶1931年份的Vin Santo甜酒），後來朱里歐的父親溫貝多‧薩維歐尼（Umberto Salvioni，擁有農業科學博士學位）也承襲其父志趣開始釀酒，但直到朱里歐正式建莊的1985年之前，父執輩所釀酒款僅止於自用與餽贈親朋，並未商業販售。

朱里歐的首年份即是1985年，當年酒標一改過去傳統，將Salvioni姓氏放大，成為酒標

薩維歐尼酒莊位於北邊加富爾廣場樹蔭下一角，不特意尋找，很難發覺。

上字體最大、最醒目的字樣，酒莊的正式名稱Azienda Agricola La Cerbaiola（直譯就是「La Cerbaiola農莊」）反而顯小，是故一般多稱本莊為Salvioni。La Cerbaiola名稱可能來自蒙塔奇諾鎮十四座舊城門之一的Cerbaia，或因舊時鎮旁山上多野生小牝鹿（Cerbiatti），故名。

舊酒標為白底，缺乏設計感；1985正式建莊版的酒標採黑底白字，搭配金線金框，既具現代感，也相當顯眼。就這麼剛好，筆者採訪期間所住民宿的主人羅貝多・土崎（Roberto Turchi）也是一名業餘藝術家，本莊的酒標當初便是由朱里歐邀請友好羅貝多幫忙設計。此外，蒙塔奇諾布雷諾葡萄酒公會每年會對該年份做出整體評價（以一到五星評比），並請藝術家製作當年份藝術品，展示於鎮上廣場，而1992年份（二星）的那幅創作其實就是羅貝多的「飲酒自繪像」（請見導論照片）。

地理位置優越

本莊總部雖在蒙塔奇諾鎮，但La Cerbaiola農莊、釀酒廠房以及葡萄園其實位於本鎮東南方4公里處，海拔420公尺，可讓葡萄酒保有均衡口感與酸度，為蒙塔奇諾布雷諾產區最優秀的釀酒風土之一。

葡萄園面積共計4公頃，分為相鄰的三小塊，風土條件大致相同（土質主要是帶石灰質的片岩，或是多石塊的泥灰土），釀酒廠就在葡萄園旁。本莊只種山吉歐維列，樹齡在10～25年之間，並使用五種無性繁殖系（Clones），包括F9、R24、T19、VCR-5以及VCR-6。其中前三者最適合種植在本莊園中，F9、R24可帶來更深的酒色，且果粒的間距較大，不易長黴；T19有較佳的抗雨性。其實農場總面積為20公頃，除葡萄園、樹林外，也種植橄欖樹，每年可生產優質橄欖油約1,000瓶。

架上最右邊是1985首年份的Brunello di Montalcino；左邊則是1986、1987、1988三個年份的Rosso di Montalcino。

會講一點點英語的莊主朱里歐早已是本區最受敬重的釀酒師。

1

2

1. 在酒莊總部地下酒窖進行瓶中熟成的美釀；還好這裡不常有地震，否則簡單以粗繩懸吊的酒架，看了真令人膽戰心驚。

2. 酒窖角落展示不少重要葡萄酒雜誌、選購誌以及酒書對本莊的正面報導。

葡萄園區不算大，所以照護與管理全以手工進行，這包括夏季「綠色採收」與秋季正式採收。每棵樹只留三串葡萄，平均每公頃只產2,100公升葡萄酒，可謂極低，但這也與其每公頃葡萄樹種植密度有關：早期的地塊為每公頃3,000株，後來提高到4,000株，現在新植者則以5,000株為基準。通常每年均產蒙塔奇諾布雷諾紅酒1萬瓶，少數年份因酒質未達標準，全數降級，裝瓶為Rosso di Montalcino；遇到豐收年份，則可能兩者皆產。本莊不產陳釀級，莊主認為風土與低產才是酒質保證，而不是多培養一年，酒就會變好。

薩維歐尼建莊不過30年，現已是本產區一線酒莊，除朱里歐個人的努力與決心外，其釀酒顧問帕格里（Attilio Pagli）的貢獻也需記上一筆；事實上，帕格里正是已逝傳奇釀酒顧問朱力歐・甘貝利的門徒（關於甘貝利，請見導論）。葡萄酒在La Cerbaiola農莊進行釀造與乳酸發酵後，只有少部分留在農莊的大木槽培養，多數運至蒙塔奇諾鎮裡的酒莊總部（也是莊主一家人居所）之地下酒窖內培養，幾年之後再運回農莊進行裝瓶作業，之後又運回總部酒窖內進行瓶中熟成，以待適當時機釋出。

Brunello di Montalcino為本莊最重要酒款，在不鏽鋼槽內以野生酵母釀造（總發酵與萃取時間為28～30天），但基本上無溫控，只有當酵溫過高時，才會藉由淋汁（Rimontaggi，一日兩次）或抽空淋汁（Délestage，請參見《頂級酒莊傳奇》第36頁右欄），在萃取同時，順便達到稍微降溫之效。乳酸發酵也在不鏽鋼槽內進行，之後在Slavonia大木槽（內容量1,800～2,200公升，每10年換新酒槽）內酒質培養2年，隨後再置回不鏽鋼槽中培養1年（新年份的葡萄酒進窖，也須以木槽培養，因木槽

一白（左）、一紅（右）是朱里歐的父親溫貝多生前釀的酒，酒標的Cerbaiola字樣當時明顯較大。白酒Vino Bianco di Montalcino是以馬瓦西亞與鐵比安諾（Trebbiano）品種釀成。

數量不足，最後階段只好以不鏽鋼槽培養），於裝瓶後繼續瓶中培養2～3年後貼標上市。Rosso di Montalcino的釀法基本上相同，差別在於木槽中培養時間只有1年，之後經幾個月的瓶中陳年後便裝瓶上市。

朱里歐的兒子大衛（David）自農學院畢業之後，現也加入酒莊幫忙，主管葡萄園，也協助釀酒；女兒阿蕾西亞（Alessia）則掌理行銷、銷售與行政事宜。總結一句：薩維歐尼釀酒無奇巧，酒風一如大書法家揮毫，胸有成竹，點捺鉤掠出筆酣墨暢，淳拙而雄奇，一飲入魂，雋永而已。🍷

Azienda Salvioni

Piazza Cavour, 19

Montalcino (SI)

Italy

Website: http://www.aziendasalvioni.com

歲月靜好
Fuligni

相對於某些大廠的蒙塔奇諾布雷諾紅酒，以大塊頭口感與濃縮風味取勝（卻常顯粗聲戾氣），弗林尼酒莊（Azienda Fuligni）出品的版本，則顯蕙質蘭心，清靈明晰；輕啜能使舒緩自若，深品則感歲月靜好，如此境界，夫復何求。

弗林尼源自威尼斯子爵貴族世家（從酒標上家徽的「威尼斯獅身像」可窺知），十八世紀時便在托斯卡尼西岸的馬雷瑪地區釀酒。1923年，身患瘧疾的喬萬尼・弗林尼（Giovanni Fuligni）在托斯卡尼各處尋找空氣清新、寧靜

1. 氣質優雅的女莊主瑪麗亞。
2. 左至右為2008 Brunello di Montalcino、2007 Brunello di Montalcino Riserva以及2011 Rosso di Montalcino Ginestreto。

1

2

晨霧下端、有松柏圍繞的石屋即是本莊總部；釀造廠房以及培養酒窖則是位於中景，有小塔樓的石造建築，這裡曾是修道院。

優美的居處養病，最後選中蒙塔奇諾鎮東方3公里處的山頭，向地主Gontrano Biondi Santi（即去世不久的Franco Biondi Santi的舅舅）買下整座莊園建物與農林地，此為本莊的始源。不過之後多年，橄欖油與其他農產品才是主要產物，葡萄酒只是順便釀造的飲料，僅供自用與餽贈。直到蒙塔奇諾布雷諾於1968年被列為DOC法定產區後，喬萬尼之女、也是現任莊主的瑪麗亞‧芙洛拉（Maria Flora Fuligni）才毅然決定投入優質蒙塔奇諾布雷諾紅酒的釀產。

古典的出處

本莊目前共占地100公頃，僅12公頃為葡萄園，瑪麗亞‧芙洛拉愛稱此地為「蒙塔奇諾布雷諾紅酒的古典出處」。這與古典奇揚替是官方劃定的「保證法定產區DOCG」不同，只是當地酒農的默契認定，認為自蒙塔奇諾鎮東北方附近往南到畢雍帝‧桑提酒莊之間的土地乃是蒙塔奇諾布雷諾的源頭與古典風味的來處，原因不外有二：首先畢雍帝‧桑提被認為是蒙塔奇諾布雷諾紅酒的創造者，而弗林尼的土地又購自畢雍帝‧桑提家族；其二是這些園區都位於海拔高處（本莊地塊介於380～450公尺之間），風土條件基本上類同。

弗林尼的葡萄園分為四塊，分別是S. Giovanni（目前最老區塊，植於1979年）、Il Piano、Ginestreto與La Bandita，每公頃約種植3,333～5,000株葡萄樹。主要面東，為多石的泥灰岩土壤，各塊分別採收與釀造，後再依年份特性與需求混調成不同酒款，並不釀造單一葡萄園酒款。本莊每年秋季招集50～60名工人以手工採收葡萄後，以不鏽鋼槽釀造（總發酵與浸皮時間約2～3週），且在乳酸發酵

本莊主要使用2,000公升大木槽培養酒質，但酒窖低矮、空間狹小，只好以500公升小橡木桶（如置於大槽上方那兩桶）充分利用畸零空間。

完成後，才移到酒莊總部下方200公尺的酒窖
（十五世紀時曾為修道院，樓上是品酒室）
進行培養。培養容器除2,000公升Slavonia大木
槽，也有少部分500公升小桶（木料源自法國
Allier森林），使用小桶的主因在於古老的培
養酒窖低矮、空間狹小，只好以機動性較高的
小容量橡木桶充分利用畸零空間。

即便如此，培養酒窖空間依然不足，所以有
一大部分的蒙塔奇諾布雷諾紅酒，是在蒙塔奇
諾鎮上南邊的一座十六世紀「前梅迪奇家族」
宮殿式建築內之地下酒窖內培養。雖說是宮殿
（Palazzo），但由於依山而建，走在山城內
的小道上，只覺是相對不太華麗的兩層樓建
築，實而其下還藏有深掘入山的大窖，放的都
是3,000公升大木槽。由於要以卡車將酒運至
鎮內，需要填報許多官方文件才可放行，瑪麗
亞·芙洛拉打趣表示：「一卡車用來裝酒，另
一卡車則裝申報文件。」幾年培養後，還要將
酒取出，運到3公里外總部進行最後混調、輕
微過濾與裝瓶，又是另一項大工程。

本莊的首個商業年份是1975年，主要酒款
當然是Brunello di Montalcino：在橡木桶內培
養2年，再於瓶中培養2年後上市，在較為冷涼
的年份，常有布根地香波一蜜思妮酒村頂級酒
款的優雅與貴氣。在氣候欠佳的年份，則全部
降級裝瓶為Rosso di Montalcino Ginestreto（在
橡木桶內培養9個月），須注意的是Ginestreto
在此是酒名，非單一葡萄園名，因此酒使
用全部四塊葡萄園的果實。無產Brunello di
Montalcino的年份有1976、1996、1999與2002
等等。

在「蒙塔奇諾布雷諾葡萄酒公會」宣布為
五星的年份，弗林尼會推出陳釀級Brunello di
Montalcino Riserva：通常來自最佳區塊的最

1

2

1. 本莊在蒙塔奇諾鎮上還有第二個培養酒窖，位在一座十六世紀
   的「前梅迪奇家族」宮殿式建築內，這裡放的都是3,000公升
   大木槽；此為建築大門。

2. 接待室一角，立有葡萄農守護神一尊。

品酒室一角，牆上掛的水果大盛盤，繪有弗林尼家族徽章。

老樹藤，在橡木桶內培養3年，再於瓶中培養2年後上市。有時在非五星年份（其實這是相當粗略的年份分級，因每家酒莊所在的風土各異），本莊也會推出陳釀款，如1999年份公告為四星，但在培養過程中，莊主與釀酒師發覺酒質突出，遂將某些桶別裝瓶為陳釀級。此外，若是在非公告的五星年份推出的陳釀級，本莊通常會因應市場機制稍微調低酒價（即使酒質依舊是五星年份水準）。

弗林尼同時也產出較初階的San Jacopo IGT Toscana紅酒：其首年份為1997，當初是為迎合本莊最大出口市場的美國（占總銷售額35%）而釀製，故而品種組成除主要的山吉歐維列外，還添加一小部分來自La Bandita園中的梅洛品種（種植面積其實不到半公頃），以添酒體的甜潤感。但因近年美國人的品味也逐漸反

璞歸真，開始愛上以純山吉歐維列釀造的紅酒，故而產量原就不多的此酒（平均年產約1,400瓶），可能步上逐年減產的命運。

弗林尼酒莊在國際上之所以聞名，除莊主與釀酒團隊的努力，瑪麗亞·芙洛拉的姪子給林尼（Roberto Guerrini）的協助也居功厥偉：他在法學教授的教職餘暇擔任本莊公關與行銷大使，四處奔走推廣，讓弗林尼美釀的醇厚深遠得以傳佈更廣，實為愛酒人之福。🍷

Azienda Fuligni

Via S. Saloni, 33

53024 Montalcino (SI)

Italy

Website: http://www.fuligni.it

芬芳的香凝
Fattoria Poggio di Sotto

傳統風格類型的蒙塔奇諾布雷諾紅酒，在風味剖析與描述語彙上，與布根地紅酒實有諸多共通處。整個蒙塔奇諾布雷諾產區裡，最具凝香魅惑能力者，主要來自阿巴提新堡（Castelnuovo dell'Abate）這個非正式的副產區。

阿巴提新堡位在蒙塔奇諾鎮東南約10公里處，周遭丘陵起伏有致，葡萄園與橄欖園交雜錯落，為秀麗環景塗綴青綠色塊。這裡的中心處，在群山圍抱呵護的一角，有座建於十二世紀的聖安提摩修道院（Abbazia di Sant'Antimo），是遊客下車必賞的景點，修士吟唱的葛利果聖歌更是聞名國際，若無法親臨，其實也可上Spotify聆聽《吟唱之石，葛利果聖歌》（La pietra che canta, canti gregoriani）專輯撫慰人心，以補遺憾。

阿巴提新堡副產區裡最著名的景點：建於十二世紀的聖安提摩修道院。

若將阿巴提新堡置於布根地的框架來看，它的風格近似香波—蜜思妮酒村的釀品，惟中心架構略微堅實，香料味更鮮明，可說釀酒潛力十足。然而令人詫異的是，直到1980年代中，先驅者Mastrojanni酒莊釀出首年份的秀異蒙塔奇諾布雷諾之前，這副產區未被重視過。幸運地，本文主角坡玖迪索托酒莊（Fattoria Poggio di Sotto）隨後建立，二十多年後，若問阿巴提新堡菁英酒莊，首推必是坡玖迪索托。

雖然我早已不看《神之雫》，但不可諱言，漫畫的傳播形式影響者眾：多數酒友都是因本莊的2005 Brunello di Montalcino被選畫為第六使徒，進而認識、愛上本莊美酒。另一黃袍加身，是其2007 Brunello di Montalcino Riserva被第二屆的「最佳義大利葡萄酒獎」（Best Italian Wine Awards）選為2013年度最佳50款酒的首獎。此獎是由獲得世界侍酒師協會（Worldwide Sommelier Association, WSA）2010年度世界最佳侍酒師榮銜的Luca Gardini主導，召集英、法、義的重量級酒評人與專業媒體，自超過300款佳釀中所評選而出，公信力毋庸置疑。在此補充一點，世界侍酒師協會與更知名的國際侍酒師協會（Association de la Sommelleric Internationale, ASI）並不相同。

深究風土，落地生根

原經營貨櫃海運業的皮耶羅‧帕慕奇（Piero Palmucci），為建立理想酒莊，在蒙塔奇諾布雷諾尋尋覓覓多年，最終落戶坡玖迪索托。本莊位在聖安提摩修道院東南方向10分鐘車程的山坡上，1989年剛購得時，其實只是一農莊，不過已存有約2公頃葡萄園。本莊南方有阿米亞塔山（為一海拔1,738公尺的火山錐）屏障，

本莊培養蒙塔奇諾布雷諾紅酒時，主要以3,000與3,200公升的Slavonia大木槽進行，且每約15年會換新槽。

頂級酒莊傳奇3　義大利｜蒙塔奇諾布雷諾｜芬芳的香凝
150

左為2009 Poggio di Sotto Rosso di Montalcino（年產量約為16,000瓶）；右為2008 Poggio di Sotto Brunello di Montalcino（年產量約18,000瓶）。特佳年份則會推出陳釀級（年產約4,000瓶）。

可擋掉來自南方的風暴與冰雹；此外，即便盛夏都可感受來自西面海洋的微風吹拂，有抑制葡萄樹感染黴病的功效；最後，不遠處的歐奇雅河（Fiume Orcia）會在夜晚引入涼爽微風，有助降溫以延長葡萄成熟期，所得酒釀以芳馥均衡引人入勝；當然近河的調節作用，也可避去春霜危害。綜上各點，此地實為釀酒的絕佳風土。

帕慕奇也與米蘭大學合作，找來Brancadoro與Attilio Scienza兩位教授進行園區地質探測，並建議6～10款的山吉歐維列無性繁殖系用於新植使用，如F9A、548、JANUS 10、JANUS 20、I-TIN 10與I-TIN 50等。之後的兩三次擴園新植後，目前葡萄園總面積為10公頃。經過訪查，其實本莊園中的山吉歐維列無性繁殖系高達60種以上，此因建莊前的老園有為數眾多的山吉歐維列品系的關係（此品種極易產生微妙的基因變異）。

帕慕奇並非酒業專業人士，釀酒自需高手協助。其實自1991首年份起，他便雇用傳奇大師甘貝利為顧問，自2008年起的釀酒顧問則是史塔德里尼（Federico Staderini）。在甘貝利去世前4年，史塔德里尼都會將剛釀出的新酒，帶去與行動已不太方便的甘貝利共飲討論意見，故而即使大師已駕鶴西歸，但釀造理念可說無縫接軌。然而，2011年9月帕慕奇又將本莊賣給ColleMassari集團，再度引起愛酒人對坡玖迪索托前景的疑慮。

死忠酒迷接手

ColleMassari集團的擁有者是提帕家族的兩姊弟：瑪麗亞（Maria Iris Tipa）與克勞迪歐（Claudio Tipa）。其實早在買下本莊前，克勞迪歐早已是本莊的死忠酒迷，而他與帕慕奇的購莊計畫在敲定之前，已經整整商討5年之久。鐵桿酒迷入手管理，自沒理由亂

1. 培養酒窖內的古樸金屬材質溫度計。

2. 發酵時以5,000和7,000公升的直立錐形槽進行，過程通常不溫控。

1   2

培養時，若當年酒液過多，或過少不足以填滿大木槽，則會使用1,000公升以及更小的橡木桶（200～550公升）培養。

搞，再加上資金充足，更可為酒質的維持與提升放手一搏。本集團旗下還有兩家酒莊，分別是建於1998年的Castello ColleMassari（位於Montecucco產區）與在2002年買入的Grattamacco酒莊（Bolgheri產區），三家酒莊的總釀酒師為Luca Marrone。

本莊採經認證的有機種植，園區朝東南與南，每公頃種植密度在3,000～4,200株之間。土質可分為中坡以下的帶片岩泥灰質土壤，以及偏上坡的帶礫石黏土質土壤。另外，本莊園區可劃分為三個不同海拔的區塊，順緩坡而上，分為200、300與450公尺海拔區（各塊分別釀造，再加以混調）。200公尺處有較多的老藤（可達45歲樹齡），在多數年份，此區葡萄品質最優，但在像是2003與2012的乾熱年份，450公尺較高海拔處的果實反成主角，可釀出更均衡的酒質。夏季進行綠色採收時，會修掉四成葡萄不用，僅留六成。海拔愈低，開採時間愈早，每個海拔帶的開採日之時間差約為4～5天。秋季手工採收後，會於篩選輸送帶上再經六名工人仔細汰果、選果。

坡玖迪索托的所有園區皆登記為Brunello di Montalcino，自然此為主力酒款。葡萄去梗、破皮後，以野生酵母在四個直立錐形木槽發酵（豐年的多餘酒液，會在其他不鏽鋼槽發酵）。總體發酵與浸皮時間相當長，通常可達4星期，且一般只要酵溫不超過危險的攝氏37度，並不溫控，若真有需要則藉由開槽式淋汁

採下秋季時的榅桲果實放在發酵槽與培養木槽上，是前莊主帕慕奇的個人信仰，認為葡萄酒可藉此吸取某種能量；當然這說法並無根據，較像是「求心安」的幸運物。

萃取時（主要在發酵期的前10天進行，每天四次），達到降溫目的。此釀酒概念是，高溫發酵雖然有風險，但在臨界高溫點萃出的品質最佳。

待乳酸發酵後，再將酒以自然重力（不使用幫浦）流入下一層的培養酒窖木槽內培養。培養時，主要以3,000與3,200公升的Slavonia大木槽進行（約每15年會換新），但若當年酒液過多，或過少不足以填滿大木槽，則會使用1,000公升以及更小的橡木桶（木源還是Slavonia，

且為無燻製的「中性桶」）培養。

槽中培養2年後，釀酒師依品嘗判定，會選擇部分酒槽裝瓶為Rosso di Montalcino紅酒：其培養時間超過法規一倍，酒質之佳，被認為是本產區最佳的Rosso酒款典範。剩下的，繼續培養2年後（總長為4年，依舊是現行法規的兩倍），同樣不過濾，便裝瓶為Brunello di Montalcino；然而2002年因年份欠佳，未產Brunello di Montalcino，只推出Rosso。本莊於絕佳年份會推出陳釀級，截至目前產有陳釀級的年份為：1995、1999、2004、2005、2006、2007與2008。

本莊在2001年推出的黑標Il Decennale IGT，其實就是在木槽裡培養5年才裝瓶的陳釀級，但因酒色過淺，被蒙塔奇諾布雷諾葡萄酒公會打回票，無法裝瓶為陳釀級，本莊只好以Il Decennale（可譯為「第十個年份紀念款」）為名推出。當時公會之所以依酒色判別酒質，與美國酒評家派克及一般美國飲者偏好色深味濃的口感不無關連，畢竟蒙塔奇諾布雷諾紅酒的最大出口市場就是美國。

目前，坡玖迪索托總產量的75～80%用以出口，但最大出口市場並非美國，而是北歐國家，此因帕慕奇在創莊之前曾在瑞典生活過將近四十年之故，出口至亞洲的數量因而不多。讀者若有機會，務必一親芳澤。🍷

Fattoria Poggio di Sotto

Saint Antimo
53024 Montalcino (SI)
Italy
Website: http://www.collemassari.it/en

莎啲娜拉
Soldera

整個蒙塔奇諾布雷諾產區裡，酒價能與Biondi Santi Brunello di Montalcino Riserva並駕齊驅者，只有索德拉酒莊（Soldera）的同級好酒。通常我會以多幅照片介紹酒莊，為何本文只有酒標一張？原因在於，我與本莊的「氣場不合」，既然問不到想問的，也不必趁採訪隔日天氣好轉時再折回補拍；在此簡單講述我欲陳述的重點。

賈法朗哥·索德拉（Gianfranco Soldera，近80歲）在米蘭擔任保險經紀人時，賺到雄厚身家，既身為資深美酒愛好者，也有充足銀彈，故想一圓酒莊夢。他原想在西北義的皮蒙區落戶，但因無法買到最佳園區，後來轉而找到位於蒙塔奇諾鎮西南邊30分鐘車程處的Tavernelle副產區（非正式）的一塊荒廢農地，於1972年正式建莊。其實酒莊（農莊）名為Case Base，但因姓氏Soldera在酒標上字體最大、最醒目，故一般稱本莊為Soldera。葡萄園分為相鄰的兩塊：Case Base（約2公頃）、Intistieti（約4.5公頃），年均產量約在15,000瓶（1989因年份欠佳，1瓶未產）。

漏酒悲劇

資深酒友早聞索德拉大名，但更多人是在臉書上聽聞本莊被「惡意漏酒」而知曉。事情發生在2012年12月2日：是夜，該莊酒窖遭人闖入，將十個正進行酒質培養的大木槽的開關旋開，故意讓酒流到溝槽後逃之夭夭。賈法朗哥隔早發現時，大勢已去，計流失酒液62,000

在酒窖遭破壞前，有批2006年份紅酒被裝瓶為Brunello di Montalcino Riserva上市；漏酒事件後，因本莊退出公會，莊主有怨，故將第二批2006年份酒裝瓶為Toscana IGT，其實兩者是同樣的酒款。以後年份也不再標示Brunello di Montalcino字樣。本莊當時的植株來自附近的Caprili以及Argiano兩莊。

公升。被流掉的酒包括2007、2008、2009、2010、2011以及2012在內六個年份生產總量的四分之三，也就是說各年份，只剩四分之一，未來酒價將更為陡升。

對事件發生原因，有各項揣測傳出，例如莊主與蒙塔奇諾布雷諾葡萄酒公會長期不合，遭到有心人士報復；又說有黑道涉入等等。不過，涉案人在案發後十多天便被捕，使事件始末水落石出：報載，本莊前員工Andrea di Gisi因妒恨賈法朗哥在其任職期間過於偏心，將較

好的宿舍讓給另一員工，心存怨恨進而報復。筆者問莊主報導是否屬實，他強調「宿舍事件」子虛烏有（我的內心OS：事出必有因）。

對漏酒慘案發生，蒙塔奇諾布雷諾葡萄酒公會為表支持，發起各會員酒莊捐酒，以助索德拉酒莊度過難關。然而，賈法朗哥不但悍拒好意，還對媒體放話：「公會此舉不僅令人難以接受，還是對消費者的詐欺行為。」他還反對表示：「我必須將受捐贈的酒以索德拉名義裝瓶，卻不知這是誰家的酒。」然而，實情恐怕不是如此。

我在蒙塔奇諾住了10天，民宿老闆羅貝多將近70歲，曾在鎮上經營葡萄酒生意達3、40年，對當地酒業生態瞭如指掌，也是一名業餘藝術家（名莊Salvioni的酒標就是其傑作），極獲各界敬重。羅貝多說，公會並未強迫賈法朗哥以索德拉名義裝瓶他人的酒，而是贈酒以籌款相助（方法有多種，比如裝瓶成特殊義賣酒，所得再捐給本莊）。依我對人的直覺與敏感，我相信態度誠懇的羅貝多所言。之後，公會因受不了賈法朗哥控訴其詐欺，也反告賈法朗哥毀謗，並開除其會員資格（約在同時，賈法朗哥也自動退出公會）。

賈法朗哥是個大砲且過激型人物，到處樹敵，幾乎沒有朋友。不過他大概覺得「高處不勝寒」，因為他覺得整個產區只有他的酒才是好酒，毫不將他人放在眼裡。他所認可的優秀釀酒人，都是其他產區，且幾乎都已經作古的人物，比如Giovanni Conterno（1927-2004，請參見《頂級酒莊傳奇二》〈酒樽中見宇宙〉一文）。對他指控公會一事，我覺得賈法朗哥反應過度，有「受迫害妄想症」。

與其交手後，我深覺此人難搞。我對他提出一些酒迷可能會有興趣知道的問題，他通常是發出嗤之以鼻與不耐煩的表情與嘆息。問題諸如，本莊哪些年份的蒙塔奇諾布雷諾紅酒來自Case Base園，那些來自Intistieti？（其實酒評人Antonio Galloni曾列出相關表格，但只列到2001年份，我原想確認是否真有園區裝瓶之別〔但並未標示在酒標上〕，並想在書裡繼續表列新年份）。

我也問，某些年份的酒標裝瓶序號是否可以對應上某塊葡萄園？兩塊園區的風土差異為何？筆者不贅述太多，只補上他對第一個問題的回覆，他帶怒氣地大聲重複三次：「Non ci sono problemi di qualità.」（酒質上絕沒問題。）其實，在我的提問裡，何曾質疑他的酒質不佳？諸如此類的數次不禮貌回應，讓我愈訪火氣愈大，但我終究還是保持風度，完成此生在採訪當下就想飆髒話的專訪。

中國近年的葡萄酒講師與作家如雨後春筍般露頭，其中一位女講師總穿旗袍現身，故人稱、自稱「小旗袍」。2013年冬，友人曾贈我小旗袍的處女作酒書一本，書裡提到她意外訪問本莊，內文裡還有張賈法朗哥在酒槽前摟肩小旗袍的合影。我心想，待遇差這麼多的理由可歸結為三：第一，我不是女的。第二，就算是女的，身材也穿不進小旗袍。第三，我問太多機車又白目的問題。

本莊酒質雖佳，但如果「酒如其人」，此人我不想再聞問；況且，天涯何處無芳酒，何苦單戀索德拉。筆者結論是，莎喲娜拉，索德拉！🍷

Soldera (Case Basse)

Website: http://www.soldera.it

part **VII** 加州酒業始源
USA Sonoma County

1976年「巴黎品酒會」（Judgement of Paris）後，那帕谷（Napa Valley）一戰成名，招牌的卡本內紅酒享譽全球，然而許多人不知道當年的白酒冠軍1973 Château Montelena Chardonnay其實主要以索諾瑪郡（Sonoma County）的亞力山卓谷地（Alexander Valley）產區果實所釀。之後索諾瑪郡裡的各美國葡萄種植區（American Viticultural Area, AVA，類似法國AOC/AOP系統），都被那帕谷光芒遮掩，

相對黯然失色。如今，飲酒人見識廣了，又開始注意到風土與葡萄品種都更加多樣的索諾瑪郡內各產區。

索諾瑪郡面積40萬公頃，其中約有24,000公頃種植釀酒葡萄。因較靠近海洋，整體而言氣候較東臨的那帕谷為涼爽，然而郡內東邊、霧線以上園區卻也能讓金芬黛（Zinfandel）與卡本內－蘇維濃葡萄獲致良好成熟。本郡酒業喜愛宣稱他們以超過50種葡萄釀酒，但同時也造

俄羅斯人於1817年在索諾瑪郡西部海岸落戶，建立Fort Ross村，也種下本郡首批葡萄樹；此景為Fort Ross旁的海天景色，巧遇多艘漁船作業中。

騎士谷地AVA的彼得麥可酒莊在莊內山林裡設置太陽能板，天熱時鹿群愛躲在其下納涼，以為是為牠們專設的「客廳」；而山獅卻以為是其專屬的「餐廳」……。

成行銷上著力點分散：提到那帕谷，一般消費者馬上聯想到卡本內—蘇維濃紅酒，但對索諾瑪郡葡萄酒卻無法立問立答。由於本郡內幾個AVA所釀的冷涼氣候區風格夏多內白酒與黑皮諾紅酒不僅受到美國人歡迎，也獲國際佳評，所以或許索諾瑪郡的形象可針對布根地品種再予加強。

一群俄國移民在十九世紀初，順著美國西岸自阿拉斯加獵水獺南下（獸皮可賣至莫斯科賺取盧布），在1817年於索諾瑪郡西部海岸落戶，建立Fort Ross村，也種下本郡首批葡萄樹；當水獺獵盡，俄人續往南遷，但葡萄酒文化已然生根。1857年，匈牙利人阿拉齊（Agoston Haraszthy）在索諾瑪谷地（Sonoma Valley）種下首批歐洲種葡萄樹，且建立Buena Vista Winery（此莊仍在，為加州現存最古老酒莊）。1861年，阿拉齊被派至歐洲考察農業，

返美帶回10萬株葡萄植株，為加州建立優質葡萄酒釀造根基，他也被譽為「加州葡萄酒工業之父」。

索諾瑪郡種植最廣的前幾個品種，依種植面積由大而小列出如下：夏多內、卡本內—蘇維濃、黑皮諾、梅洛、金芬黛與白蘇維濃。這兩年陸續增加兩個新的AVA之後，索諾瑪郡目前共有15個AVA，由於其中幾個範圍互相重疊，也讓索諾瑪郡的AVA產區劃分顯得相當複雜，不如那帕谷清晰易懂。以下針對本章將詳介的酒莊，介紹幾個相關AVA如下。

亞力山卓谷地（Alexander Valley AVA）：於1988年劃定為AVA，共約6,000公頃葡萄園。先驅者亞力山卓·希魯斯（Alexander Cyrus）早在1856年便在此種植葡萄樹，產區也以之命名。在1920年代的禁酒令時期，本谷地以生產加州李乾聞名。雖此地多數葡萄園位於低處，

1

2

1. 俄羅斯河谷AVA最西邊的Guerneville村可欣賞俄羅斯河淌流的
   優美景色;該村也是對同性戀社群友善的聚落,村旁不遠的
   Armstrong Redwoods State Natural Reserve更是欣賞巨大紅
   木林的朝聖地。

2. 6、7月的亞力山卓谷地AVA通常溫暖乾燥,筆者採訪當天早晨
   卻反常微雨起霧。

但東邊園區海拔可達730公尺。夏多內多種在靠近俄羅斯河（Russian River）附近（氣溫較涼爽些），與卡本內—蘇維濃為種植最多的品種；然而北部靠近Cloverdale村氣溫偏高，金芬黛在此適應良好，最佳版本應是瑞脊酒莊（Ridge Vineyards）的Geyserville Zinfandel。亞力山卓谷地是幾家較具規模酒廠的據地，如Clos du Bois、Simi、Silver Oak與喬登酒莊（Jordan）；目前總數共約有42家酒莊。

騎士谷地（Knights Valley AVA）：於1983年劃定為AVA，共約800公頃葡萄園。騎士谷地AVA位於亞力山卓谷地AVA東南，東邊與那帕谷北部隔著聖海倫娜山（Mount St. Helena）為鄰。由於位在索諾瑪郡東部較為內陸之地，故為本郡最溫暖產區，但植於谷地東邊上坡的葡萄園可獲夜間氣溫降低之調節，為釀酒最佳風土。Beringer Vineyards最早於1960年代晚期在此種植葡萄，並在1974年推出首款騎士谷地葡萄酒。本區目前最受矚目者為彼得麥可酒莊（Peter Michael Winery），大廠Kendall Jackson的Anakota品牌卡本內—蘇維濃紅酒也出自本區。

俄羅斯河谷（Russian River Valley AVA）：最早於1983年劃定為AVA，於2003年以及2011年兩次擴增產區範圍以包含更多受到冷涼霧氣影響的區塊，現有8,000公頃葡萄園；俄羅斯河貫穿產區北部因而得名，至於河名本身當然來自當初獵水獺南遷的俄國移民。俄羅斯河谷AVA位於索諾瑪海岸山脈東邊，其內包含位於谷地西南邊的Green Valley與其東北邊的Chalk Hill兩個副產區AVA，目前約有120家酒莊設於此地。太平洋霧氣經由產區西南邊的佩塔魯瑪陷落（Petaluma Gap）地形進入，繼而往北升移，讓產區各地或多或少受到海洋性氣

位在索諾瑪谷地AVA的Hanzell Vineyards酒莊在7月初對其夏多內葡萄進行「綠色採收」（疏果）。

候影響（Green Valley因位於西南，受霧影響最深，故最冷涼）。種植最多以及表現最佳的品種為夏多內與黑皮諾，東北少受霧氣影響的Chalk Hill則以卡本內—蘇維濃最佳。優質酒莊有Dutton-Goldfield、J. Rochioli、奇斯樂酒莊（Kistler）、Kosta Browne，瑪麗愛德華酒莊（Merry Edwards）與Williams Selyem等。

索諾瑪海岸（Sonoma Coast AVA）：1987年劃定為AVA，但由於劃界廣達19萬公頃（北接Mendocino郡，南鄰Marin郡），實在說不上統一的風土條件；其實索諾瑪海岸AVA當初是在Sonoma-Cutrer酒廠遊說運作之下才成立，該廠希望以此AVA命名囊括其散落在索諾瑪郡內的各處葡萄園。此AVA其實也包括位於俄羅斯河谷AVA與太平洋海岸之間的海岸山脈，而這些山脈上的高海拔葡萄園（通常位於霧線之

漢佐酒莊一景，下方即是索諾瑪鎮。

上）則在近年產出相當優秀的夏多內與黑皮諾葡萄酒，這些鄰近太平洋的高海拔葡萄園被當地人稱為「正宗索諾瑪海岸」（True Sonoma Coast）。2012年1月，有關單位通過在所謂正宗索諾瑪海岸裡劃定Fort Ross-Seaview AVA副產區（產區就在Fort Ross村右方山坡上），Marcassin以及彼得麥可酒莊都已在此新興副產區設園（海拔300多公尺），Flowers及Hirsch甚至在此設莊。

索諾瑪谷地（Sonoma Valley AVA）：於1982年劃定為AVA。索諾瑪谷地AVA位在索諾瑪郡南部，是以索諾瑪鎮為中心的狹長產區，右邊以瑪雅卡瑪斯山脈（Mayacamas Mountains）為界與那帕谷相鄰。基本上氣候溫暖，但以索諾瑪鎮附近較為涼爽，北邊靠近Glen Ellen村附近最為炎熱，雖有些海洋性氣候影響，但霧氣通常在上午時分便蒸發殆盡，

整體而言比亞力山卓谷地略微涼爽。這裡可種植的品種多樣，但黑皮諾主要種在南邊以及較高海拔的坡地上，夏多內則為最佳白酒品種。索諾瑪谷地AVA共有6,000公頃葡萄園，也同時涵蓋Bennett Valley與Sonoma Mountain兩個副產區AVA。優秀酒莊包括漢佐（Hanzell Vineyards）、Laurel Glen與Paul Hobbs等。

卡內羅斯（Los Carneros AVA）：於1987年劃定為AVA，3,600公頃的種植面積橫跨在索諾瑪郡與那帕郡之間，相當靠近南邊的聖帕布羅灣（San Pablo Bay），故為索諾瑪郡最涼爽產區之一（氣溫近似索諾瑪海岸AVA的西部沿岸與Green Valley），種植最多的是夏多內與黑皮諾，希哈也有極佳表現。卡內羅斯區外的酒莊常自這裡買葡萄釀酒，幾個歷來知名的葡萄園包括Hyde、Hudson（位在那帕郡內）以及Sangiacomo（位於索諾瑪郡）等。

品味淡定
Jordan Vineyard & Winery

加州索諾瑪郡老牌喬登酒莊（Jordan Vineyard & Winery），近年來屢次被《修‧強生葡萄酒隨身寶典》（*Hugh Johnson's Pocket Wine Book*）列為等級最高的四星酒莊，「四星」意指偉大、聲名顯赫與昂貴，英國葡萄酒作家修‧強生的品味果然與老美酒評家大相逕庭。依舊（？）是全球最具影響的美國酒評家派克對喬登的酒款評分不多，的不超過90分。美國知名酒誌《葡萄酒觀察家》同樣忽視喬登。筆者看法接近修‧強生，但認為該刪掉一顆星，差不多是三星等級，因以終的酒質而言，本莊還未臻登峰造極，且其酒價莊而言，其實相當平易近人。筆者的好評與為文推薦主要是針對其紅酒而言。

喬登位在索諾瑪郡北部的亞力山卓谷地產區裡，與南邊的俄羅斯河谷產區相鄰；標上AVA的葡萄酒必須採用至少85%來自該區的葡萄釀成，AVA僅就葡萄來源做規範，並不限定種植品種、釀酒方法或是每公頃產量，主要是依據地理環境劃分（有些甚至只以行政區為界）。

淡定之雅

喬登的Alexander Valley Cabernet Sauvignon並非美國主流評論家鍾愛的酒款，因其並非果香

Jordan Alexander Valley Cabernet Sauvignon（左；三成果實來自自有園區），Jordan Russian River Valley Chardonnay（右；以買來的葡萄釀造，具清新酸度與礦物質風韻）。本莊有高達七、八成的葡萄酒都賣到美國高級餐廳，出口比例不高。

濃郁奔放、近似「果醬炸彈」的重砲類型，架構也不雄偉驚人，在講求效率與立即印象的品飲競賽中肯定要吃虧。喬登紅酒屬於那些能夠品味淡定者的雅物，過於浮躁與急功近利者，人與酒必不投緣。然而，喬登紅酒對講求酒菜和諧搭配的飲者，卻是款有風味、有留白，能納佳餚、互表精采的佳釀。用力過度（葡萄過熟、萃取過頭、新桶使用過分）、風味過濃的紅酒即便口感驚人，卻常以自我為中心，不與風味淡雅的菜餚為善，大大自限了酒菜聯姻之樂。

喬登紅酒單飲佳，有菜相伴更是不俗。然單品時，筆者雖能欣賞其自持的歐洲風味，但在極致的酒質表現上，有時不免心裡嘀咕，其實架構再扎實一點，風味更豐潤帶勁一些，便完美了，就可晉身頂級名釀。然，退一步想，

更濃更香更肉慾迷人的加州紅酒難道曾少過？需要喬登加入大軍行列？實而其酒並不淡薄，其風味集中但節制，口感迷人但更重風雅與回韻，令人連番要酒而不疲，獨樹一格，有謙謙君子風。風味十足飽滿固好，但我輩如能品出淡定的醇雅以及耐人尋味，人生境界或也可能更上一層：和諧淡定勝極致強求。

自石油業致富的湯姆‧喬登（Tom Jordan）在1970年代初期曾想購下因經營不善，而對外求售的波爾多五大酒莊之一的瑪歌堡（Château Margaux），但因非法國籍而遭拒。喬登返美後，乾脆以釀造波爾多類型的頂級美釀為目標，在亞力山卓谷地買地自建酒廠；簽下買地契約當日，正值1972年5月25號，也是喬登之子約翰‧喬登（John Jordan）出生日。然而喬登非釀酒專業，便請妻子莎莉（Sally）央

本莊紅酒在不鏽鋼槽進行酒精發酵後，會在超大型發酵木槽進行乳酸發酵（如圖，此大槽自1976年使用至今），之後直接在大木槽中進行酒質培養約6個月後，才移酒至小型橡木桶繼續培養。2005年份起，因卡本內一弗朗表現不若預期，故未用以混調。

酒莊一角的年輕酒神像。

求美國釀酒大師安德烈‧柴里斯切夫（André Tchelistcheff, 1901-1994）擔任初建成的喬登酒莊之釀酒顧問。

大師遺風不墜

莎莉在一段訪談中談到，1971年，他們夫婦倆如常到一家熟識的舊金山餐廳用餐，侍酒師推薦他們品嘗那帕谷堡麗酒莊（Beaulieu Vineyard）的Georges de Latour Private Reserve Cabernet Sauvignon紅酒，長期品飲、摯愛法國美酒的兩人原先不願嘗試加州紅酒，但在相熟侍酒師強力引薦下，決定一試。結果，夫婦倆都為此美國土生在地酒款大大驚豔，精神與味蕾都被其安撫妥當，也問得美釀的釀酒師就是原籍蘇聯、在法國學習釀酒，後於1938年在堡麗酒莊莊主喬治‧德拉圖（Georges de

Latour）邀請下，自法赴美至堡麗擔任總釀酒師的柴里斯切夫。

在莎莉盛情邀請下，當時已是加州知名釀酒大師的柴里斯切夫才答應擔任不駐廠的釀酒顧問一職，接下來的要務，是由柴里斯切夫幫喬登酒莊覓得一名聽其指揮的駐廠釀酒師。在葡萄樹的世界裡，將一母株，藉由扦插（或稱插枝）入土的方式以無性繁殖方法培育出同基因、同性狀的後代子株稱為無性繁殖系。莎莉對大師說：「您就找個與您同具才情的『人形無性繁殖系』，當作分身就好。」同年的1976年，大師到加州大學戴維斯分校的釀造學系裡，點選出當年第一名畢業的高材生羅布‧戴維斯（Rob Davis）任職。之後的師徒二人情同父子，合作無間，幾年不到便將喬登打造為美國名牌酒莊。另，極其罕見的是在將近35年過後，戴維斯已揚名酒壇，卻依舊忠心不二，

筆者所品試的四款未混調成正式紅酒前的樣本酒，左至右：2012 Cabernet Sauvignon WAS園區紅酒、2012 Cabernet Sauvignon RR1園紅酒、2012 Merlot MZ園紅酒、2012 Petit Verdot JV園紅酒。以前兩款的CS品種酒而言，前者位於山腳（故而柔美優雅），後者位於山坡（口感則更具架構）。

本莊位於山坡處的葡萄園。

留任老東家喬登，精釀一紅一白以享飲家。《修‧強生葡萄酒隨身寶典》的2013年版還選戴維斯為年度最佳釀酒師。

品牌老，酒質好

雖美國重量級酒評不青睞老牌喬登，但其形象已深植美國人心。事實上，由美國《葡萄酒暨烈酒》（*Wine & Spirits*）雜誌進行的2011年度餐廳飲酒調查裡，由全美最受歡迎的餐廳統計選出全美最受歡迎（點酒率最高）的葡萄酒品牌，喬登酒莊以最高積分榮登冠軍寶座；在卡本內—蘇維濃品種紅酒的最受歡迎排行裡，喬登的Alexander Valley Cabernet Sauvignon紅酒同登榜首。夏多內品種白酒的排行裡，本莊的Russian River Valley Chardonnay也有排名第五的佳績。

其實，喬登的卡本內—蘇維濃紅酒（首年份為1976）在餐飲業界已奠定不可忽視的經典地位，除2011年度外，同樣名列第一的調查年度還有：1991、1992、1993、1994、2001、2002、2003、2004以及2008。由此現象轉譯而來，我們或可得出以下結論：在波爾多酒價因炒作漲至天價之際，美國消費者聰明地選擇同樣具有歐洲風味（風格介於波爾多的瑪歌與聖朱里安酒村之間）的本土酒款以為替代，且不隨部分酒評人起舞，只追求可將「味蕾重擊」的強烈酒款，而在餐廳裡選擇物超所值且可與食物輕易匹配的佳釀，以求酒食和諧之歡。

喬登紅酒裡除了卡本內—蘇維濃，還包括梅洛以及小比例的小維鐸和馬爾貝克；主體的卡本內—蘇維濃通常約占76～77%（依法規只要其中一品種占有75%，或以上，就可以該品種命名酒款，並標於酒標上）。本莊紅酒在不鏽

1

2

3

4

1. 採收後，員工正嚴挑卡本內－蘇維濃葡萄。目前酒莊非常先進地以iPad監控葡萄生長、採收，甚至是廠內的發酵溫度。

2. 本莊行政總裁約翰．喬登上任後更積極提高酒質；他相當多才多藝，不僅會開飛機，還會講流利的俄文與德文。

3. 喬登除葡萄園、果菜園，還有一處小農場，這是農場裡的可愛小毛驢。

4. 6月底，轉色期之前的卡本內－蘇維濃葡萄；酒齡年輕的喬登紅酒建議最好醒酒後再飲。

鋼槽進行酒精發酵與浸皮後，會在直立的超大型發酵木槽（約22,700公升，美國橡木）進行乳酸發酵，之後直接在大木槽中進行酒質培養約6個月，才移至約六成的法國小型橡木桶，和約四成的美國小型橡木桶繼續培養約12個月後，才混調兩者裝瓶（葡萄約來自五十多塊小園）。自2006年份起，裝瓶後還經2年瓶中陳年才面市（當多數加州酒廠在賣2011年份時，本莊才釋出2009年份紅酒）。上市時，通常已初屆適飲期，本莊紅酒相當耐放，陳放20年不是問題。

喬登的Russian River Valley Chardonnay白酒雖優良，但酒質的完成度（架構以及整體風味複雜度）還不及紅酒，不過因價格親民，風味均衡可口而廣受歡迎（以近幾年份而言，2011表現最佳）。在2000年之前，本莊的夏多內白酒釀自亞力山卓谷地果實，之後改以購自氣候較冷涼的俄羅斯河谷夏多內釀造（來自二十多塊園區）；加以自2005年份起開始降低乳酸發酵比例（目前約25%），使得本莊白酒的清新酸度與礦物質風韻愈加凸顯，更加與食為友。筆者覺得搭以中式的蝦仁豆腐或是台式的香油涼拌豬頭皮都極好。

約翰‧喬登在2005年被指任為酒莊行政總裁後便立刻展現新象，為永續農業盡力。每年採收後，酒莊會在葡萄藤行列間依據各塊土壤特性種植不同的植披綠肥，以增益土壤健康以及促進益蟲進駐並與害蟲自然抗衡；若有需要而在園中噴灑的抗真菌劑也採有機製品。2009年本莊成為PG&E公司所設計的The ClimateSmart™ Program減碳計畫的成員，在約翰積極實踐下，自2006年起至今喬登已經減少24%的碳足跡；2012年其所設太陽能發電板，已足提供75%的酒莊運作所需用電。

根瘤蚜蟲病的契機

今日的喬登酒莊以及自家擁有的葡萄園（只種植釀造紅酒的品種）都位在西爾斯堡市（Healdsburg）東北不遠，然而本莊在1972年所買的葡萄園後來在1994年受到葡萄根瘤蚜蟲病侵襲而全數病死。酒莊謹慎思考後，決定不再重植原來位在谷地低處的葡萄園，而選本莊附近的山坡以及山腳處新植，以避谷地有時因氣溫過暖，可能導致酒質風味不夠優雅的情況；原本的谷地園區則轉賣給當地原住民使用。也因改種新園，導致釀酒葡萄來源不足，迫使喬登在1996～2001年份必須購買部分索諾瑪郡內其他AVA葡萄來釀造紅酒，這幾個年份也被標為範圍較廣的Sonoma County AVA葡萄酒，直到2002年份才又標回Alexander Valley AVA。

自1986年起，美國白宮便經常性地以喬登酒款為宴客之用。1987年當美國前總統雷根與當時的蘇聯總理戈巴契夫在白宮進行高峰會談，簽署裁減核武條約的重大關鍵時刻，喬登酒釀便登場以迎貴賓，以緩氣氛。喬登家的紅、白酒或許不會獲得筆者評予最高分（遑論美國酒評），但只要有吃飯喝酒的場合，喬登酒款總會在筆者心中據有一席鮮明地位。畢竟紅酒雋永，白酒可人，夫復何求。🍷

Jordan Vineyard & Winery

1474 Alexander Valley Road
Healdsburg,
California 95448-9003
U. S. A
website:www.jordanwinery.com

擅走鋼索的健美先生
Peter Michael Winery

加利福尼亞在1850年正式成為美國的一州，湯姆斯‧奈特（Thomas Knight）隨即買下北加州的Ranco Mallacomes農場，種植葡萄、桃子與小麥，這也吸引其他墾荒者來此討生活；奈特的農場所在之谷地後來也命名為Knights Valley。騎士谷地產區的中譯原只是便利討喜的譯法；但後來谷地裡最受人稱道的彼得麥可酒莊（Peter Michael Winery）的莊主彼得‧麥可先生確實擁有英國騎士頭銜，也讓騎士谷地的譯名更加名正言順。

彼得‧麥可靠科技電子業致富，在加州各地探尋六年後，終找到位於騎士谷地的山坡地段，遂在1982年購地建莊（原為牛隻養殖場，未曾種過葡萄）。整個莊園共占地255公頃，葡萄種植面積僅有48.6公頃，酒莊以及釀酒廠位於坡底約170公尺海拔處，葡萄園則自海拔

Peter Michael Winery酒莊總部與辦公室；首個酒款釋出年份是1987。

葡萄園行列間野生的加州罌粟，成為酒莊的企業識別形象。

前景以及後頭半圓形緩坡葡萄園即是Les Pavots。

305公尺起跳。彼得・麥可建莊除為釀酒外，也希望住在倫敦的家族每年夏天有個度假去處，當初選址基於四個標準：第一是離舊金山不超過一個半小時車程，第二是風景秀麗，第三是風土適合釀酒，第四是有足夠水源以供耕植葡萄園（莊園內有條小溪，內有野生鮭魚優游其中）。

本莊基本上以有機農法種植，也小規模試驗自然動力農法，為了永續經營還在山坡上設置太陽能板。夏天到時，野生鹿群會躲在太陽能板下納涼，似乎以為是專為牠們設置的休憩處，但加州山獅卻認定這是酒莊為其設置的「餐廳」，也開始進駐。除野生動物豐富，酒莊為豐富林相，還種植近萬棵松樹。葡萄園內夏季常見的一年生草本植物花菱草（California-poppy，罌粟科，又名加州罌粟）則成為酒莊的企業識別形象，標示於酒標上。

彼得麥可酒莊首個釋出年份是1987，本莊很快地以低產的山坡地葡萄園，結合法國傳統釀法，推出多款單一葡萄園的夏多內白酒與波爾多類型混調紅酒，以優秀酒質擄獲人心。相對於谷地的葡萄園，位於山坡高處的本莊園區氣溫照理略低，採收期也較晚，但絕佳的向陽與排水也造就非常熟美的葡萄；幸好下午時分，山坡處會開始起風，有利調節氣溫，使葡萄保有合理酸度。

擅走鋼索

本莊不管紅、白酒，酒精濃度通常偏高，然而滋味濃郁、強勁不代表失衡。以夏多內為例，本莊採用經典的布根地釀法，既攪桶、也進行100%乳酸發酵，故而酒質筋肉強健、口感濃郁華麗，有極佳的複雜度，且在理想的侍

1

2

1. 前景是Belle Côte葡萄園，中景是酒莊設於制高點的觀景台，後頭是聖海倫娜山。

2. 酒莊的企業識別形象石造藝術品；該標誌是以加州罌粟結合樂器英國管（English Horn）的雙形象而成。

3. 左為Les Pavots Single Vineyard Estate Red Bordeaux Blend；右為Ma Danseuse Single Vineyard Estate Pinot Noir。本莊其實還有一款Le Moulin Rouge Pinot Noir是以購自南加州蒙特雷郡（Monterey County）的名園Pisoni果實所釀成。

酒溫度下（白酒不要超過攝氏13度，紅酒不超越18度），通常有一絲不錯的酸度與核心架構可撐起「重量級的平衡感」，若具象一些來形容，本莊酒款就似「擅走鋼索的健美先生」：身形龐大、豐足有料，卻又神奇地保有均衡感。雖然，有時這鋼索走得巍巍顫顫地，令人

3

前景是La Carrière葡萄園，後面較低處為Les Pavots葡萄園。

擔心。但就如前述，溫度把握好，這些具分量的酒款通常會回報予令人喜悅的深度與繁複口感。

不過美國多數愛酒人就是偏愛分量感，我上述對於飲酒溫度的苦口婆心，他們或許不會特別掛心（鋼索加粗一點就好啦＝味蕾耐受性好即可）。其實，本莊產酒的三分之二都賣給美國國內的郵購名單客人，且嚴格控制配額，其他三分之一才分給傳統經銷通路；又，經銷通路中的四分之一才用以出口（即出口量僅僅8%）。自2010年起，彼得麥可的酒才初步在亞洲現蹤，不是因在美國賣不掉，而是希望在國際酒壇上獲得多元肯定。日本、香港、新加坡、泰國與台灣如今都可購得本莊主力酒款。

占地兩百多公頃的莊園主要分為兩種土壤類型。第一種是風化的蛇紋岩（Serpentine）土壤，蛇紋岩呈藍灰色，會使土質的PH過低，不適種植葡萄，其上生長的多是松樹，只消觀察植披即可分辨土質。第二種為風化的流紋岩（Rhyolite）土壤，流紋岩是種火山噴出岩，化學成分與花崗岩相同，呈磚紅色，上頭原生的是寬葉冷杉，此土最適釀酒葡萄。然而流紋岩土壤的區塊幾已全部開發為葡萄園，故莊園之內可再擴充成園的面積其實非常有限。

本莊雇用的第一位釀酒師是如今大名鼎鼎、以釀造加州膜拜酒（Cult Wine）成名的海倫‧圖立（Helen Turley），據說是因她行事作風與酒莊屢生衝突，所以在1991年被馬克‧奧伯特（Mark Aubert）替代；奧伯特待到1999年，後離職自創酒莊。之後凡妮莎‧王（Vanessa Wong）接手釀了兩年，又於2001年由曾在Newton酒莊釀酒的法國人路克‧摩磊（Luc Morlet）繼任為釀酒師。2005年，路克又將釀酒師重任交予其親弟尼可拉（Nicolas Morlet）

至今；摩磊家族本身在香檳區的釀酒史已傳至第五代。自2001年後，摩磊更加全面地將法國的釀酒技術與傳統引入彼得麥可。

本莊厲害之處，在於可同時釀出精采的波爾多類型紅、白酒與多款夏多內單一園酒款。彼得麥可最早以釀造波爾多類型紅酒為目標，價格最昂的頂尖旗艦款為Les Pavots Single Vineyard Estate Red Bordeaux Blend：法文Les Pavots為「罌粟」之意，首年份為1989，葡萄園位於聖海倫娜山西側山坡上（種於1983～1999），海拔在305～427公尺，園區朝南，為多石的火山土，混有許多火山噴出的流紋岩。

Les Pavots的品種比例依年份略有差異，約為67%卡本內─蘇維濃、17%卡本內─弗朗、14%梅洛以及2%小維鐸；經18個月桶中培養後，不經過濾及黏合濾清便裝瓶。Les Pavots的風味以黑莓、黑巧克力、黑醋栗與桑葚為主，背景透有尤加利樹精油、白胡椒與薄荷氣韻，口感強勁，架構完足，通常有相當好的均衡感；若要飲新年份，建議至少醒酒3小時。L'Esprit des Pavots基本上是Les Pavots的二軍，梅洛含量較高，故較為早熟易飲。

波爾多類型白酒指的是L'Après-Midi Estate Vineyard Sauvignon Blanc：法文L'Après-Midi為「午後」之意，葡萄首種於1995年，來自Les Pavots以及La Carrière園區，海拔300～426公尺，朝南與東南，土壤中含有許多火山噴出的流紋岩，品種比例約為86%白蘇維濃與14%榭密雍（Sémillon）。手工採收、篩果，整串榨汁後於橡木桶發酵（野生酵母），但不進行乳酸發酵，與死酵母浸泡培養約8個月，期間約每週攪桶一次。帶有鳳梨、水蜜桃、黃李、甘草、黃色香瓜與略熟芭樂風味，口感濃郁豐潤，架構極佳，屬於搭餐而非餐前開胃型態的

拍攝所站位置為Ma Belle-Fille葡萄園，蓄水池塘後為另一夏多內葡萄園Mon Plaisir。

最右邊突起的緩坡是Ma Belle-Fille葡萄園（海拔518～579公尺之間），中間較平緩處是Mon Plaisir，左下角坡度較斜的舌狀帶是La Carrière，其右有樹林環繞的園丘是Belle Côte葡萄園。

白蘇維濃。

夏多內四美

本莊釀有四款單一園夏多內白酒，先從海拔最低的La Carrière講起。La Carrière Single Vineyard Estate Chardonnay：法文La Carrière為「採石場」之意，夏多內植於1994年，無性繁殖系為14% See，60% Dijon以及26% Hyde。園區海拔365～518公尺，土壤多石，以火山噴出的流紋岩為主，軟質白色火山岩為輔，向陽為南到東南，山坡斜度超過40度。排水佳，貧瘠而低產。100%法國橡木桶發酵（野生酵母），100%乳酸發酵，與死酵母一起在桶中培養12個月，期間進行攪桶，不過濾與黏合濾清便裝瓶。La Carrière通常啖有奶油鬆包、榲桲、洋梨、檸檬皮、椴花蜜、甘草、洋甘菊、甜橙精油等深沉甜美氣息，整體甘潤，但有不錯酸度。

Belle Côte Single Vineyard Estate Chardonnay：法文Belle Côte為「美麗山坡」之意，葡萄種於1990年（為四塊夏多內葡萄園當中最早種植者），各三分之一的三種無性繁殖系（See、Old Wente、Rued）。海拔518～548公尺之間，火山岩土壤中混有許多火山噴出的流紋岩。鑑於高海拔與朝東南向，受加州下午炎陽影響較少，葡萄熟成較緩，有時到10月才採收完畢。釀法同La Carrière。Belle Côte常釋有奶油麵包、鳳梨、百香果、香瓜、洋甘菊以及白柚氣韻，比La Carrière更顯強勁豐潤，架構強，但均衡佳，質地油潤光滑，尾韻時可啖有核桃與參片滋味。

Mon Plaisir Single Vineyard Estate Chardonnay：法文Mon Plaisir是「我的愉悅」之意，2010年份的Mon Plaisir是首個全以位於騎士谷地山上的自有葡萄釀造的酒款。100% Old Wente無性繁殖系，海拔518～548公尺之間，火山岩土壤中混有許多火山噴出的流紋岩，朝東南向。釀法同前兩款夏多內。酒色有時因不過濾、不黏合濾清而略濁，嘗起來有百香果、熟洋梨、榲桲、焦糖、鳳梨、夜市漬土芭樂以及馬鞭草花茶氣息，整體而言，架構似乎不若其他夏多內，有時也略顯粗獷。

Ma Belle-Fille Single Vineyard Estate Chardonnay：法文Ma Belle-Fille為「我的媳婦」（指彼得・麥可爵士之媳）之意，此酒是除Belle Côte之外，我最欣賞的本莊夏多內。Ma Belle-Fille曾是歐巴馬總統在白宮招待英國首相用酒，葡萄種於1999年，使用以下無性繁殖系：Calera、Mount Eden、Hudson、Hyde。海拔在518～579公尺之間，也是本莊最高者。土壤同前，朝南與東南向，由於位於夏季霧線之上，受陽較多，葡萄較為早熟，釀法也同前者。Ma Belle-Fille帶有香瓜、鳳梨、熟木瓜、椴花花茶、甜橙及水仙花氣息，氣韻豐盛寬

1. 左為Ma Belle-Fille Chardonnay（園區海拔最高）；右為La Carrière Chardonnay（四個夏多內園區中海拔較低者）。

2. 莊主彼得‧麥可騎士（左），其子保羅（Paul Michael，右）。

3. Ma Belle-Fille園區裡，尚待成熟的夏多內葡萄（6月底）。

廣，圓潤腴糯但均衡佳，有時也啖有芹菜、茴香滋味。

除位在騎士谷地的酒莊總部與主要園區，本莊還在1998年買下現在位於索諾瑪海岸AVA的Fort Ross-Seaview副產區裡的Seaview Vineyard葡萄園（海拔305～457公尺，植於2006年），在占地12.1公頃的園區裡釀出三款單一園黑皮諾紅酒：Ma Danseuse、La Caprice、Clos du Ciel。以筆者嘗過的2011 Ma Danseuse Single Vineyard Estate Pinot Noir而言，樹齡不過5年，就能在溫潤可口之外，展現不錯的深度，實屬不易，令人愈加期待幾年後壯年樹藤所能給予的更深層風味。

Old Wente無性繁殖系，風格愈加強勁豐潤）、Point Rouge Chardonnay（混調不同葡萄園、不同無性繁殖系的夏多內，架構、潛力更強）以及Clos du Ciel Pinot Noir。另有一款Point Blanc紅酒（僅釀過四個年份）以50%梅洛與50%卡本內—弗朗釀成，基本上僅供莊主自飲或宴客使用，並不外賣。不過彼得‧麥可所有、位在倫敦的Vineyard Hotel倒可能有機會品嘗到Point Blanc。

2009年，本莊又在那帕谷的奧克維爾（Oakville AVA）東邊山坡地帶買下16.6公頃土地，目前種植面積達7.3公頃，且已在2014年春季推出首年份的Au Paradis紅酒（以卡本內—蘇維濃為主）；將來還計畫在奧克維爾園區推出另款以卡本內—弗朗為主軸的紅酒（酒名還未知），讀者不妨拭目以待，親鑑酒質。🍷

郵購名單專屬

本莊有幾款酒因產量過少，只開放給郵購名單上資格最老的客戶購買。如Cuvée Indigène Chardonnay（混調不同葡萄園夏多內，只用

Peter Michael Winery

12400 Ida Clayton Road
Calistoga, CA
USA
Website: http://www.petermichaelwinery.com

沉默大師
Kistler Vineyards

有些酒莊很喧囂，行銷積極，打擊面寬廣。另些則安靜悄然，如本文主角的奇斯樂酒莊（Kistler Vineyards）。有多低調呢？奇斯樂酒莊無招牌、不設品酒室、不接受一般人參觀、幾乎從不辦公開品酒會，直到2005年才設官網（當然不會有臉書與推特）。釀酒師史蒂夫·奇斯樂（Steve Kistler）更是「神龍見首不見尾」，極少受訪，還贏得「沉默大師」（Quiet Master）封號。此外，連英國知名葡萄酒作家布魯克（Stephen Brook）都怨，說他採

訪加州20年也從未見著……，直到某次意外機緣才得「面聖」。筆者雖同樣未享殊榮，倒是採訪到史蒂夫的創莊夥伴馬克·畢斯勒（Mark Bixler）。

當日，馬克開宗明義說：「我們很少接受這樣的公開採訪」，讓我瞬時覺得備感榮幸。他們將絕大部分精力投注在葡萄園管理與釀酒上，自然無暇答應眾人要求參訪試酒。自創莊的1978年起，本莊一直是兩人核心團隊的營運模式，史蒂夫乃唯一的釀酒師，兼管葡萄園；

2009年份的三款單一園夏多內，左至右分別是Stone Flat、Hudson Vineyard與Hyde Vineyard。本莊最早使用野生酵母發酵，1990～2008改用中性的「Montrachet」人工選育酵母發酵；2008年份起又改回以100%野生酵母發酵。Hudson與Hyde都是以買來的葡萄釀造。

馬克則掌管銷售、實驗室檢驗以及協助園區管理。三十多年過去，人總要服老的，「從不假手他人」不是長遠之計，所以史蒂夫在2008年雇用了本莊有史以來首位助理釀酒師傑森·凱斯奈（Jason Kesner）；其實在2000～2008年之間，傑森乃是Hudson葡萄園的管理師。

即便酒好，「藏在深山人未識」，恐怕也難長期經營。本莊之所以在銷售與名聲上獲致成功，究其因，美國知名酒評家派克的推崇不可或缺。從1979年首釀3,500箱，到現在的每年均產約26,000箱（其中20,000箱為夏多內白酒，6,000箱為黑皮諾紅酒）。奇斯樂已非小規模酒莊，厲害的是它能做到質、量皆美，被尊為「美國夏多內之王」。奇斯樂的主要客源為郵購名單上的直客（約占65%），其餘主要銷給高級餐廳（多是初階款，少單一園品項），之後才給美國經銷商，所餘出口量自然不多：亞洲以日本為最大市場。

建莊源始

1970年，史蒂夫在史丹佛大學的英國文學系研讀「創意寫作」，畢業後原計畫在舊金山實踐作家夢，幾年過後，自覺作家生涯原是夢，於是棄筆。然而其出身教養則提供了另條終南捷徑：其祖父是偉大的葡萄酒蒐藏家，自小耳濡目染下，史蒂夫遍嘗頂級名釀，其中包括布根地的優秀白酒，而Jean-François Coche-Dury、Marc Colin、Michel Niellon等莊則成為他的效仿模範。之後他進了加州大學戴維斯分校念釀酒、續在加州州立大學弗雷斯諾（Fresno）校區攻讀葡萄種植學，好為將來鋪路。

馬克則畢業於麻省理工學院，後於加州大學柏克萊校區獲得化學博士學位，隨後在弗雷斯諾教授化學長達7年之久。際遇牽線，史蒂夫與馬克在弗雷斯諾的品酒團體相識，兩人個性差異頗大，但成立酒莊的願景卻相同。為了培養實戰經驗，史蒂夫去了瑞脊酒莊（Ridge Vineyards，詳見《頂級酒莊傳奇》）擔任釀酒助理2年，馬克也同時另在Fetzer Vineyards酒莊工作磨練。之後學成歸建，兩人終在1978年，選擇在索諾瑪谷地內東邊、海拔達600公尺的高處整園建莊，圍繞在酒莊周邊的葡萄園就稱為Kistler Vineyard（酒莊名多了一個"s"）。

創莊隔年的1979年，本莊就以外購葡萄釀出三款夏多內以及卡本內－蘇維濃紅酒，這時的黑皮諾是以購自卡內羅斯AVA的Winery Lake Vineyard的果實釀製。因顧及Kistler Vineyard對黑皮諾而言過於溫暖，故在此立基園區只種了夏多內與卡本內－蘇維濃。奇斯樂的卡本內－蘇維濃紅酒固佳，但未臻頂尖，故酒莊決定在1994年之後停釀，同時拔除樹株，改植夏多內。

之後數年的發展下，奇斯樂的園區四散在索諾瑪郡內的多個AVA。為了更靠近各園區、免去在迂迴狹窄的山路開車，以及擴大釀酒廠房規模，本莊在1992年遷址到俄羅斯河谷AVA裡的Vine Hill Road旁（在Graton鎮東北方不遠處），在此周邊的夏多內葡萄園即被稱為Vine Hill Vineyard（早期種有黑皮諾）。移至新址，兩人不僅添購更多釀酒設備，也設了七個可獨立自動控制溫溼度的培養酒窖。

在早先的高海拔酒莊裡，夏多內在橡木桶裡進行酒質培養時，並不定期執行換桶除渣（與死酵母一同培養有助風味發展），故酒渣較多；而草創期的儲酒不鏽鋼槽有限，無法讓酒液在經橡木桶培養後，待在溫控不鏽鋼槽幾個

酒質足以與布根地名釀匹敵的2010 Occidental Station Cuvée Catherine Sonoma Coast Pinot Noir。首年份的Cuvée Catherine是1991，當時是來自尚種有黑皮諾的Vine Hill Vineyard的上坡處園區。另，自2000年份起，黑皮諾的榨汁酒並不加入最終混調。

月以待其靜置澄清酒渣，所以通常培養完畢，就必須過濾酒液（連同過多酒渣一同裝瓶可能造成酒質不穩定），趕緊裝瓶，好挪出不鏽鋼槽以待新年份釀酒使用。新廠啟用後，夏多內葡萄除開始以整串榨汁，也因有足量的不鏽鋼桶槽可以儲酒，以待培養後的靜置澄清酒渣，從此以後，本莊夏多內不再需經過濾或是黏合濾清，風味更足。

目前本莊擁有以及租地自耕自釀的葡萄園面積共有86公頃，另還買16公頃的葡萄來釀酒。租地契約一簽長達32年，基本上與自有無異；若租契超過35年，於當地法令而言等於買地，需符合其他附帶法規要求，未免麻煩，本莊都以32年為限簽約。向葡萄農承購葡萄時，則以每公頃採收面積計價付款，非以重量計算，以免果農為賺取更高利潤而貪心量產（例如，不照酒莊要求進行「綠色採收」以及採行「旱作」，欲達增產），卻犧牲了果實品質。

酒格之微調

《修‧強生葡萄酒隨身寶典》2013年版針對奇斯樂寫道：「本莊近來酒風有巨大轉變，欣慰看到夏多內從強勁、多橡木味的風格轉為更加細膩；黑皮諾也顯得更為內斂。」（There's been a dramatic change of direction here, with a welcome move away from the powerful, oaky Chardonnay to a more subtle version. Pinot Noir is also showing more restraint.）此購酒評鑑的2012年版也有相近評語。筆者向馬克確認此點，他說此描述不正確，大約是《修‧強生葡萄酒隨身寶典》的撰寫人（不一定是修‧強生，應是此評鑑的產區顧問）讀了紐約時報的

1. 奇斯樂的夏多內以布根地的Taransaud及François Frères桶廠的木桶培養；黑皮諾則以François Frères的Tronçais森林之「極細紋」（VTG）橡木桶培養酒質。

2. 建莊人之一的馬克‧畢斯勒。

1

2

〈A Cult Winemaker Tinkers With Success〉一文有感，才撰出上述文字；而時報此文作者艾瑞克‧阿西莫夫（Eric Asimov）則是訪自剛到酒莊擔任助理釀酒師未久的傑森，所得之不盡然正確的資訊。

馬克起身去盥洗室回來後，若有所思，再補充道：「若有所謂風格較大轉變，那應當發生在1992年。」在舊莊時，所有夏多內都去梗（因此會產生些微破口），之後會進行36小時低溫泡皮，因而萃取較多，酒體豐潤，最終酒色也較金黃。搬至新廠後，則直接採整串榨汁，沒有低溫浸皮萃取，風味也顯得較清雅。然而依筆者不算多的品嘗經驗，我覺得風格基本上沒變，卻似乎有微調地較為清鮮一點。對此，馬克不否認，也說約自2008年起，夏多內的攪桶頻率已略微減少（藉此避免過度氧化酒質），且新桶的比例也微幅降低。以夏多內

而言，2008之前的用桶比例約是：50%新桶、50%用1年舊桶；現在則採40%新桶、40%以1年舊桶，以及20%用2年舊桶。如此看來，傑森當時或許沒說錯，而是《修‧強生葡萄酒隨身寶典》過於誇大；事實上，此書的2014年版已經刪去「巨大轉變⋯⋯」的說法。

「遺產無性繁殖系」

本莊偏愛使用加州的「遺產無性繁殖系」（Heritage Clones），而非布根地的現代第戎無性繁殖系（Dijon Clones）。前者指一些早期取自布根地，後在加州幾家老牌酒莊的葡萄園裡適應、逐漸培養出「在地性格」的優良無性繁殖系。以夏多內而言，本莊的遺產無性繁殖系即指Wenty Clone：Wenty酒莊在舊金山灣區以南的蒙特雷產區所設之育苗場所培選出，

本莊的夏多內一如布根地做法：在橡木桶裡酒精發酵與乳酸發酵。

索諾瑪西部海岸，風光明媚的Bodega Bay有新人正舉行婚禮，奇斯樂的Bodega Headlands黑皮諾葡萄園離此不遠。

從2011年份起，Occidental Station Cuvée Catherine Sonoma Coast Pinot Noir以及Bodega Headlands Cuvée Elizabeth Sonoma Coast Pinot Noir這兩款以史蒂夫女兒為名的黑皮諾歸在「Occidental」品牌下；但仍由Kistler Vineyards經銷，想必此舉是為兩女將來鋪路。

馬克還指出Mondavi酒莊的Private Selection Chardonnay酒款也是釀自Wenty Clone。

更精確一點說，本莊的夏多內遺產無性繁殖系，是指Wenty Clone長年適應奇斯樂葡萄園後，再經其篩選所得的「演進版」，更適合該莊所需。至於黑皮諾的遺產無性繁殖系則指Calera Clone與Joseph Swan Clone，以及少部分由加州大學戴維斯校區發展出來的Pommard Clone（又稱UCD 4）。其實本莊在2002年曾經種過黑皮諾與夏多內的第戎無性繁殖系，但後來發現試釀成果不佳，故在四年後全數拔除。以夏多內第戎無性繁殖系而言，在本莊園區的風土裡產生以下缺點：果串太多、果粒太大且過於早熟。

乳酸發酵的是與非

酒精發酵之後，因存在於酒窖空氣中的乳酸菌之作用，乳酸發酵會自然產生，此過程可降低酒中酸度並穩定酒質。絕大多數的布根地紅、白酒都會經過乳酸發酵。然而在1960年代的加州，因對此「第二次發酵」瞭解不夠，若白酒經過乳酸發酵，常被認為是釀酒缺失。馬克說1960年代以釀造卡本內─蘇維濃與夏多內酒款聞名的Spring Mountain Winery，就因有批酒「不小心」進行了乳酸發酵，以為壞了，便以每瓶2美元賤賣給紐約的經銷商。奇斯樂是加州對白酒採行乳酸發酵的幾家先驅酒莊之一，也使其夏多內口感豐潤兼具複雜度。對夏多內，本莊以自行培養的乳酸菌叢來啟動乳酸發酵，黑皮諾則順其自然地發生。

奇斯樂以單一葡萄園的夏多內闖出名號，以2010年份而言，共釀以下十款單一園：McCrea Vineyard Sonoma Mountain Chardonnay、Durell Vineyard Sonoma Coast Chardonnay、Stone Flat Vineyard Sonoma Coast Chardonnay、Dutton Ranch Sonoma Coast Chardonnay、Vine Hill Vineyard Russian River Valley Chardonnay、Trenton Roadhouse Sonoma Coast Chardonnay（首年份為2009）、Hudson Vineyard Carneros Chardonnay、Hyde Vineyard Carneros Chardonnay、Kistler Vineyard Sonoma Velley Chardonnay、Kistler Vineyard Cuvée Cathleen Sonoma Valley Chardonnay。

此外還有一較初階的Les Noisetiers系列：包括只在2008年份推出一次的Les Noisetiers Sonoma Mountain Chardonnay，以及Les Noisetiers Sonoma Coast Chardonnay（但也非每年釀產）。

同樣地，本莊在2010年推出的黑皮諾有Kistler Vineyard Sonoma Coast Pinot Noir，以及兩款單一園Silver Belt Cuvée Natalie Sonoma Coast Pinot Noir與Occidental Station Cuvée Catherine Sonoma Coast Pinot Noir，另款單一園是2010年份未推出的Bodega Headlands Cuvée Elizabeth Sonoma Coast Pinot Noir。還有兩款酒價較廉宜、混調幾個葡萄園果實釀成的Russian River Valley Pinot Noir與Sonoma Coast Pinot Noir。

請注意：最早的Kistler Vineyard Pinot Noir是來自Vine Hill Vineyard當時種有黑皮諾的區塊（釀自Vine Hill的最後黑皮諾年份是2002年）；現在若看到Kistler Vineyard Sonoma Coast Pinot Noir或是Kistler Vineyard Russian River Valley Pinot Noir，則所釀造的葡萄是來自酒莊新址附近的三塊園區。總之，前者與索諾瑪谷地高處、專種夏多內的Kistler Vineyard（建莊的本園）並不同。

以人名為酒名的幾款旗艦酒當中，Kistler Vineyard Cuvée Cathleen Sonoma Valley Chardonnay，一直是以高海拔的Kistler Vineyard園中的最佳區塊之夏多內釀成，並非多園區混調酒（2000年7月31日出版的該期《葡萄酒觀察家》雜誌犯了此錯誤，國內一些酒書也因參考而錯寫）；凱瑟琳（Cathleen）是史蒂夫的太太，本身為婦科醫師。黑皮諾三款「人名酒」：Silver Belt Cuvée Natalie是以新入股本莊的Bill Price之女Natalie為名；Cuvée Elizabeth以及Cuvée Catherine則是以史蒂夫的一雙女兒命名。

2010 Occidental Station Cuvée Catherine Sonoma Coast Pinot Noir是筆者品酒生涯中的一大驚豔亮點：本莊自此冷涼年份中釀出細緻柔美、極為均衡，極具深度的黑皮諾，酒質幾近完美，可與布根地名莊佳釀相較而毫不遜色。此外，自2004年起，Cuvée Catherine均釀自較靠近海岸的Occidental Station葡萄園（之前的Cuvée Catherine曾經來自Vine Hill Vineyard的上坡處與Silver Belt Vineyard）。最接近西部海岸者乃是Bodega Headlands園區，本莊也在此設一專門釀造黑皮諾的小型釀酒廠。限於篇幅，其他夏多內與黑皮諾詳細筆記與評分，請參見Jason's VINO.com網站。

在馬克的一封電子郵件回函中，他說明自1990年代末，奇斯樂其實已開始微調其黑皮諾風格，而2010與2011這兩個酒精度較低的年份，表現之精采與優雅，超脫過去的酒格，讓他們決定今後應以此為標竿。故，敬告酒迷們，奇斯樂真正的酒質巔峰才要到來！🍷

Kistler Vineyards

4707 Vine Hill Road
Sebastopol, CA 95472
USA
Website: http://www.kistlervineyards.com

突破沙文的堅毅與溫柔
Merry Edwards Winery

瑪麗愛德華酒莊（Merry Edwards Winery）位於俄羅斯河谷AVA中心地帶，直到幾年前，其佳釀才被引進台灣，儘管暫時進口的僅是初階酒款，卻已經培養出一小群忠誠愛好者。《修·強生葡萄酒隨身寶典》的2012及2013年版對本莊評出3～4顆星的綜合評價，到了2014年版，則評為等級最高的四星酒莊。其實瑪麗愛德華的美酒早就攻占全美高級餐廳的酒單，目前僅有不到10%的出口量，最大出口市場是加拿大，在日本、香港、新加坡與台灣則有少量進口。

本莊的靈魂人物當然是女莊主瑪麗·愛德華（Merry Edwards），她是加州最受敬重的釀酒師之一，也是美國早期少數接受完整釀酒學訓練的女性釀酒人。常有人問她釀出的最佳酒款為何？她總回答：「還沒釀出來呢！」她與葡萄酒的不解之緣始自青澀之年。她回憶道：「在我青少年時期，我母親有本加州葡萄酒諮詢委員會出版的食譜書，每道食譜裡都有葡萄酒為食材，所以我開始以葡萄酒做菜。」

之後，瑪麗也烘焙麵包、與酵母為伍，甚至還自釀啤酒；對她而言，釀造啤酒只是製作麵包的延伸，再自然不過。好奇心旺盛的她，之後買來《在家自釀葡萄酒》一書，開始嘗試釀造水果酒。1971年，瑪麗進入加州柏克萊大學的營養學系就讀，遇到當時正在加州大學戴維斯校區研讀葡萄酒釀造的Andy Quady（專釀甜酒的Quady酒莊家族成員），她才驚訝地明白，原來，學院殿堂裡有門釀酒學可供攻讀；不到一個月時間，瑪麗立刻轉學至戴維斯校區

女莊主瑪麗育有兩子，次子不幸於2006年早逝，未來本莊將推出以他為名的黑皮諾酒款：Warren's Hill Pinot Noir。

攻讀葡萄酒相關課程。1973年，她獲得食品科學暨釀酒學碩士學位，然而，同班的三位女同學當中，只有她後來成為釀酒師。

突破沙文氛圍

1970年代之際，多數研讀過釀酒相關學程的女性，在求職時，多被指派擔任實驗室分析員，釀酒重責依舊是男性沙文下的禁臠。也讓一心想要釀酒的瑪莉求職之途充滿荊棘。事實上，Merry是瑪麗的小名，正式寫法是Meredith，當時這主要是男子名。其時Schrameberg Vineyards的莊主Jack Davies（已

經去逝）在看過名為Meredith Edwards履歷後，便邀請「他」赴莊面談，但一得知這名Meredith竟是女兒身，便拒絕面試，遑論錄取。

幸運地在1974年時，瑪麗通了過甄選，成為Mount Eden Vineyards（位於Santa Cruz Mountains AVA）的釀酒師。然而，祕辛是該莊當時的釀酒師Dick Graff、酒莊面試人，以及兩人與瑪麗都共同認識的戴維斯校區Amerine教授，都是男同志，對瑪麗曾受沙文主義不公對待之求職經過更能感同身受，故而這群「非異性戀者」成為瑪麗得以進入酒界的關鍵推手。

瑪麗在Mount Eden Vineyards只釀了三個年份，便已贏得「加州葡萄酒界的明日之星」的封號。此外，瑪麗在1975年自Mount Eden的黑皮諾葡萄園裡遴選出最優良的植株，送到戴維斯校區經過熱處理以移除病毒，之後開始複製同一植株，這就是後來的UCD 37無性繁殖系，也稱為「瑪麗愛德華遴選」（Merry Edwards Selection）；這無性繁殖系也在俄羅斯河谷廣為葡萄農愛用。後來，她甚至去布根地的伯恩大學見習黑皮諾無性繁殖系的研究，並將所見所聞整理歸納，於1985年在戴維斯校區舉行該校有史以來首場「無性繁殖系研討會」，替加州酒界注入新觀念。

瑪麗在1970年代中，受到好友Joe Swan所釀的黑皮諾佳釀之感召，便多次北上去訪索諾瑪郡。後來在一位朋友提議在索諾瑪郡共設酒莊的想法下，她決定北遷，然而此計畫未及實現便胎死腹中。好在否極泰來，1977年Sandra McIver雇用瑪麗幫忙創建Matanzas Creek Winery，她在那釀過七個年份後，於1984年離開，專注在釀酒顧問的工作上。約在同時瑪莉

這些可控溫的開頂式不鏽鋼酒槽，除可用以發酵，也用於儲存與混調葡萄酒。

Coopersmith葡萄園土壤含砂量較多，所產的黑皮諾酒質也較為早熟。

也嘗試建立自己的小型酒莊Merry Vintners，然而1980年代末，葡萄酒業景氣不振，資金借貸方抽走銀根，迫使這小型家族事業在1989年壽終正寢。

本文所談的瑪麗愛德華酒莊成立於1997年，剛開始都以瑪麗所顧問之客戶的設備來釀酒，直到2006年，才在她擁有的Coopersmith Vineyard葡萄園旁正式建立酒莊總部與釀酒廠。本莊所有以及長期租用耕作的園區面積共有21.6公頃，紅、白酒的年均產量約2萬箱；每年在春、秋兩季推出酒款，郵購名單客人會最先收到酒款上市訊息，一般客人可以至酒莊的附設酒鋪買酒（可當場試酒），或者就近向高檔餐廳以及經銷商詢問。

瑪麗愛德華的葡萄園管理接近有機種植，也會自製天然肥料：將鄰居Gourmet Mushrooms（美國知名有機特色菇廠商）種植蕈菇用的橡木屑加以回收，再加上馬糞與葡萄皮渣製成。為了更加精準灌溉葡萄園（若有需要時），瑪麗並不像一般酒莊做法以探測土壤濕度來決定，而是以Pressure Bomb壓力機實測葡萄樹葉片內的濕度，更能精準預測所需滴灌的時機與水量。

乾冰釀法

本莊最賴以成名的酒款是一系列精采的黑皮諾紅酒，都以可控溫的開頂式不鏽鋼槽釀造。在正式進行酒精發酵前，會讓黑皮諾經過一段酵前低溫浸皮以萃酒色、以增香氣，在此階段中，酒莊會適量添入一些乾冰，除可降低溫度外，乾冰所釋放的二氧化碳可延緩酒精發酵產生，讓低溫浸皮更有效率地進行。另，依據各園區所使用的黑皮諾無性繁殖系之不同，瑪麗會看情況加入整串葡萄一同發酵：通常對已經適應加州環境而性狀略有改變的「傳統加州無性繁殖系」（如Joseph Swan Clone, Martini Clone），因它們的果粒較大，單寧較少，這時便會添入部分整串葡萄；至於單寧較豐的第戎無性繁殖系，則不需要整串、未去梗的葡萄加持。

本莊釀有多款單一葡萄園黑皮諾，都位在俄羅斯河谷產區內，共同特徵是酒色較深，果香熟美，口感溫柔多層次，皆內隱堅毅骨幹，所

瑪麗愛德華酒莊總愛在葡萄樹行列之前種植玫瑰，以前為預警病菌侵襲，現則以賞心悅目為主要考量。

2010年份的三款單一園黑皮諾（左至右）：Klopp Ranch Pinot Noir、Flax Vineyard Pinot Noir、Meredith Estate Vineyard Pinot Noir。

謂「酒如其人」。以下根據園區所在位置，由北而南介紹幾款重點品項：

Georganne Vineyard Pinot Noir：為自有葡萄園，園名取自瑪麗與丈夫的中間名（夫：George，瑪麗：Ann）結合而成；首年份為2009，園中的砂質壤土帶有不少礫石，無性繁殖系為UCD 37（種於2006年），葡萄樹雖年輕，但以2011年份而言，深紅寶石酒色中，釋有玫瑰花瓣、甘草與皮革等氣息，口感豐潤絲滑，酸度佳，以黑櫻桃、玫瑰花瓣與可樂氣息為主，非常迷人。

Flax Vineyard Pinot Noir：向Toby Flax租來的葡萄園（葡萄樹植於2002～2005年間），自2005年開始釀造，無性繁殖系Pommard 4非常適合種在俄羅斯河谷北端、較為溫暖的此區塊。鼻息具非常細膩引人的花香，伴有桑葚、甘草氣息，口感精緻柔美，帶有迷迭香、鼠尾草及肉豆蔻的多變辛香料，酸度極佳。是2010年份各園中，筆者評價最高的一款。

Olivet Lane Vineyard Pinot Noir：Olivet Lane為俄羅斯河谷裡最知名、樹齡最老的葡萄園（植於1973年），以黏土質壤土為主，混有不少礫石，無性繁殖系為Martini Clone，本莊

的首年份為1997年。氣韻凝縮芳美，以甜美草莓以及些微的紫羅蘭氣息為主，略帶皮革氣；口感極為豐潤脂滑，又如天鵝絨，不顯滯重，內藏扎實架構，尾韻帶些白胡椒與礦物質風味，儲存潛力佳（估計約20年上下）。

Klopp Ranch Pinot Noir：Klopp Ranch位於瑪麗稱為黃金三角的俄羅斯河谷中心地帶，氣候溫和，Goldridge砂質土壤提供了極佳的排水性。這塊租來的園區種有Dehlinger Clone、Joseph Swan Clone、Pommard Clone以及幾款第戎無性繁殖系，此園產果優良，果粒較小。酒色深紅，氣韻婉約芬芳，口感細膩，常帶有煙燻調與青苔涼馨，嘗來令人聯想到布根地的渥爾內（Volnay）酒村風格。

Coopersmith Vineyard Pinot Noir：本莊在1999年買下這座3.8公頃的蘋果園，在2001年夏天改植黑皮諾，園名取自瑪麗的丈夫Ken Coopersmith；原以Dijon 828無性繁殖系為主，

1. Russian River Valley Sauvignon Blanc（左）；Russian River Valley Olivet Lane Chardonnay（右）。
2. 以François Frères桶廠的橡木桶培養的2012 Coopersmith Vineyard Pinot Noir。
3. 本莊在園中設置貓頭鷹憩息用木箱，以物競天擇來控制在園裡作亂的鼠輩。

1

2

3

Gourmet Mushrooms是全美知名的有機特色菇廠商，是瑪麗愛德華酒莊鄰居，本莊回收該公司種植蕈菇用的橡木屑後，再製成有機肥料。

後發現水土不服，在2008年全改種UCD 37，獲致良好成果。此酒氣息芬芳帶勁，以黑櫻桃與黑莓為主，入口，柔滑豐潤且隱藏勁道，除黑櫻桃，還釋出白胡椒與可樂的暗示調性，由於葡萄藤尚年輕，潛力可期。

Meredith Estate Vineyard Pinot Noir：此園（9.6公頃）位於俄羅斯河谷南邊地區，購於1996年，植於1998年，夏日早晨多霧，因坡度較陡，葡萄樹行列間會種植草本植披以助水土保持。使用Joseph Swan Clone、UCD37與第戎無性繁殖系。鼻息深沉，聞有黑櫻桃、瀝青、香料與土壤等氣息。口感極為柔潤可口，還帶有青苔、雪松與煙燻調；然而較之其他幾款單一園黑皮諾，架構上似乎較不明晰。

除以上單一園，瑪麗愛德華也推出兩款自單一園降級、再混調各園而成的黑皮諾：Russian River Valley Pinot Noir、Sonoma Coast Pinot Noir。一般而言，單一園酒質勝過這兩款較初階的品項，然而在某些年份，筆者認為混調款甚至有超水準的表現：以2010年份來說，Russian River Valley Pinot Noir就勝過Meredith Estate Vineyard Pinot Noir與Coopersmith Vineyard Pinot Noir。

本莊白酒同樣不可忽視。較廣為人知、在餐飲通路大受歡迎的是Russian River Valley Sauvignon Blanc：雖以100% Sauvignon Blanc釀成，但可細分為主體的Sauvignon Blanc（來自35歲的成熟葡萄藤）與特殊無性繁殖系Sauvignon Musqué以及加州常見的Clone 1；啖有鳳梨乾、義大利乾酪、楊桃、黃色香瓜、萊姆、檸檬愛玉與佛手柑等風情，通常酒體腴潤，均衡佳，整體具深度，是物超所值的佳選。至於在2010年份首次推出的Russian River Valley Olivet Lane Chardonnay則風味柔美，質地精巧，酸度佳，帶有芹菜、鼠尾草與椵花花草茶氣韻，不同於主流加州夏多內，值得酒友關注。🍷

Merry Edwards Winery

2959 Gravenstein Hwy. North
Sebastopol, CA 95472
USA
Website: http://www.merryedwards.com

走自己的路
Hanzell Vineyards

有些酒莊即使低調，但酒款名滿天下（如 Kistler Vineyards）；另些酒莊不僅不愛出風頭，酒款也鮮少見到酒友討論；當然，不知名、酒也不怎樣的酒莊多如鄉野芒草，但位於索諾瑪谷地AVA的漢佐酒莊（Hanzell Vineyards）卻長期被熟識加州酒的行家視為瑰寶。年輕酒友不識漢佐，除歸咎於那帕與索諾瑪郡的後起之秀與新興酒莊過於喧鬧搶鏡，

也與漢佐規模較小、且七成年產量皆直接售給本莊會員有關。其出口量僅5%，主要市場為英國、加拿大與丹麥，香港與日本則有少量進口。

詹姆士・佐勒巴赫（James Zellerbach, 1892-1963）靠經營家族的Crown Zellerbach紙業公司致富。早年豐富的遊歐經歷，讓他戀上葡萄酒，便在1948年於索諾瑪市東邊的瑪雅卡瑪

本莊主體是在1957年依照布根地的梧玖堡附設的榨汁廠為範本所建，但在2000年左右因酒廠受TCA汙染（會致酒出現異味），已經改裝為酒莊博物館（裡頭可見到世界最早的溫控不鏽鋼酒槽），釀酒則在旁臨的新建廠區進行。

斯山脈的山腳，購下80公頃山坡地作為建莊基地。隨後美國艾森豪總統派其為美國駐義大利大使。任務期滿返美後，他在1953年於園中種下5.6公頃葡萄樹，分別是面積各半的夏多內與黑皮諾品種；之後在1957年依照布根地梧玖園裡的梧玖堡附設的榨汁釀酒廠為模範，設計出小一號的漢佐酒莊，此為正式創莊之始；莊名則以Zellerbach姓氏結合其妻漢娜（Hana）名字而成。可見在駐義經驗後，其最愛還是布根地，衷心想望能釀出與布根地並駕齊驅的美釀。

創下多項第一

今日，夏多內葡萄在加州酒鄉隨處可見，但當佐勒巴赫在1953年種下首批的2.8公頃時，全加州只有約20～40公頃夏多內，可見大使當時的遠見與勇氣。佐勒巴赫在1956年雇偉伯（Brad Webb, 1922-1999）成為創莊釀酒師，偉伯早期曾在E. & J. Gallo釀過酒，他走馬上任後，替本莊創下許多第一。

首先，偉伯在1957年發明溫控不鏽鋼發酵槽，使漢佐成為全世界首家使用它來發酵的酒莊；波爾多五大酒莊之一的歐布里雍堡

本莊園有北美洲現存最老的夏多內葡萄樹。

漢佐的地下培養酒窖在2003年建成，還設有一角落可讓訪客品酒。

（Château Haut-Brion）在參訪本莊後，才於1961年引進此設備，也是法國首家使用溫控不鏽鋼酒槽的酒莊；當時的加州酒莊主要使用紅木製作的大型木槽發酵。漢佐特別訂製的整排貼壁方形不鏽鋼槽，其實隔成十幾個獨立小槽，每槽容量為1噸，適合將園區畫為小區塊獨立釀造，之後可再依需要進行混調；這點即使在今日看來，都算是先進的觀念與做法，且為許多菁英酒莊所仿效。

此外，漢佐是首家以人工導入乳酸菌方式來觸發以及完成乳酸發酵者。當時偉伯是在22號發酵槽中篩選分離出編號ML34的乳酸菌株，

1. 本莊的夏多內無性繁殖系為Wenty Clone，特色是結果大小不一，就是英文所說的「母雞帶小雞」。

2. 鑽挖於山坡處的地下培養酒窖涼爽均溫，不需裝設冷氣，相對溼度在70%左右，是理想的培養酒質環境。

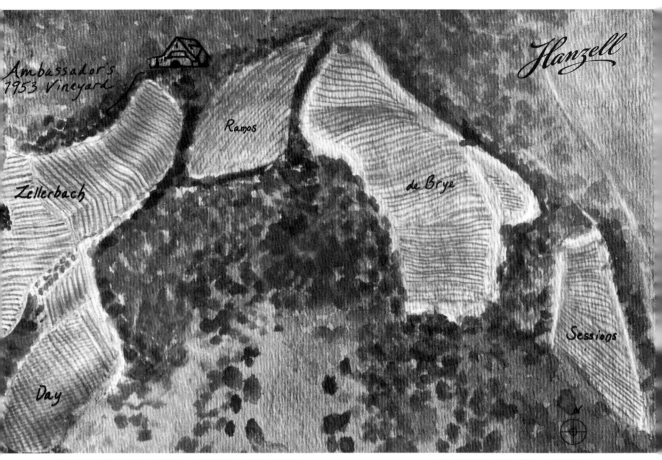

漢佐的六塊葡萄園都位在酒莊周圍，靠近酒莊的上端即是創始園區：Ambassador's 1953 Vineyard。本莊酒款相對於其他加州酒，顯得相當長壽。

並在21號槽中以此菌株觸發並完成黑皮諾的乳酸發酵，ML34也一直沿用至今。第三，本莊首創在裝瓶時使用惰性氣體，以防酒質過早氧化。第四，漢佐是首家100％以法國小型橡木桶進行酒質培養的加州酒莊：1957年時，本莊所擁有的法國橡木桶數量，大於全加州所有酒廠的總和！也因以上創新，當時漢佐可說是釀酒技術先進的指標，成為許多釀酒人參訪學習的麥加：義大利的傳奇歌雅（Gaja）酒莊莊主Angelo Gaja曾在1974年來訪（Angelo是在1970年正式掌莊）。

佐勒巴赫於1963年去世後，對酒莊經營、甚至是葡萄酒都沒興趣的漢娜（歿於1994年），便將所有在莊內已經裝瓶、連同還在橡木桶內的葡萄酒都賣給Barney Rhodes，此人又轉賣給Joe Heitz，最後由後者裝瓶貼標出售，此即1962 Heitz Cellar Pinot Noir Lot N-21以及1962 Heitz Cellar Chardonnay Lot C-22。接下來的1963與1964年份，本莊未產酒，葡萄都賣給他莊；1965年漢娜狠下心，將酒莊、葡萄園以及家族房舍全部賣給Douglas Day與妻子Mary，此後，漢娜終身未回訪本莊。Day家族持有漢佐十年後，又在1975年將本莊轉賣給芭芭拉·德布里（Barbara de Brye），她不幸逝於1991年，之後本莊便由其子亞歷山卓·德布里（Alexander de Brye, 1975-）繼承至今。

夕陽西下，筆者訪畢回程時，攝到Zellerbach葡萄園裡一群恣意閒晃兼覓食的美國野生火雞。

偉伯在1975年離開本莊，將釀酒師重任交給他曾在Mayacamas Vineyards酒莊的同事塞巽（Bob Sessions, 1932-2014）。塞巽在漢佐釀酒將近30年，後在2002年退休，被擢升為本莊的名譽釀酒師；在塞巽主導釀酒時期，漢佐的酒風被延續下來，且發揚光大，酒質優秀，成為愛酒人爭相收藏的珍品。然而，塞巽在退休後不久，便被診斷出阿茲海默症。其最後一任妻子，也是本莊總經理珍·阿諾（Jean Arnold）曾說，當他病發時，會失神地胡亂走在公路上，說是跟人在酒莊有約（但明明已退休）；有次珍回家時，還發現丈夫沒頭沒腦地將家裡草坪上的灑水器全部拔掉，她只能苦笑說：「因為Bob喜歡旱作！」的確，早期本莊並不施行灌溉，不過認知到乾旱無可避免，塞巽在1983年在園區裡設置滴灌系統，然而一直要到1996年才因旱情嚴重被迫施行灌溉。

走自己的路

漢佐建莊以來，一直有群鐵桿酒迷支持，使其有條件能「高踞山坡，不與世爭」。當1980年代起，加州夏多內必要香濃豔麗、黑皮諾必得強勁濃厚才稱為主流，才能成為販售保證，漢佐則一直如老僧入定，雲淡風輕地堅持走自己的路，傳承現下少見的均衡優雅、內斂自持、通透緊緻的酒風。隨時推演，園區與產量隨之擴大，但仍維持中、小規模：目前總種植面積為17.6公頃（黑皮諾占三分之一，夏多內為三分之二），年均產量約8,000箱。現任的總釀酒師麥可·馬克尼爾（Michael McNeille）在2008年接手釀務，麥可曾在南加州名莊Chalone Vineyard工作過，認為其職責只在傳承原有酒格，不得強加其意志於本莊酒款。

本莊園區主要以黏土較多的紅色火山土為主，保水性較優，在此偏旱地區，是為優點，相較於南臨的卡內羅斯產區（Los Carneros AVA），這裡的生長季白天較為溫暖，夜晚卻也更加冷涼，還受到部分海洋性氣候調節（西邊有佩塔魯瑪陷落地形，南邊有聖帕布羅灣）使果實酸度不致喪失。園區最高處的海拔約在250公尺，現共分六塊葡萄園：Ambassador's 1953 Vineyard（創始園）、Zellerbach、Day（只有夏多內）、de Brye、Session（專種黑皮諾，坡度可達38度）、Ramos（只種夏多內）。

漢佐最早以夏多內聞名，風格也近似布根地，偏離一般加州型態；然而其早期釀法其實與布根地傳統有些根本的不同：絕大多數布根地白酒直接在小型橡木桶內發酵（本莊在不鏽鋼槽內發酵）、幾乎所有布根地白酒都經過乳酸發酵程序，以降低酸度與穩定酒質（本莊早期完全避免乳酸發酵）；相同處在於兩者都以法國小桶進行酒質培養。

與時俱進之下，目前本莊經典款白酒Hanzell Vineyards Chardonnay釀法如下：手工採收，經破皮後低溫浸皮至少2小時才進行榨汁，30%果汁在全新法國橡木桶內發酵，經乳酸發酵後在同桶中連同死酵母渣培養12個月，再移置不鏽鋼槽中靜置6個月；另70%則於不鏽鋼槽發酵，無乳酸發酵，在鋼槽中6個月後再移到法國舊桶內培養12個月；最後才將30%與70%混調成為最終酒款。

早期漢佐的黑皮諾酒質雖佳，但單寧萃取略多，年輕時不易品嘗，自1985年份起，塞巽微調後（應是將酵溫降低，但酵後浸皮時間拉長），愈釀愈佳，但這也與設備的演進脫不了關係：初期的去梗破皮機運作起來相對粗魯，

現有較為先進、對待葡萄更為溫柔的新機型引進，使得粗獷的梗、籽單寧不至於被導入酒中。

另外，從1980年代起，塞巽便開始實驗性地加入部分整串未去梗葡萄一同發酵黑皮諾，在1990年代以整串葡萄發酵的比例可高達25%，現在調整至5～10%；此做法可讓香氣更複雜飄逸，避去酒款年輕時，果香過於澎湃而單一地呈現。經典款紅酒Hanzell Vineyards Pinot Noir釀法如下：黑皮諾在不鏽鋼槽進行酒精與乳酸發酵後，於隔年春才入桶中培養約18個月（約50%新桶）；由於黑皮諾紅酒產量較低（年產僅一千多箱），只限會員購買。

本莊令人誇賞的酒質還與其無性繁殖系有關。不論是黑皮諾還是夏多內，因在本莊園區風土裡潛移默化既久，也微微地轉化出自有性狀，故目前皆稱為Hanzell Clones，也有他莊特來取其作為新植之用。不過，溯源之下，本莊的黑皮諾植株其實來自Mount Eden Vineyards酒莊，再之前則源自Paul Masson在十九世紀末取自布根地。

母雞帶小雞

夏多內則為Wenty Clone（即源自加州的Wenty Vineyards酒莊），其特色是結果大小不一，就是英文所說的「母雞帶小雞」（Hens and Chicks），或是法文的Millerandage。Wenty Clone果串本來就小，而一串當中還帶有許多「小雞」，於夏多內白酒的釀造其實是有好處的：果皮與果汁的對比提高，意味較高的果皮之酚類與芳香物質可以釀入酒裡；而「小雞」除常常無籽，也可能未完全成熟，也讓酒中常帶有較佳的酸度（這點在偏暖的加州尤其重要）。

筆者在紐西蘭採訪時，常見到夏多內的門多薩無性繁殖系（Mendoza Clone），外觀性狀一如Wenty Clone，老是有「母雞帶小雞」的特徵，我向麥可提到此點，他則回報我極有意思的資訊：「我有次在參加以Wenty Clone為主題的研討會時，一名記者說他已找到門多薩無性繁殖系的來源：就是Wenty Clone！」據此記者的假說，當初Wenty Clone先是傳布到阿根廷的門多薩產區，接著被輸往澳洲西部（當地稱它

這是本莊新設計、可移動的圓形不鏽鋼槽，與1957年原版（方形槽）同樣是1公噸容量，本莊稱此多功能酒槽為Tankitos。

左至右：Hanzell Vineyards Sebella Chardonnay、Hanzell Vineyards Chardonnay、Hanzell Vineyards Pinot Noir。酒莊建議本莊酒款需醒酒再喝，即使是Hanzell Vineyards Chardonnay都最好醒酒一小時再飲。此外，釀酒師稱Sebella Chardonnay為「帶有陽光氣息的夏布利」。

2007 Hanzell Vineyards Ambassador's 1953 Vineyard Pinot Noir。鑑於產量有限,此酒僅供會員購買。若讀者非會員,還是有機會在那帕谷的米其林三星餐廳The French Laundry酒單上見到芳蹤。

順位高齡。筆者再度向曾在Chalone工作過的麥可確認,他說:Chalone的1946 Block Pinot Noir已經在2000年拔除!

除以上所提經典款外,本莊也產二軍酒Sebella Chardonnay及Sebella Pinot Noir。另也在最佳年份推出Hanzell Vineyards Ambassador's 1953 Vineyard Chardonnay及Hanzell Vineyards Ambassador's 1953 Vineyard Pinot Noir(截至目前,僅在2003、2005、2007、2011與2012推出過)。這兩年首次推出的單一園酒款還包括:Hanzell de Brye Vineyard Chardonnay、Hanzell Ramos Vineyard Chardonnay、Hanzell Sessions Vineyard Pinot Noir以及Hanzell de Brye Vineyard Pinot Noir。然而除二軍酒外,其他都是「會員限定款」。

在芭芭拉‧德布里掌政時期,喜愛波爾多酒的她曾令員工在de Brye Vineyard種植以卡本內─蘇維濃為主的多款波爾多品種,酒莊也在1979～1992年推出過卡本內─蘇維濃紅酒,後因市場反應不佳,當時的酒莊管理委員會決定在1993年將這些波爾多品種嫁接為黑皮諾與夏多內。後來麥可有機會嘗到老年份的絕版卡本內─蘇維濃老酒,發現酒質絕佳,再因de Brye Vineyard有塊常染病的葡萄樹需要重植,所以在2012年,麥可又在園中新植了0.8公頃的波爾多品種,並預計在2019年推出久違的卡本內─蘇維濃酒款,且讓我們備杯以待。🍷

為Jin Jin),最後才引入紐西蘭,以Mendoza Clone之名,受到許多優質酒莊愛用。

關於漢佐,還有一項必提的重點:本莊植於1953年的黑皮諾與夏多內植株,是全北美洲現存、且仍繼續生產的該品種最老葡萄樹。不過,筆者在John Winthrop Haeger所寫的《北美洲黑皮諾》(*North American Pinot Noir*)一書讀到作者強調,Chalone酒莊有塊植於1946年的黑皮諾才是最長壽者,漢佐的黑皮諾乃第二

Hanzell Vineyards

18596 Lomita Avenue

Sonoma, CA 95476

USA

Website: http://www.hanzell.com

講述維多利亞州（Victoria）的各產區之前，需先介紹澳洲產區的劃分。相對於法國的法定產區（AOC、AOP），澳洲現在以「地理區標記」（Geographic Indications, GI）劃分。整個澳洲大陸先劃分成州，如維多利亞州、南澳洲（South Astralia）、新南威爾斯州（New South Wales）以及西澳洲（Western Australia）等8州。州之下，再劃分成大區（Zone），如維多利亞州下的菲利浦港大區（Port Phillip）；而菲利浦港大區下又可再詳細劃分成產區（Region），如亞拉谷（Yarra Valley）；各個產區下也有可能再劃到更細的副產區（Sub-region）。以上的州（8個）、大區（28個）、產區（63個）、副產區（14個）都屬於GI。

澳洲還有一個特殊的東南澳大區（South Eastern Australia），這個範圍超級大的大區包括全部的新南威爾斯州、全部的維多利亞州、全部的塔斯馬尼亞州（Tasmania）以及南澳洲和昆士蘭州（Queensland）裡所有種植葡萄的地方，在South Eastern Australia GI的地理區標記裡的葡萄都可以混調運用。此外，有時一個產區可能跨越不同的大區，如西澳洲的Peel Region就橫跨在Greater Perth Zone以及Central Western Australia Zone之間。

本文的主角維多利亞州，共有6個大區，之

摩寧頓半島上，Rosebud村落附近的海灘上，海鷗迎向夏季傍晚的涼爽微風，讓風順毛，愜意極了。

摩寧頓半島上的Port Phillip Estate酒莊葡萄園旁，蓋有生態水塘，以益生態多樣性的促進。

下涵括20個產區如下：

菲利浦港大區（Port Phillip）：有亞拉谷（知名酒莊包括Yarra Yarra等）、摩寧頓半島（Mornington Peninsula，知名酒莊包括Red Hill Estate等）、Geelong（知名酒莊包括By Farr與Curlewis Winery等）、馬其頓山脈（Macedon Ranges，知名酒莊包括Bindi等）以及Sunbury（知名酒莊包括Wildwood等）五個產區。

中維多利亞大區（Central Victoria）：有Bendigo（知名酒莊包括Bress等）、Goulburn Valley & Nagambie Lakes（知名酒莊包括Mitchelton等）、Heathcote（知名酒莊包括Jasper Hill等）、Strathbogie Ranges（知名酒莊包括Maygars Hill Winery等）以及Upper Goulburn（知名酒莊包括Delatite等）五個產區。

東北維多利亞大區（North East Victoria）：有Rutherglen（知名酒莊包括All Saints Estate等）、King Valley（知名酒莊僅有Brown Brothers）、Alpine Valleys（知名酒莊包括Annapurna Estate等）、畢奇沃斯（Beechworth，知名酒莊包括Castagna Vineyard等）以及Glenrowan（知名酒莊包括Baileys of Glenrowan等）五個產區。

西維多利亞大區（Western Victoria）：有Grampians（知名酒莊包括Best's Wines等）、Pyrenees（知名酒莊包括Summerfield等）以及Henty（知名酒莊包括Crawford River Wines）三個產區。

吉普斯蘭大區（Gippsland）：未再分產區，知名酒莊有Bass Phillip等。

西北維多利亞大區（North West Victoria）：有Murray Darling（知名酒莊包括Deakin Estate等）以及Swan Hill（知名酒莊包

畢奇沃斯產區最早以淘金聞名,同名小鎮現今依舊相對富庶且悠閒;圖為歷史悠久的小鎮郵局。此外鎮旁的海外華人古墓園也值得前訪。

括Bullers Beverford等)兩個產區。

維多利亞州產區概況

　　相對於澳洲其他地區,維多利亞州與首府墨爾本(Melbourne)常被認為是最歐洲化的地方,這裡因位於南方,且靠近海洋,使氣候更為冷涼,加上地形起伏多變,都讓維多利亞成為全澳洲最具多元變化的葡萄酒產區;加以較歐化的地區文化特色,也讓本州有最多實踐歐洲釀酒理念的小酒莊。事實上,維多利亞州面積雖不大,卻擁有澳洲最多的葡萄酒產區與酒莊。以產量而言,西臨的南澳洲要大得多。另,以葡萄園所覆蓋的總體占比而言,維多利亞也勝過其他州,算是種植密度最高者。

　　十九世紀末,葡萄酒業與淘金業在本州扎根,金礦已是過往雲煙,幸而葡萄酒業一直延續至今。不過,1875年時葡萄根瘤蚜蟲病侵襲Geelong產區(墨爾本西邊不遠),而後到了十九世紀末,此疾已經往北攻占至Rutherglen。本州在此後幾十年才重植、復興了葡萄酒業。

　　靠近墨爾本的南部海岸區涼爽多雨,氣候甚至比法國布根地更寒冷;愈往北、愈往內陸走,就愈乾燥愈炎熱。在西北維多利亞大區的Swan Hill和Murray Darling產區已幾近莽原,必須施以人工灌溉,主要是廉價葡萄酒的天下。Swan Hill與Murray Darling其實部分位於維多利亞州、部分位在新南威爾斯州,不過較多酒廠位於前者。

　　在眾多環境殊異的產區中,以菲利浦港大區中,氣候較為寒冷的亞拉谷、摩寧頓半島、Geelong、馬其頓山脈以及Sunbury產區最為特別。這些產區主要生產清爽、酸度可口的氣泡酒,柔和多果味的黑皮諾紅酒,均衡、酸度佳且少橡木桶味的夏多內白酒,還有高雅且帶適

馬其頓山脈產區裡的懸岩風景區（Hanging Rock），海拔最高處超過700公尺，可眺望部分產區的葡萄園（如遠景山坡上的綠塊地帶）。

恰酸度的卡本內─蘇維濃及希哈紅酒等，都極精采，且不同於南澳洲的「陽光情調」，呈現出更為均衡細緻、適合佐餐的風格。

以下僅介紹與本章相關酒莊之所在地的產區（吉普斯蘭則在相關酒莊章節介紹）。

菲利浦港大區中的**摩寧頓半島**產區位於墨爾本南邊，顧名思義為一半島地形，周圍環海，氣候更加寒冷。因靠近大城墨爾本，使得摩寧頓半島成為墨城市民假日的最佳去處，也因此，這裡的地價逐年攀升。幸好，雖然半島的村鎮範圍漸次擴大，但多位於海岸邊，半島海拔較高的中心地帶依舊主要由葡萄園所覆蓋。本產區以小農制為主（此地三分之二酒莊的擁園面積不到4公頃），尚看不到太多釀酒大集團與簽約代釀酒廠進駐；為與大城文化接軌，許多酒莊也附設葡萄酒專賣店、美食餐廳，甚至藝廊。這裡多風，陽光不少，冬、春兩季則

多雨。愈是乾燥溫暖，年份愈佳。半島的精采酒莊包括Kooyong、Moorooduc Estate、Port Phillip Estate等等。最重要的品種為黑皮諾，其次為夏多內與希哈，灰皮諾（Pinot Gris）也開始流行。

墨爾本東北郊區的**亞拉谷**乃本州最早種植葡萄且最知名的葡萄酒產區，氣候寒冷，因此可釀出均衡、果味豐沛的高品質黑皮諾（通常偏布根地的伯恩丘風格），夏多內也相當均衡優雅（現多不經乳酸發酵，以維持清新口感）；卡本內─蘇維濃及希哈不像巴羅沙谷（Barossa Valley）那般濃厚，卻更加高雅，且儲存潛力也極好，均有歐洲風格（神似梅多克以及北隆河），現也流行將小比例的維歐尼耶白葡萄加入希哈一同發酵。亞拉谷的麗絲玲（Riesling）和白蘇維濃也相當可口迷人；亞拉谷還是澳洲最佳的氣泡酒產區之一。亞拉谷

Port Phillip Estate酒莊裡附設的現代舒適品酒吧，附設餐廳水準極高，景觀一流，不可錯過。

1. 南吉普斯蘭區的威爾遜岬國家公園（Wilsons Promontory National Park）的風景時而奇巧壯美，時而秀麗寧靜，遊人必賞。

2. 畢奇沃斯產區裡的最佳酒莊便是Giaconda，此為莊主的私人窖藏，珍藏包括Domenico Clerico在內的世界名釀。

雖小，風格多樣。

亞拉谷的1月均溫（南半球的夏季）只有攝氏19.4度，其實比布根地以及波爾多都還低。澳洲知名葡萄酒作家哈樂戴（James Halliday）在1985年所建立的Coldstream Hills酒莊就位在本產區，但在1996年本莊又賣給Southcorp集團（現屬Treasury Wine Estates集團），作家本人目前擔任酒莊顧問一職。其他精采酒莊還包括De Bortoli、Yarra Yering以及TarraWarra Estate等等。最重要的葡萄品種為黑皮諾與夏多內。

位於東北維多利亞大區裡的**畢奇沃斯**在十九世紀時曾有輝煌歷史：1891年時本產區曾有70公頃葡萄園，到了1916年只剩下2公頃，直到1982年里克·欽茲布魯勒（Rick Kinzbrunner）建立Giaconda酒莊，重新為本區設立新的標竿典範，才讓畢奇沃斯這個規模不大的產區重新為愛酒人重視，哈樂戴認為未來十年，本區地位將益形重要。除Giaconda外，Castagna

Vineyard則釀出了頗具野心的希哈紅酒。Sorrenberg酒莊除了夏多內品質優良，其加美（Gamay）紅酒（有摻入10%黑皮諾）其實才是本莊的旗艦酒款，可謂澳洲最佳的加美紅酒。

馬其頓山脈產區同樣屬菲利浦港大區，自墨爾本往西北方向開車約1小時可以抵達。這裡是澳洲大陸最冷涼的產區，好處是可釀出冷涼風格的夏多內、黑皮諾以及氣泡酒，但強勁的冷風與春霜也常讓酒農感到棘手。自1860年起已有些小規模酒莊進駐，但到了1916年時，卻又完全消失（應是葡萄根瘤蚜蟲病所致）；直到1968年墨爾本廚師Tom Lazar在此整地、建立Virgin Hills酒莊，才逐漸領導馬其頓山脈恢復釀酒生機，目前最佳酒莊除Bindi外，還有Curly Flat與Granite Hills等。🍷

半島雙傑
Kooyong & Port Phillip Estate

幾年前，澳洲Shaw+Smith酒莊的品牌大使David LeMire葡萄酒大師（MW）訪台時，我除詢問紐西蘭坎特布里（Canterbury）產區值得採訪的酒莊外，也問維多利亞州必訪酒莊，他不假思索掏出口袋名單：「Kooyong！」隔年在台北舉行的Australian Wine Tasting酒展上，剛好負責推廣昆陽（Kooyong）的澳洲仲介也來擺攤，讓品嘗該莊酒款成為我去展的首要重點（不過很顯然，台灣酒友多不識昆陽，攤上人影寥落），當時酒攤上只品到部分基礎款與經典款，但平均酒質與風格已足夠說服我親身去訪，更何況，單一園應該更誘人吧！

澳洲葡萄酒作家哈樂戴在所著的《澳洲酒購酒指南》（*Australian Wine Companion*）中每年會選出一家「年度最佳酒莊」列於書的前幾頁，以資表揚；該書2012年版卻出奇地選出「年度最佳雙酒莊」：昆陽與菲利浦港酒莊

Port Phillip Estate酒莊的附設酒吧外觀與觀景露臺。

Port Phillip Estate酒莊葡萄園裡設有生態池，有助過濾廢水為可灌溉用水源；還可見到野生水鴨三兩成群漫步其中。

（Port Phillip Estate）。其實，這兩家酒莊相距不遠，皆位於菲利浦港大區中的摩寧頓半島產區，不僅老闆與釀酒師相同，酒質也同樣高超，故破例有此「年度最佳雙胞胎酒莊」的特例。筆者本是為昆陽而去，但品嘗一系列酒款後，發現兩莊酒質幾乎不分軒輊，故一併寫入。

白手起家，坐擁雙傑

喬治歐・傑基亞（Giorgio Gjergia）生於義大利杜林（Torino），年輕時覺得義大利擁擠、缺創業機會，便在1950年代隻身輾轉移民至澳洲。在電子業打滾幾年後，創立Atco公司，以省電照明變電設備賺得雄厚財力（香港新機場與新加坡機場的照明都由該公司吃下），他在1990年代末期退休後，興起酒莊園

主夢，先在2000年購得菲利浦港酒莊，後於2004年買下昆陽，正式成為兩莊擁有人。採訪時，他憶及1990年代初常來台灣做生意，說那時的台灣人只喝干邑，還稱干邑為「冷茶」（Cold tea，的確有點像中餐館供應的熱茶茶湯顏色），又說他的兩位台灣大老闆客戶還因為喝太多「冷茶」，得肝病去世了。接著，傑基亞狐疑問：「台灣人也喝葡萄酒？」我答：「當然，現在年輕人不愛喝Cold tea了，反而愛喝Wine……」

摩寧頓半島因受海洋性氣候影響，氣候型態相對不穩定，管理兩莊的葡萄園管理師史提夫（Steve）說他自小長在半島上，常覺得半島的一天有四季，還補充說去年11月遇到連續5天綿綿細雨，之後又大晴，氣溫達29～30度，再隔一日又迎來寒涼的大風大雨。島上濕氣較重，葡萄樹黴病也令人頭痛，然而其實位於墨

天氣好時，在酒莊露臺上可遠眺海景與港景。

左至右：Morillon Pinot Noir、Meres Pinot Noir、Haven Pinot Noir與Ferrous Pinot Noir。

爾本北邊的亞拉谷比起半島，顯得更溫暖也更濕，而東邊的吉普斯蘭大區的濕度也高過摩寧頓半島。

雖在十九世紀時，半島上就有種植葡萄樹的紀錄，但真正的現代釀酒史不過自30年前，故還是相當新興的產區，當然也還未有正式的副產區劃分。不過據當地習慣，一般約可粗分為海拔略低的下坡區（Down the Hill）與海拔略高的上坡區（Up the Hill），再細一點，可將上坡區分為面東與面西的兩區塊葡萄園。

昆陽的葡萄園區位在下坡區的120公尺海拔處。菲利浦港園區位在上坡區的160公尺海拔、朝東；本莊也認為「上坡朝東」的風土勝過「上坡朝西」，因為較炎熱年份的夏季西邊午陽常會炙傷葡萄串（如2009年。預防方法是在欲留的果串上方預留一些葉片遮陰）。史

提夫表示，摩寧頓半島上的偏濕冷年份，上坡區的酒莊需更加謹慎才能釀出好酒，至於乾燥年份則整個半島皆受惠（半島上夏季也不致過熱，1月夏季均溫都維持在攝氏19～20度上下）。

美食、美酒與美景

傑基亞買下菲利浦港後幾年，便開始大興土木，興建現代化酒莊：他請來曾經設計澳洲當代藝術中心（ACCA）的建築雙人組Wood/Marsh Architecture公司接手，以夯土建築技術打造出外表質材粗獷、造型流線的當代建築（於2009年11月落成）。此龐然建物隱身丘陵地景中，從道路上只能瞥見一角，以為是一樓高建築，其實有三層，且裡頭除釀酒廠，還

附設葡萄酒專賣鋪暨酒吧以及美食餐廳（筆者曾見證其美味，天氣好時還可遙望海景），至於同建物內的高檔旅店，我因阮囊羞澀，未及體驗。事實上，兩莊酒款的釀造都在昆陽莊內（只有釀造廠與小型辦公室）完成，菲利浦港莊內只有裝瓶設備與部分培養酒槽。不過訪客可在菲利浦港的酒鋪裡買到兩莊的所有酒款。

目前兩莊的釀酒師是桑多·摩賽雷（Sandro Mosele），他是義大利移民第二代，畢業自新南威爾斯州著名的Charles Sturt大學釀造學系。傑基亞在幾年前替其兩莊購入最先進的大型裝瓶機，成為半島上最專業且高效率的裝瓶線。既然機器所費不貲，桑多除替此兩莊釀酒，也需接單替其他同業裝瓶（採訪當日，他正幫亞拉谷內的Yarra Yering裝瓶）。不僅如此，具三頭六臂能力的桑多還以昆陽設備代釀他莊酒款，如位於北邊、較內陸地帶Heathcote產區的Greenstone，以及半島上的Scorpo酒莊的釀品都出自他手。

昆陽首植於1996，後又陸續增植四次，目前葡萄園面積達40公頃，表土較淺（僅10公分，以帶砂質與黏土的泥灰岩為主）且貧瘠，因而易於控制產量，然而也因保水性不佳，每年1月需要微量灌溉。菲利浦港種植於1987年，土層深、有不少紅色火山土（此區稱為Red Hill），混有當時火山噴出的拉班玄武岩，且因黏土較多，整體較為肥沃。兩莊的主要品種都是夏多內與黑皮諾，以有機農法耕作。

1. 現任莊主喬治歐·傑基亞在1990年代初常到台灣做生意。
2. 左至右：Farrago Chardonnay、Faultline Chardonnay。

1

2

對夏多內白酒的培養,釀酒師桑多・摩賽雷偏好Sirugue桶廠的製品,認為可帶出較多的礦物質風味。TTGL指法國Tronçais森林木料、緊密木紋、輕度燻烤桶。

然而兩者酒風的差異,其實與海拔關係較大,位於高處的菲利浦港所產酒質型態較為修長、礦物質風味較為突出,酸度更加突顯。昆陽的酒,酸度與均衡同樣一流,但酒體稍微豐潤,深度更優,若是紅酒則單寧也較為豐富。相對論之,兩莊酒質皆上乘(皆被列為《澳洲酒購酒指南》紅色五星最高等級),但昆陽在整體細究起來,還是略略居於上風。

除所提兩莊,其實桑多還釀有第三品牌Quartier:主要以外購葡萄加上少部分自有葡萄釀成,酒價較低,品質不差,物超所值。三個品牌相加,酒款達20多款,在此無法款款詳述,只挑重點講。菲利浦港酒莊的Estate

系列,共釀有Sauvignon Blanc、Chardonnay、Pinot Noir Rosé以及Pinot Noir四款,我品過夏多內以及黑皮諾,皆修長、緊緻,優質好酒。尤不能錯過的是其兩款單一園紅酒,首先是Single Vineyard Morillon Pinot Noir:以最老樹齡黑皮諾釀成,園中含有鐵、鎂礦物質以及風化玄武岩,氣韻芬芳深沉,口感絲滑雅致,尾韻以略帶鹹味的礦物質風味引人回味。另一款是Single Vineyard Serenne Shiraz:只在最佳年份推出的希哈品種紅酒,由酸度、礦物質、白胡椒風味、修長身段與精修的柔潤單寧來判斷,容我簡化稱其為「現代風格的艾米達吉紅酒」、「盲飲競賽的撒手鐧」。

Kooyong在澳洲原住民語指野禽棲息地，最初階款有三，分別是Beurrot Pinot Gris、Clonale Chardonnay與Massale Pinot Noir，都不是什麼偉大複雜的好酒，但不管飲酒資歷深淺，我想都會喜於其易飲、耐喝以及和食物為善的特質，這「素顏可親」的格調為筆者所欣賞。經典款的Estate Chardonnay與Estate Pinot Noir已經具有相當優秀的酒質，若與同價位的布根地酒款同場競技，至少也可平起平坐，某些年份甚而勝出。

五園爭輝

昆陽最引以為傲的還是其五款單一園美釀（其實只使用五個單一園裡頭的最佳區塊果實釀造），依酒質論，反是最物超所值者（較之布根地）。先看夏多內白酒，**Single Vineyard Farrago Chardonnay**：園區朝北，園中的沉積土以砂土與黏土為主，但最佳區塊通常位於黏土較多處，且因混有砂岩卵石，土色看來斑駁混雜（Farrago即混雜之意），其酒風格修長線性，精準純淨，礦物質風味極為凸顯（近似海風碘味），儲存潛力極佳。**Single Vineyard Faultline Chardonnay**：Faultline園中順著西南方向有條斷層帶，故名。這裡較少砂岩卵石，坡度較緩，所得夏多內通常較Farrago更加圓潤豐盛，但年輕時也較Farrago略微封閉，飽滿酒體中依舊有酸度與礦物質風味拉撐，餘韻綿長。

單一園黑皮諾有三款。**Single Vineyard Meres Pinot Noir**：Meres是小湖或小水漥之意，這裡實際指葡萄園四周有小水塘圍繞，故

Ferrous葡萄園裡的黑皮諾果串顯得小巧。園中有部分無性繁殖系為MV6，是十九世紀初時，前人自布根地的Clos de Vougeot葡萄園剪來，移至澳洲。

Kooyong酒莊的培養酒窖。

名。此園周圍無屏障，受風大，長勢以及產量得以降低，表層泥灰土較少，底層黏土偏多，砂岩卵石也不多，酒質在三園之中較早熟、酒色也相對略淺，然鼻韻典雅深沉，芳馨誘人魂魄，質地如緞柔美誘人。**Single Vineyard Haven Pinot Noir：** Haven意為避難所，這裡指此園周圍有樹林帶障護，免除強風吹掃，土質分為層次分明的泥灰岩上層以及黏土下層，間雜有砂岩卵石，酒風較Meres為雄性而穩重，渾厚且帶香料調。**Single Vineyard Ferrous Pinot Noir：** 此園坡度較Haven來得大，排水性較佳，受風偏多（因此產量自然地控制得宜），Ferrous意為含鐵、帶鐵之意，故而園中散布許多含鐵質小石塊，酒色通常是三者中最深，酒體最飽滿架構也最堅實，然而單寧質地仍舊圓潤絲滑，餘韻極長。

半島雙傑，年度最佳，典範必嘗。🍷

Kooyong & Port Phillip Estate

263 Red Hill Road
Red Hill South
Mornington Peninsula
Victoria, Australia
Website: www.portphillipestate.com.au

澳洲黑皮諾宗師
Bass Phillip

2013年的澳洲，希哈葡萄酒的產出量占所有品種總和的25%，而相對非主流的黑皮諾只占區區2%。實而，維多利亞州不乏優秀的黑皮諾釀造者，其中尤以吉普斯蘭大區（之下未再分產區）裡的巴斯·菲利浦酒莊（Bass Phillip）最富盛名。簡而言之，一般酒界人士均認為本莊所釀黑皮諾乃全澳洲第一。

吉普斯蘭大區位於澳洲東南角，一般酒書會將其分為非正式的三個產區討論：西吉普斯蘭（West Gippsland）、東吉普斯蘭（East Gippsland）與南吉普斯蘭（South Gippsland）。巴斯·菲利浦便位於南吉普斯蘭，這裡歷來以養殖乳牛、產出優質乳製品聞名全澳，但從未真正存在過葡萄酒文化，孰料本莊莊主菲利浦·瓊斯（Phillip Jones, 1946-）竟在1979年於南吉普斯蘭的里昂加達鎮（Leongatha）西南邊不遠處，趁當時乳、肉品市場不景氣，向當地人買下一塊4公頃牧地，緊接著於同年創莊、種植葡萄樹，成為當地首家創業的酒莊。

菲利浦認為整個吉普斯蘭大區，其實可依風土分為八個產區，然而據「地理區標記」

南吉普斯蘭的里昂加達鎮裡，最老的建築物就是郵政電報局（建於1887年）；本莊就位於此鎮西南邊不遠。

本莊莊名是合併當地兩位探險家的姓氏（George Bass及Arthur Phillip）來命名。巴斯·菲利浦酒莊的辦公室以及釀酒廠房相當簡單（甚至有些簡陋），卻釀出世界級酒質。

（GI）劃分規定，要能被劃為GI產區，則該區每年至少必須壓榨500公噸以上的葡萄才夠格；而吉普斯蘭地廣人稀（寬450公里，長150公里），酒莊與葡萄園的設立相當分散，故難以達成標準以成立更詳細的產區。

濕度生柔情

除布根地外，許多新世界產區現在也開始釀出品質優良、甚至優秀的黑皮諾紅酒，且多強調陽光充足、氣候乾燥、黴病不侵，卻具有較大的日夜溫差以保存葡萄以及成酒的酸度；然而，許多人都忘記了，黑皮諾這「難纏的美人」，既怕陰濕所帶來的病害，卻也需「保濕」，才足以展現此品種絕佳的細膩鼻息與婉約多變的口感。南吉普斯蘭的豐富雨量以及偏

濕涼的氣候，足以滋養出肥美牧草以飼乳牛、以製乳酪，但在菲利浦於此落地生根之前，誰會想來此種植釀酒葡萄，釀的還是最難搞的黑皮諾？

或許一半是誤打誤撞，一半是直覺導引，此地空氣裡的適切濕度，讓菲利浦版本的黑皮諾詮釋出完全不同於其他新世界同儕酒款的樣貌：顯得更芬芳、更細膩、更深沉、更耐喝、更有深度；最棒的是，即使酒齡年輕，卻總具有極為誘人、讓飲者欲罷不能、持續要酒的能耐。但其實創莊初期，黑皮諾並非釀酒重點。

踏入酒業之前，菲利浦曾擔任電信傳播公司的研究發展工程師，也做過管理顧問。此前，他喝得起、也最愛喝的是波爾多的二級酒莊Château Ducru-Beaucaillou，因而他創莊初始的願望，就是能夠釀出近似風格的波爾多類型酒

有些人覺得莊主菲利浦・瓊斯難搞，我卻覺得他不僅大方，且風趣幽默、有耐心。他還會講一點中文，像是「我很高興見到你！」

初拔除波爾多品種，專攻黑皮諾以及其他次要品種。

幾年下來，本莊園區總面積約有17公頃，共分四塊。在酒莊旁的創始園稱為Estate葡萄園（雖占地4公頃，其實只種了3公頃），酒莊後院的一小塊就名為The Backyard，在里昂加達鎮旁的那塊稱為Village（菲利浦認為里昂加達規模不大，較像村，故名），最後一塊是位於酒莊西方15公里的Issan（僅3公頃）。菲利浦的妻子是泰國籍眼科醫師，有此淵源，不難理解其實Issan園名源自泰國東北的伊桑地區。以最重要的Estate園而言，其氣候其實混合了海洋性氣候（離海僅15公里）與大陸型氣候（周遭有丘陵屏障，日夜溫差大），土壤則以細沙泥灰岩（深厚但粗鬆、排水佳）以及帶鐵質的火山岩土（礦物質含量豐富）為主。

菲利浦釀法傳統、無太多可大書特書之處，因他認為酒質的好壞，八成來自葡萄園。耕植偏向有機與自然動力農法（外購500與501配方）並用，但皆未申請認證。Estate葡萄園裡種有八款黑皮諾無性繁殖系，但以MV6為主。菲利浦認為風土條件對酒質與其風格的影響，要大於無性繁殖系的使用。由於這裡氣候近似布根地，故也採高密度種植，以讓樹株之間競爭養分，好限制每單位產量，且迫使樹根向下探尋礦物質養分。本莊多數地塊的每公頃種植密度為9,000株，布根地產區平均則約在10,000株左右。

款。所以創莊首年，他在酒莊旁的園區裡，主要種植的就是幾個波爾多左岸品種，此外還種了五行夏多內以及寥寥三行的黑皮諾。

但畢竟從未有人在此釀酒，誰知道要種什麼？幾年實驗下來，他發現需要改弦易轍：波爾多左岸主要品種的卡本內－蘇維濃在南吉普斯蘭水土不服、易患霜黴病、枝葉長勢過盛，且遲至5月底才會真正成熟，但4月底的晚秋雨水早已落下……。有鑑於此，只好在1980年代

有人稱菲利浦為「澳洲的亨利・佳葉（Henri Jayer，詳情請參見《頂級酒莊傳奇》）」，我不知道此比喻是否恰當，但佳葉的酒對菲利浦的品味形塑與指引具有指標性作用。1980年代初，菲利浦的三位好友共組進口公司，將佳葉的酒引進澳洲，四人每月吃飯喝酒聚會一

1

2

1. 此訪應是我品酒生涯的最巔峰經驗,不僅酒質無與倫比,莊主能開的好酒,都開來讓我嘗了。由於採訪時正屆採收前夕,有許多設備需要搬動,酒廠顯得頗為凌亂。

2. 本莊周遭的居民都是牛、羊養殖戶,且從不知道鄰居是受人景仰的釀酒大師。這裡的葡萄園不似澳洲其他地方,完全不需灌溉。

次，每隔幾個月就會品啖佳葉的紅酒，以Henri Jayer Richebourg而言，菲利浦就喝過多個年份。

筆者此次親訪本莊，所品紅、白酒超過20款（以2010、2011和2012年份為主），加上少量自購以及和酒友共享者一同算進來，經驗值幾近30款。以黑皮諾而言，我必須說，其平均酒質不僅澳洲稱王，也絕對可以與任何一家布根地酒莊平起平坐（你沒看錯，任何一家！）。澳洲作家艾倫（Max Allen）曾在書中指稱本莊在1990年代的酒質不穩，對此菲利浦並未否認，但首次公開對媒體（筆者）承認：他當時「帶狀皰疹」（台灣俗稱「皮蛇」）的老毛病復發，體虛病弱之際，又缺釀酒助理，因而給予在酒莊的實習生太多自主權，在未能全面照護釀酒程序之下，的確或許有些酒不應裝瓶⋯⋯。

巔峰之作

近幾年份，應是菲利浦的巔峰造極之作，讀者只要見到任何一瓶出自本莊的黑皮諾，都不應輕易放過。此外，法國北隆河名莊Chapoutier的莊主米歇爾·夏卜提耶（Michel Chapoutier），曾在1999年擔任墨爾本舉行的「維多利亞州葡萄酒競賽」（Concours des Vins de Victoria）評審，他當時品嘗到本莊的1997 Reserve Pinot Noir後，驚為天人，馬上向菲利浦提出合資計畫（很顯然，菲利浦當時並未答應）。米歇爾後來盲飲時，還將本莊的首年份1984 Estate Pinot Noir猜成布根地1979年份的Pommard Premier Cru紅酒；這讓菲利浦好生高興，也見證了巴斯·菲利浦的酒釀在早期就已經相當驚人。

本莊首個黑皮諾年份為1984，但並未商業上市。直至1991年才首賣本莊酒款，且一次就推出1985、1986、1987、1988以及1989五個年份，當時有觀察者評論：「他真的瘋了！」的確，要有莫大自信才敢在沒沒無名時，就一次推出五個年份，況且還是來自「南吉普斯蘭的黑皮諾」（完全無釀酒史可徵）！本莊在早期就將黑皮諾分為三個層級來貼標販售，從初階至高階分別為Estate、Premium與Reserve，這也是國際上最為人知的系列。

其實目前在澳洲較常見、產量最大的是Crown Prince Pinot Noir，它與Estate Pinot Noir基本上屬同一酒質層次，差別在於前者較為柔美，後者架構略強。Crown Prince（當初取名其實源自菲利浦對泰國王儲的恨鐵不成鋼）的首年份為1999，以Village園的果實釀成，雖屬初階酒款，但其實酒質優秀，以2011的冷涼年份而言（酒精度僅12.3%），清淡略濁的紅寶石酒色裡透出的迷人芳醇與層次，讓我想起布根地Leroy或是Dujac酒莊酒款，其均衡與細節其實勝過許多布根地一級園，甚至某些酒莊的特級園酒款，而這只是其最簡單的入門酒！

Premium以及Reserve Pinot Noir都釀自Estate園裡的特定最佳區塊，至於兩者風味，不在此多述，讀者可自行參見Jason's VINO網站的詳細筆記與評分，簡論之，此兩款高階酒的複雜度、濃郁度與柔勁當然就較之Crown Prince與Estate Pinot Noir更上一層。這些佳釀除獲益於得天獨厚的風土條件外，刻意的低產也是成功關鍵：Crown Prince每公頃產量在2,000～2,200公升，Estate Pinot Noir為2,000公升，而Premium與Reserve Pinot Noir則是1,600～2,000公升（低於布根地特級園Musigny的最高容許產量3,500公升許多！）。

左邊貼有金箔標籤（非真金）的小瓶裝是Reserve Pinot Noir，右二是Premium Pinot Noir，右一為Premium Chardonnay。

少見特別款

巴斯‧菲利浦也釀有幾樣黑皮諾特別款，通常僅供酒莊會員購買；且有時還與高檔餐廳的侍酒師一起混調出該餐廳的「量身訂作款」。以Issan葡萄園而言（每公頃產量僅1,000公升，與Château d'Yquem的低產相仿），果實通常用以當作「餐廳量身訂作款」的混調材料之一，混調後剩下的多餘酒液，才裝瓶成Issan單一園黑皮諾（以筆者所嘗過的2010 Issan Pinot Noir而言，酒質與Premium不相上下，極為傑出）。

菲利浦在少數年份曾推出Cuvée Rare黑皮諾（就其記憶所及，他曾用過三次Cuvée Rare的標法）。首先，Cuvée Rare一定釀自Premium或Reserve的葡萄園區塊，再者其風格與本莊經典的柔美深沉不同，才會如此裝瓶；也就是說Cuvée Rare其實指「風格與常年不同」，而非「珍稀」或「特佳」之意。以2001 Premium Pinot Noir Cuvée Rare為例，當年此酒單寧較為豐富扎實，有異慣常，故而裝瓶為Cuvée Rare。另一例子是2008 Reserve Pinot Noir Cuvée Rare，此酒酒精濃度異常地飆到14.5%（本莊黑皮諾極少超過13%），故經過較長的橡木桶培養（全新法國桶、27個月）。一般而言，Premium和Reserve只在全新桶裡培養16～19個月。

另外，菲利浦所推出的2006 Pinot Noir Cuvée 21也引起話題。表面上，本莊是在其第二十一個商業上市年份（首個商業年份是1985）推出感恩紀念款，但實情是2005～2006年之際，其帶狀皰疹再度嚴重復發，據他表示，他只剩平日四分之一的精力可以苟延殘喘，且有9個月期間完全喪失嗅、味覺，當時的釀酒助理又來

本莊的Estate葡萄園，有不少含鐵質的火山土經高溫後氧化為亞鐵（Fe2+），呈黑灰色。

來去去，致使有些園區管理程序應做卻未做，最後他丟掉了50%的不合格收成。鑑於收成量少，於是他決定將Estate、Issan以及Village園區的浩劫餘生果實，在釀造後，混調為Cuvée 21（此酒風格略微豐滿熟美）。Cuvée 21也是當年唯一以自家果實釀造的酒款，另一款2006 Belrose Pinot Noir是以長期簽約果農的葡萄所釀（但現已不釀Belrose酒款）。

如前所述，菲利浦與不少高檔餐廳合作密切，還與餐廳侍酒師共同混調「量身訂作款」，如他替新加坡的Iggy's餐廳推出過Bass Phillip Iggy's Pinot Noir。他也曾和有新加坡御廚之稱的郭文秀主廚配合密切，但似乎因收款不順，已停止與郭合作。應收帳款收不回來的情況也發生在雪梨的一家知名餐廳，因遲遲收不到帳款，菲利浦便將原要給餐廳的「量身訂作款」的那批酒扣下，刮下酒標，改以2010

Pinot Noir Cuvée 25為名推出上市。Cuvée 25以Estate、The Backyard、Village以及Issan四園酒液混調而成，不過Issan的比例較往常的餐廳混調款為高。

超高密度

酒莊後院那塊The Backyard葡萄園（約1公頃）最早種於2002年，且種植密度超高，達每公頃17,000株（應是世界上最高）。Backyard Pinot Noir的首年份為2007（2008以及2011因年份不佳未產），下個年份為2009。但自2010年份開始，此酒改名為Bin 17K, The Backyard（17K指種植密度）。菲利浦在2012 Pinot Noir Bin 17K, The Backyard的背標上標註有「The Flowers」字樣，因為他覺得此酒以極為芬芳的花香調為主，與香料調略重的Estate園不同。

不過，他之後覺得「The Flowers」的標法有些陳舊過時，以後不會再用。Bin 17K的酒質水準目前接近Premium Pinot Noir，但假以時日，將來或許會超越？

本莊還產有兩款夏多內：Estate Chardonnay與Premium Chardonnay，前者質優，後者以筆者嘗過三個年份（2009、2010、2011）的經驗判斷，可以等同於布根地優良酒莊的一級園白酒水平。此外，菲利浦的加美（種於1988年）品種紅酒近年也釀得極好，只是海外大概不易見到。其少量釀製的格烏茲塔明那（Gewürztraminer）白酒，相對於招牌黑皮諾，只能算是佳作。

大師菲利浦年近70，健康狀況不頂好，依舊每週工作7天，但截至目前還未有接班人（膝下無子），也不見有投資基金挹注，筆者深怕，大師與其美酒十來年後安在否？巴斯・菲利浦的傳奇還能再續？ 🍷

2

1. 本莊用以施行自然動力農法的動力流道器（Flow-form）。

2. 2012 Pinot Noir Bin 17K, The Backyard的背標上標有「The Flowers」字樣，因為莊主覺得此酒以極為芬芳的花香誘人沉醉。

Bass Phillip Wines

P. O. BOX 332

Leongatha VIC 3953

Australia

Tel: (+613) 5664 3341

Website: www.bassphillip.com

1

反璞歸真
Yarra Yering

亞拉谷植樹釀酒的傳統始自十九世紀中，所產葡萄酒除自用，多數外銷英國，然而榮景只維持至1920年代，當時人們不再貪戀曾經盛行一時的酒精強化甜酒，且肉品以及羊毛市場漲勢看俏，多數人開始放棄葡萄酒釀造：谷地裡的最後一個商業年份是1921年，之後亞拉谷酒業基本上偃旗息鼓、波瀾不興……，直到貝利・卡洛德斯博士（Dr. Bailey Carrodus）在1969年來到亞拉谷，建立了亞拉耶伶酒莊（Yarra Yering Vineyards），本產區的

現代釀酒進程才又再度啟動。本莊酒質優越，酒風獨樹一格，實為本區典範。

卡洛德斯年輕時，在紐西蘭首府威靈頓的維多利亞大學攻讀園藝學系，後曾任紐西蘭農業部的科學顧問，回到澳洲後，又在南澳洲羅斯沃希農業大學（Roseworthy Agricultural College）攻讀釀酒學（也曾在那授課過一段時間），最後於英國牛津大學獲得植物生理學博士（時值1965年）。於牛津攻讀期間，卡洛德斯愛上歐洲葡萄酒的優雅與複雜層次，還親訪

莊主卡洛德斯去世前，一年只開放2天售酒，現在除國定假日，每日開放。每人品酒費10澳幣，但若買酒，可自酒價中扣除。

本莊1980年代的Dry Red Wine No. 1與Dry Red Wine No. 2酒瓶與手繪酒標。

法國、西班牙、葡萄牙與義大利，以深化對葡萄酒的認識。

再度返澳，他接下墨爾本大學的教職，同時開始尋訪理想的釀酒地點，最後落腳在亞拉河南邊的一處緩坡地，並在1969年正式建莊，種下第一批葡萄樹。這塊風土寶地的特色在於：位在冷涼氣候區的較溫暖區塊。事實上，酒莊主建築旁種了不少無花果樹，筆者2月底採訪時，無花之果已然甜美可人。同時足見，本莊的坡段園區占地利之宜，不會有谷地平原常有的春霜問題。

勤儉持莊

博士終身未娶，也未有子嗣，但生前有紅粉知己Laurel Pascoe相伴（Laurel同時也有月桂葉之意）。當初博士不假他人，親繪酒標時（酒標數十年如一日，至今未變），便在其上繪有兩把月桂葉，以環護莊名簡寫的YY字樣，意在感念她的陪伴。不僅酒標極簡黑白，卡洛德斯所採購酒瓶也是最便宜的那種（重量輕、「瓶子屁股」平淺，且紅、白酒的瓶型皆同），他唯一不吝花錢的是高品質的軟木塞（畢竟這與酒質的保存直接相關）。

他建在釀酒廠旁的住家也極其簡單，甚至房內都未塗上水泥與水泥漆，直接讓灰色泥磚顯露在外，基本上就是陋室一間。博士不在意包裝與外貌，潛心釀酒而已，他甚至不太愛賣酒，一年僅開放2個銷售日；由於當地忠誠酒迷眾多，各酒款都是當日完銷。他的生活反璞歸真，酒格也不隨俗，專心的飲者都能啜出其酒釀的純真與美善，無花俏噴香的果味與桶味，以均衡深遠的韻味讓人惦記於心。

卡洛德斯於2008年9月因病去世，隨即由原先的釀酒助理Mark Haisma暫時接手，之後又再將釀酒重任交給博士生前花了近半年

1. 種於1969年的卡本內─蘇維濃老藤。

2. 截至目前,本莊園區依舊未遭根瘤蚜蟲侵害,因此,園區多處均設有告示牌,訪客未經允許不能擅自踏進園區。

時間親自訪談與盲飲測試的布里吉曼(Paul Bridgeman)。2009年8月,本莊轉賣給以Ed Peter為首的幾名投資者(他們也擁有位於巴羅沙的Kaesler酒莊)。2013年9月,布里吉曼也離開亞拉耶伶,去同產區的Levantine Hill酒莊釀酒,而接其職位的是來自獵人谷(Hunter Valley)的知名釀酒師莎拉‧克蘿伊(Sarah Crowe);接受筆者採訪的正是莎拉。

新時代,老精神

由新東家接手後,釀酒方式與酒質基本上沒有改變(以我所嘗到的2009 Dry Red Wine No. 1而言,與同款酒相較,酒質甚至勝過博士在世時的幾個年份)。較大的改變是博士的故居:經過粉刷與改裝後,現成為除重要節日之外,每週開放7天的酒款品嘗暨銷售室,這對

以往無緣購得本莊美釀的一般愛酒遊客而言，自是一大福音。

亞拉耶伶在逐年擴園後（在換新東家之前發生），現有葡萄園面積約30公頃，園區海拔在240～280公尺，主要朝北，以深厚的灰色粉沙泥灰岩為主，且散布許多史前時期因河川改道而留下的礫石，更有助排水性。本莊從不施行灌溉，基本上耕法接近有機。特殊的是，雖亞拉谷已有葡萄根瘤蚜蟲病現蹤，但截至目前，本莊園區依舊未受侵襲，且除最新種植的葡萄樹經過嫁接在美國砧木以防蚜蟲，絕大多數葡萄樹都直接種在土裡。也因此，園區多處都設有告示牌，敬告訪客未經允許請勿入園（鞋底可能黏有根瘤蚜蟲）。即便是本莊員工，在踏進園裡工作前，都須將腳上膠鞋浸泡消毒藥水30秒才能進入。

採收時，還是沿用博士時代的10公斤容量黑色小塑膠桶盛裝葡萄，以免壓損果實。近年倒是採購了一部新的去梗破皮機以及一部榨汁機，然而博士時代的老舊手工垂直式榨汁機還是續用，並添購了幾個不鏽鋼槽以利儲酒與混調作業。發酵時，除夏多內等白酒在小型橡木桶內發酵，所有紅酒都在當時博士設計的方形小木槽內進行（可裝500公斤葡萄，內襯有不鏽鋼底，外型看似舊時英國海運茶葉的木箱），每個小槽約可釀出兩個橡木桶的葡萄酒。當時會設計如此小容量的發酵槽，原因很簡單：方便卡洛德斯的「單兵釀酒作業」。此外，亞拉谷屬氣候涼爽的產區，故本莊不須在酒裡添加酸度。

一號與二號

博士在1973年推出首年份的Dry Red Wine No. 1與Dry Red Wine No. 2後，就以這兩款酒奠定善釀名聲；雖在1970年代的幾個年份，有揮發酸過高的情形，但畢竟是草創初期，些微閃失或難避免；但整體而言，無損其釀酒大師名聲。簡稱紅酒名稱為一號與二號，其實與博士節儉與怕麻煩的個性有關：此兩酒在早期的混調品種種類與比例還未成定論，他怕將來若須改標太麻煩，故以號碼命名。

Dry Red Wine No. 1產量最高，但每年也僅產約1,000箱，為波爾多型態混調酒。主要葡萄藤種於1969年，釀酒品種為65～85%的卡本內─蘇維濃，其他為比例不一的梅洛、馬爾貝克以及小維鐸；一號酒常帶有土壤、雪松、菸草、薄荷以及初凋玫瑰氣韻，整體沉靜優雅。Dry Red Wine No. 2混和了法國隆河谷地的幾個知名品種，但以希哈為主，釀酒品種約

本莊目前的釀酒師莎拉・克蘿伊；由其身後結果的無花果樹可以證明，本莊園區其實位在冷涼氣候區的較溫暖區塊；酒的熟度與酸度俱足。

為95～98%的希哈、小比例的維歐尼耶、馬姍（Marsanne）以及有些年份會加入微比例的慕維得爾；其實初期的二號酒甚至摻有小比例的黑皮諾。

酒莊網站資料雖寫明二號酒的各紅、白品種採取混釀方式（一同發酵），但根據莎拉細述，其實以維歐尼耶而言，酒莊會先採先釀（維歐尼耶較希哈早熟2～3星期），但會將釀造後的維歐尼耶皮渣冷凍，以待之後再置入發酵槽與希哈一同發酵；故而與法國隆河的羅第丘（Côte-Rôtie）產區採用新鮮紅、白葡萄一同釀造方式有些差異。另一款Underhill Shiraz以位於最西邊葡萄園的希哈葡萄釀成，由於土中的黏土含量高於Dry Red Wine No. 2園區，且以100%希哈釀造，因而相對於二號酒的雅致花香與柔美甜潤，Underhill Shiraz的勁道略強、黑莓與黑櫻桃風味更鮮明一點。

博士在1990年代，於本莊最南端、地勢最高處，種有Touriga Naçional、Tinta Cão、Tinta Amarela、Alvarelhao、Roriz與Sousão這幾種葡萄牙品種，之前都釀成波特酒類型的酒精強化甜酒（酒名為Potsorts，但酒質較為普通）；新東家接手後，改以同樣品種組成（以Touriga Naçional為主）釀造不甜版本的Dry Red Wine No. 3，這酒帶有墨水、黑莓果醬以及黑櫻桃氣息，整體氣韻甜美清鮮，綴有涼草味，適合搭配醬汁較重的燉菜或是年齡較老的羊酪，也可試試莊園級黑巧克力。

本莊也推出極少出口的黑皮諾紅酒Yarra Yering Pinot Noir：部分黑皮諾來自1969年種植的區塊，每年僅釀出300箱，其單寧絲滑，具備極好的酸度，飲來流暢風雅，有點像香料風味較為明顯的布根地伯恩區好酒。在2005年份首次推出的Agincourt紅酒，之前稱為「New Vineyard Dry Red Wine No. 1」，現正名為Agincourt，因為其實釀造所用的卡本內—蘇維

黑皮諾正在博士當初設計的方形小木槽內進行發酵。當時會設計如此小容量的發酵槽，原因很簡單：方便博士的一人釀酒作業。

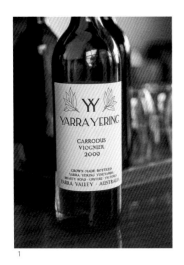

1　　2　　3

濃與梅洛來自另一區塊,與一號酒不同;酒質與一號酒其實相當接近,但酒價較便宜。

　　據《葡萄酒觀察家》雜誌的一篇報導,博士曾說過:「真正的葡萄酒是紅色且靜態的。」(Real wine is red and still.)然而,其實他也釀造白酒,當時或許只是戲言,但仍可看出紅酒才是他的最愛。以產量不到200箱的Yarra Yering Chardonnay來說,筆者曾飲過2010與2012兩年份,我曾寫筆記如下:「……口感圓潤、精巧而優雅,酸度圓融藏於其中,整體體纖合度,口感外圈有布根地的婉約,內核有新世界的甘熟果味……。」總之,可說是風格特出的精采夏多內(1980年代的風格更圓熟,多乾果味)。另,在2000年份後停釀,又於2011年復釀的Dry White Wine No. 1(波爾多類型白酒),風格精準,具可口的礦物質風味,也不可小覷,然產量僅一百多箱,需在酒莊購買。

　　本莊還在2009年推出前所未見的2007年份Carrodus頂級系列,是以最佳區塊的完美葡萄釀成,目前共有Carrodus Cabernet Merlot、Carrodus Merlot與Carrodus Viognier三款(都只釀1～2桶),筆者嘗過後者,發覺此維

1. Carrodus是博士去世後才新推出的頂級系列,Carrodus Viognier酒質極高,可與隆河的恭得里奧產區最佳白酒並駕齊驅。此外,本莊在少數年份也會推出以香檳法釀造的氣泡酒。

2. 2月底的卡本內一蘇維濃果粒已相當甜美,不過會等到約3月中才採收。至於葡萄牙品種更是遲至4月才採。本莊還以Barbera與內比歐露(Nebbiolo)品種釀造Barbiolo酒款,酒質同樣優秀。

3. 本莊目前使用來自18個桶廠的橡木桶培養葡萄酒。此外,新東家也在2010年買下南臨本莊的Warramate酒莊。Warramate的酒款現也由莎拉.克蘿伊釀造,其Warramate Black Label Shiraz相當物超所值。

歐尼耶品質極高,可與隆河谷地的恭得里奧(Condrieu)產區最佳白酒相較量,但酒價偏高。若博士仍在世,或許不會同意將最佳區塊的葡萄酒單獨裝瓶,再以高價售出?我首先想到的是,Dry Red Wine No. 1酒質會不會因此受影響?但以我年初所飲到的2009 Dry Red Wine No. 1看來,似乎是多慮了。🍷

Yarra Yering Vineyards

4 Briarty Road

Gruyere, VIC, 3770

Australia

Website: http://www.yarrayering.com

那山、那人、那酒
Giaconda Vineyard

畢奇沃斯鎮位於維多利亞州東北部，由墨爾本開車約3小時可抵，十九世紀中因淘金熱而崛起，當時也招來許多廣東福建沿海窮苦華人飄洋過海，以筋骨勞動與血汗換取黃金，只為來日能夠衣錦還鄉。然而，多數人返鄉落葉歸根的冀望落空，只得葬在本鎮旁的華人墓園裡。墓園如今保存完整，花木扶疏，甚至有兩座大金爐，被海外華人史研究專家譽為「最美的海外華人墓園」。同時，東北維多利亞大區裡的畢奇沃斯產區，也以同名小鎮為中心，在四周展開。

畢奇沃斯產區面積不大，雖在十九世紀末就有先驅設立葡萄園，但1916年時只剩2公頃，葡萄酒業基本上已經銷聲匿跡，直到史密斯（Pete Smith）在1978年種下現代酒業的首批葡萄樹後，畢奇沃斯的釀酒業才又見到重生契機。然而，真正在「世界葡萄酒地圖」上插旗，讓本產區發光發熱者，並非史密斯，而是本文主角賈康達酒莊（Giaconda Vineyard）。

里克·欽茲布魯勒（Rick Kinzbrunner）原是一位機械工程師，在1970年代初期開始愛上葡萄酒，接下來將近十年期間，他開始遊歷酒鄉、學習釀酒：里克曾在波爾多的Moueix集團下的多家酒堡實習，後至那帕谷的Stag's Leap Wine Cellars酒莊工作期間，還抽空到加州大學戴維斯校區研讀釀酒學分，最後才回到澳洲受Brown Brothers酒廠聘為釀酒助理（1980～1982）。Brown Brothers總部其實距離畢奇沃斯鎮僅20分鐘車程，里克因常常旅經本鎮，漸受此風光明媚的歷史小鎮所吸引。

本莊地下酒窖的入口大門，上頭可看到許多大塊花崗岩，葡萄園中也同樣有形體較小的花崗岩。

赤腳大師

一日，他朝小鎮西邊驅車前行，在9公里處突見一土地待售招牌，直覺地，他右轉看地，心想這面南的坡地至少是建立家園的好所在，釀酒或許也不錯，當下竟就簽約買地（時值1981年）。1982年他辭去Brown Brothers釀酒工作後，開始植下第一批葡萄樹（繼史密斯之後本區第二位種植者），此為正式建莊元年。里克當初建園既未蒐集當地雨量資訊，也從未進行土質探測，憑的僅是直覺。他在山頭400公尺海拔處建立簡單居家與酒窖，過著隱士般

以200公噸炸藥炸開的地下酒窖於2010年正式啟用；如此開鑿的恆溫恆濕石窖在澳洲尚不多見。

的生活，潛心釀酒幾年後下山，立刻以精湛酒質收服人心，成為一位釀酒大師。

筆者採訪當日，里克著短褲、赤腳迎接；在家裡與釀酒窖裡他似乎極少穿鞋，愛以雙足接地氣，只有到葡萄園裡（多石）以及地下培養酒窖（多濕），才勉強穿上。他解釋本莊釀法傳統，不用幫浦抽酒、不採溫控不鏽鋼槽釀酒（紅酒皆在圓柱形水泥槽發酵，白酒在小型橡木桶發酵）、不添外來酵母或乳酸菌、不過濾，以重力裝瓶，且皆在地下酒窖培養葡萄酒（以200公噸炸藥炸穿花崗岩層、挖掘整理的地下酒窖於2010年正式啟用）。問到莊名Giaconda緣由，里克指出他只將達文西的《蒙娜麗莎》畫像的義文La Gioconda更動一個字母，就成為Giaconda；他認為這名字有意思，且帶神祕感，還說：「總比叫Château Beechworth或Stony Creek這類無聊的名字來得好！」

經過幾年擴園，目前葡萄樹種植面積仍停留在少少的5公頃。葡萄園平均海拔約在400公尺，幾乎全部朝南，以避免陽光過度照射（澳洲在南半球），因而讓酒存有均衡酸度（此地通常涼爽的夜晚也有助）。因位於小谷地的斜坡上，通常鎮日有微風吹拂，對控制部分黴病有些助益。然而，對不需要潮濕天氣即可繁衍的粉孢菌而言，園裡的夏多內還是常遭侵襲，幸而現以二氧化硫即可達到控制效果。

地力滿檔

本莊葡萄園整體採近似有機方式種植，但未申請認證；雖有小規模實驗自然動力農法，但里克不準備進一步實施，因為此地土壤年紀可達6億年，也從未經人為開發（不似布根地在幾十年前曾遭農藥與化肥濫用），故現階段實不需要以此農法恢復地力。園區表土以花崗岩質泥灰岩為主，且散布有石塊與花崗岩，底下黏土層有助水分保濕。年均雨量約在700公釐，夏季溫暖而乾燥。絕大多數年份，本莊採行旱作，遇嚴重熱旱年，則會以滴灌法適度灌溉。由於整體土質不算肥沃，可有效控制每單位產量：每公頃約釀造3,200公升。

1. 採收在即，鳥襲香甜果粒算是不大也不小的災難；酒莊採用有定時裝置的空氣瓦斯槍，每15分鐘，會發出「砰、砰、砰」三聲以嚇走準備大快朵頤的鳥群。

2. 左至右為Yarra Valley & Beechworth Pinot Noir、Cabernet Sauvignon、Nebbiolo以及Warner Vineyard Shiraz。黑皮諾現全改為旋蓋裝瓶。

賈康達在1987年首次讓酒上市：當時釋出的是1986 Chardonnay以及1985 Cabernet Sauvignon（波爾多類型混調酒）。本莊釀酒多款，目前年產量約在35,000瓶左右，若是酒標上有Estate字樣（如Estate Chardonnay），則全以自有葡萄釀造，部分酒款則混有外購的葡萄（如Nantua Les Deux Chardonnay或是McClay Road Chardonnay）。近年來為了簡化產品線，以及為了專心釀造專精酒款，里克已將卡本內－蘇維濃以及胡姍（Roussanne）品種拔除，希望將來僅推出以自有葡萄釀造的四款酒：Estate Vineyard Chardonnay、Estate Vineyard Pinot Noir、Estate Vineyard Shiraz以及Estate Vineyard Nebbiolo。下節則介紹採訪時所品嘗、也是現下可買到的重點酒品。

最高列級常勝軍

多年來，本莊的Estate Vineyard Chardonnay長期被蘭頓澳洲葡萄酒分級（Langton's Classification of Australian Wine）列為最高的「Exceptional」等級（常列為同級的還包括Bass Phillip Reserve Pinot Noir與Penfolds Bin 95 Grange等他莊酒款），為葡萄酒蒐藏家必珍的品項。此夏多內風味飽滿強勁，卻又維持均衡與優雅於一身，實在難得；略熟一些的2010年份有布根地的高登－查理曼（Corton-Charlemange）特級園白酒的影子，略冷涼的2011年份則有緊緻架構與礦物質風情。它被視為澳洲最偉大的夏多內典範，不無道理。

當日所嘗到的黑皮諾為2012 Yarra Velley & Beechworth Pinot Noir，氣韻芳馥複雜（與每年均放30～60%的葡萄梗一同發酵不無關係），均衡雅致裡釋有乾燥玫瑰花與紅棗氣息，後段

Giaconda Estate Vineyard Chardonnay被視為澳洲最偉大的夏多內。

藏勁，有布根地玻瑪酒村最佳一級園酒款的風情，粗俗一點說，其酒質已可「打死一票布根地名酒」；從酒名可以看出，它混調了兩個產區酒液而成。自2014年份起，將推出Estate Pinot Noir。

本莊希哈紅酒酒質其實與夏多內不遑多讓，雖比夏多內晚了十多年才首次推出，而澳洲當然也不缺希哈名釀，但我認為本莊的版本絕對可列入全澳前幾名；在釀造時的酵後浸皮時間可長達4週。其Estate Vineyard Shiraz的園區朝西北（與其他品種區塊朝南不同），占地僅

0.8公頃，通常與微量維歐尼耶白葡萄一同發酵，風味甜美，單寧精修絲滑，或可以「現代風格的頂級隆河羅第丘」紅酒類比。另款以購來葡萄釀造的Warner Vineyard Shiraz，通常含有微量胡姍，整體風格近似隆河艾米達吉（Hermitage）的頂級紅酒，白胡椒與黑醋栗風味更為鮮明。

本莊的卡本內—蘇維濃其實釀得極為優秀，以筆者所嘗到的2012年份而言，基本上可與波爾多五大酒莊平起平坐（且價格只要五分之一），但里克卻在2012年將此品種拔除（改種夏多內與黑皮諾），使2012成為本莊最後一個卡本內—蘇維濃年份；莊主還說這應是他釀過

1. 莊主里克‧欽茲布魯勒為人誠懇低調，平常不愛穿鞋，我匿稱他「赤腳大師」。
2. 約再2星期便可採收的希哈葡萄。

本莊園區平均海拔約在400公尺，且朝南，故酒中常有適切可口的酸度。

最精采的卡本內，唉唉，真令筆者嘆息。這瓶2012 Cabernet Sauvignon當場沒喝完，我載它一同車旅240公里，三天後，除酸度與酒精感略明顯，整體酒質依舊極佳，潛力可見一斑。

內比歐露也是里克極為喜愛的品種，他多次去訪義大利西北的皮蒙區，向多位名家請益。里克自2008年開始釀造內比歐露（後來也釀造2009～2012幾個年份，此酒所釀自的園區名為Nantua（與Chapoutier酒廠合作的Ergo Sum Shiraz酒款也來自此園），他曾握有Nantua四分之一股權，但現已賣給姪子Peter Graham，以後也不再釀造此園的內比歐露。不過，2011年里克開始在畢奇沃斯鎮東北不遠處種下自有的內比歐露園區（園名為Red Hill），預計幾年後推出Estate Vineyard Nebbiolo。

以我所品啖的2008 Nebbiolo而論，此為我喝過除義大利名莊之外，最佳的內比歐露。事實上，此酒同樣與我車行240公里，第四天後再喝，還是狀態極佳。真是神釀！縱觀以上，里克實為全才型釀酒大師（試問，有誰能將夏多內、黑皮諾、希哈、卡本內─蘇維濃與內比歐露同時釀得如此精采偉大？）

賈康達酒莊40%的產量為網站會員直銷，40%賣給澳洲國內的餐飲通路、酒專與經銷商，20%用以出口（近年澳幣升值，出口量有降低趨勢）。此外，莊主育有兩子：大兒子Nathan（35歲）與小兒子Charles（16歲）。其中老大曾在倫敦從事金融業，但自2007年起已經全職在酒莊幫忙。展望本莊未來，前景一片光明。🍷

Giaconda Vineyard

30 McClay Rd
Everton Upper
Victoria 3678
Australia
Website: http://www.giaconda.com.au

第六脈輪釀酒
Bindi

馬其頓山脈產區屬菲利浦港大區，離東南方的墨爾本至多1小時車程，可說是澳洲大陸最冷涼的產區，常受強勢冷風吹襲，最重要的釀酒品種為夏多內與黑皮諾，不少酒莊也以此兩品種釀出精采的氣泡酒。目前最受矚目的高水準小型精品酒莊為位於吉斯本（Gisborne）鎮南邊不遠的彬迪酒莊（Bindi Winegrowers）。

莊名Bindi其實是印度額痣之意，傳統上用紅色硃砂點在眉間，這也是密宗修行與印度瑜伽裡，所提人體七輪脈（Chakra）裡的第六脈輪所在之處。第六脈輪又稱眉心輪、三眼輪，主掌人的洞察以及第六感，此氣輪和諧時，才能感受宇宙能量。取名如此印度風，與建莊的首任莊主比爾・迪隆（Bill Dhillon, 1937-2013）的出身有關：他出生於北印度農村，1958年途經馬來西亞移民到澳洲，後受教於遭受前蘇聯共產黨迫害、自立陶宛逃至澳洲的寇斯塔斯・林（Kostas Rind, 1909-1983）。寇斯塔斯・林不僅是數學暨物理系教授、比爾的精神導師，也是引其進入葡萄酒世界的金鑰；沒有他，就沒有今日的彬迪，也因此本莊幾乎所有酒標都印上寇斯塔斯・林的浮水印頭像。

比爾後來遇見家族自1853年便移民至此的蘇格蘭移民凱（Kaye），進而互許終身，生下麥可・迪隆（Michael Dhillon）。凱的父親Keith King在1956年買下一塊廣達170公頃的農地，比爾夫婦初始僅用來養羊，也在吉斯本鎮上

本莊位在墨爾本西北邊55公里處，是馬其頓山脈產區酒質最高者。

離開採日期約還有5星期之久的黑皮諾葡萄。

經營一家藝品店與壁球場以增加收入。偌大農場只撥少部分地塊做羊隻生意，顯然不符經濟效益，為增添附加價值，比爾於是想到植樹釀酒。

1970年代時，一位澳洲知名葡萄種植專家告訴比爾，謂其農場不適種植釀酒葡萄，他只好將計畫暫擱一旁。孰料，1980年代另一位專家的看法卻完全推翻先前意見：「此地風土絕佳，面北、土質排水性優良、位於高處、氣候涼爽，最適釀造夏多內與黑皮諾餐酒，或是極優良的氣泡酒！」以本莊目前的成就來看，我們都可以事後諸葛地說，確是寶地！

於是，比爾在1987年賣掉鎮上小生意，以所獲資金於隔年建立酒莊並種下首批葡萄樹。如前所述，整個農場面積有170公頃，其中有15公頃用於種植尤加利樹，可當作高級家具用木出售；葡萄園目前僅占6公頃，其他地塊不是野生林地就是當地特有原生草皮保護地。當地

官員告訴本莊，在維多利亞州已難找到未經破壞的原生草皮，故比爾與麥可父子都覺應替環保盡份心力，因而本莊觸目可及都是青蔥草皮地。

現在的6公頃葡萄園，分別是2公頃的夏多內與4公頃的黑皮諾。不過現任莊主麥可告訴筆者，適合種植優質釀酒葡萄的園地共有15公頃，扣除已有6公頃，以及目前正在擴增的另2公頃，看來以後留給後代的可耕面積僅剩7公頃。更精確一點說，葡萄園皆朝西北向，平均海拔在500公尺上下，園區表土以火山質土為主，各區塊還散布有或大或小或多或少的石英（Quartz）岩塊，這些地質特徵也替彬迪的酒帶來與生俱來的胎記：氣韻高雅，果香精純，架構精練修長，礦物質風味突出。

本莊首個夏多內年份為1991，當初是由釀酒師John Ellis所釀（他現為Hanging Rock酒莊技術總監）；而前幾個年份的黑皮諾則由釀酒顧

問Stuart Anderson指導釀造（他是優質精品酒莊Balgownie創辦人，也在波爾多釀過二十多年葡萄酒）。麥可對黑皮諾的認識與釀造多得自Stuart Anderson的啟蒙與引導，因而視他為釀酒導師。麥可早期的釀酒教育養成分為兩部分：一年中有半年跟隨大師在自莊釀酒，其餘半年則奔赴北半球各產區實習，足跡遍及香檳區、隆河、托斯卡尼與加州。其實麥可大學讀的是經濟系，釀酒全學自實作。

身為混血兒，長得俊俏的麥可常被暱稱為「年輕版的貓王」（雖現年47歲），他指出在彬迪的葡萄園區裡，要能長年釀出穩定且高品質的酒款是最大的挑戰，為克服此點，最佳策略便是降低每公頃產量，如此才不致在艱困年份裡對葡萄藤要求過分（既求質又求量）。為了更自然地降低每公頃產果量，正在新植的2公頃園區的每公頃種植密度將從原先的2,500株大幅提高到布根地優質酒莊水準的12,000株。本莊園區採有機與自然動力農法種植（麥可曾

去訪此農法代表人物Nicolas Joly），但皆未申請認證。幸運地，葡萄根瘤蚜蟲病還未在此現蹤。

少量多樣，酒迷鐵桿

1998年起，彬迪所有酒款都釀自麥可之手，且從2005年起的葡萄園管理工作也由其一手承擔。本莊釀酒多款，但款款皆僅幾百箱，總產量也只約2,000箱，可謂量少質精。約三分之二產量分給澳洲國內的直購客戶、高級葡萄酒專賣店與餐廳，其餘用以出口至十個國家（如日本、香港與新加坡，台灣還未有進口商）。若其產量更大些，彬迪的國際名氣應會更噪耳。

本莊的夏多內有兩款，初階款是Kostas Rind Chardonnay：此酒自2013年份起改名為Kostas Rind，之前稱為Composition Chardonnay；此外，改名前本莊所有酒款（除希哈品種紅酒與氣泡酒外）皆印有寇斯塔斯·林的浮水印頭

彬迪酒莊的培養酒窖相當簡單，因不位在地下，需開空調調控溫、濕度。

現任莊主麥可‧迪隆常被暱稱為「年輕版的貓王」。釀酒全學自實作,未進過釀酒學校。

本莊的農場占地共170公頃，目前葡萄種植面積只有6公頃。

像，自更名後，僅此酒有同名浮水印頭像。以前稱為Composition是因為該同名地塊土壤組成多樣，且酒液中又添加組合（Compose）有自高級款降級的酒以混調而成的關係。Kostas Rind Chardonnay釀自種於1988年的園區，在法國橡木桶進行酒精發酵（部分桶別添有人工選育酵母，20%新桶），期間會進行每週一次的攪桶，僅四分之一進行乳酸發酵，在橡木桶裡培養約11個月後裝瓶；雖是初階款，但架構精緻，後段含勁，不可等閒視之（平均年產量300～600箱）。

高階Quartz Chardonnay白酒，酒名不變，但酒標浮水印自2013年份起改為「Q」。因釀自植於1988年的夏多內葡萄園之上段區塊（約占地0.5公頃），土中含石英比例非常高，故名。釀法原則上同Kostas Rind Chardonnay，但橡木桶的培養期間更長，新桶比例也較高些（約

35%）。酒風基本上也接近前者，不過層次、細緻度與風味凝縮度都更加上乘，尤其是酒的龍骨架構部分更為精實緊緻（平均年產量僅僅150～250箱）。

最初階的黑皮諾是Composition Pinot Noir，但自2013年份起改名為Dixon Pinot Noir，以紀念麥可母親的娘家Dixon家族（自1853年便移民到吉斯本）；釀自種於1988年的Original Vineyard的降級葡萄，以及來自Block K的年輕樹藤，在橡木桶裡培養11個月，其中10～15%為新桶，即使是基礎款，但均衡與優雅一樣不欠，香料氣息較鮮明，算是有品味且超值的日常飲品（平均年產量500～700箱）。經典款的Original Vineyard Pinot Noir酒名照舊，但浮水印頭像改成麥可的外祖父Keith King，園區種於建莊的1988年，土中混有不少石英，釀造後在法國橡木桶培養15～17個月（25%新桶），

在2014春天所嘗到的1998 Block 5 Pinot Noir，酒質優越性不輸布根地名莊偉釀（平均年產量僅達150～200箱）。

本莊各區塊園區散布有或大或小或多或少的石英岩塊,這些地質特徵也替彬迪的酒帶來與生俱來的印記。

風格較之前者更為婉約細膩,以2013年份而言,隱約可啖見香波—蜜思妮紅酒的芳雅倩影(平均年產量300~450箱)。

潛力無限Block K

高階黑皮諾紅酒Block 5 Pinot Noir,酒名不改,但酒標浮水印頭像改為Stuart Anderson,葡萄植於1992年,僅約0.5公頃,地理位置屏障良好、朝北、石英石隨地可見,果香常見蔓越莓果乾風韻,也較前兩款黑皮諾更多香料與土壤氣息,也需較多陳年時間以揭櫫其潛力,在法國橡木桶培養15~17個月(35%新桶);以在2014春天所嘗到的1998年份而言,風味複雜與酒質優越性不輸布根地名莊偉釀(首年份為1997,平均年產量150~200箱)。Block K的黑皮諾種於2001年,年輕樹藤的果實用以混調Dixon Pinot Noir,較成熟的樹藤,自2009年份起用以釀造、推出Kaye Pinot Noir,或許鑑於

產量過小,酒莊官網目前未特別提及,這款以麥可母親命名的黑皮諾風格精緻優雅,品質基本上與Block 5 Pinot Noir同一層級(尤待來日葡萄藤真正成熟,風味更將卓然誘人)。

然而,或許本莊最物超所值的酒款是來自希斯考克產區(Heathcote)、以向好友購來的希哈葡萄所釀造的Pyrette Heathcote Shiraz:葡萄園位於Colbinabbin鎮附近的駱駝山脈(Mount Camel Range)上,園區位於涼爽高處、朝東、主要是多石的深厚紅色土壤,以木製大槽釀造,法國橡木桶培養(20%新桶),氣質均衡優雅,骨幹健全精練,以黑櫻桃、黑橄欖與紫羅蘭氣韻引人入勝,平均年產量在350~450箱左右(首年份為2001)。

其實,彬迪最「祕而不宣」的是其偶一為之的氣泡酒。之所以未成為常態酒品,只因其經濟效益不高:一般靜態紅、白酒只需約18個月就可裝瓶上市,本莊以費工香檳法釀造的氣泡酒(品種為夏多內與黑皮諾),常常會讓死酵母在瓶中培養至少5年、至多16年才進行「除渣」與「補液」,而得面市;且因市場能接受的價格不比其所釀紅、白餐酒更高,故而僅是「釀興趣的」。我幸運地在當地餐館點過一瓶Bindi Cuvée V(因第五次釀造氣泡酒而命名,包括八個年份的基酒),就經過10年瓶陳才除渣,我與酒友緩慢地品啖超過1小時後,發覺它真具有頂級香檳的架構與氣勢;只不過,酒友要親旅當地才得嘗了。🍷

Bindi Winegrowers

343 Melton Road
Gisborne
Victoria 3437
Australia
Website: http://www.bindiwines.com.au

IX

島嶼上的酒中風景
NEW ZEALAND Waiheke Island

奧克蘭（Auckland）是紐西蘭第一大城，位於北島最北端，風光明媚，氣候溫和，極適人居。懷赫科島（Waiheke Island）暨葡萄酒產區就位在奧克蘭東方17公里的豪拉基灣（Hauraki Gulf）裡，面積僅92平方公里（比香港本島稍大些）。懷赫科島上主要物資（建材、食材等）還需運自紐西蘭本島，離島上的居民或是觀光客也都需搭船往來奧克蘭；由於船程不遠（自奧克蘭的半月灣搭船約40～60分鐘可抵達），懷赫科也成為奧克蘭都市人暫時遠離塵囂的熱門度假勝地。

四面環海是懷赫科產區的風土關鍵，海洋同時扮演了「風扇」與「保溫絕緣體」的功效：不絕的海面微風讓仲夏的海島氣溫不致持續飆

除葡萄美酒，懷赫科沙灘柔細，海景秀麗，吸引許多慕名遊客。

高，也緩和了夜間降溫的速率。這表示葡萄樹
生長季時的島上均溫其實可與更炎熱的地區相
比擬，卻避去極端的高、低溫，這溫和穩定的
氣候也讓葡萄得以緩慢穩步地熟成至3、4月才
安然採收。整體而言，懷赫科比奧克蘭更加炎
熱與乾燥一些。

　　進一步比較懷赫科和其他產區：南澳洲的
寇那瓦拉（Coonawarra）產區實與懷赫科同緯
度，但高溫更高，平均溫度卻更低；加州那帕
谷則有類似的均溫，但雨量更低。法國北隆河
的艾米達吉產區具有相仿的均溫與雨量，但艾
米達吉的受風屬大陸型氣候（而非如懷赫科的
海洋型），故當生長季接近尾聲時，降溫較
快。不過，懷赫科的降雨型態常是短暫型暴
雨，故而選擇排水性佳的坡地葡萄園至關重
要。

　　另外，島上的土質主要是由久經風化的泥
岩（Argillite）構成。在逐步的風化過程中，
岩石的內裡組成大部分會轉化成富含礦物質的
黏土岩，外層則因熱與壓力產生質變而顯得堅
硬，也混雜許多鐵質與氧化錳。由於土壤肥沃
度不高、園區多位於山坡上，再加上葡萄樹開
花期，島上部分地區會受到西南邊吹來的強風
侵襲，故懷赫科的整體產量偏低。目前種植最
廣的品種是卡本內—蘇維濃與梅洛，卡本內—
弗朗以及馬爾貝克也相當常見。自2000年起，
希哈開始攻城掠地，也獲致不錯的釀酒成果，
比較小規模種植的新興品種則有灰皮諾、維歐
尼耶與蒙鐵布奇亞諾（Montepulciano）。

　　懷赫科島的葡萄酒產量占比不到紐西蘭總體
的1%，以全球葡萄酒出口銷售量而言，比例
也低於1%。目前葡萄園總面積約為220公頃，
分別由超過30家酒莊所有，故而除Cable Bay、
Goldwater、Man O' War之外，全數是小規模

懷赫科島的園區都位於山坡上，葡萄農於採收將近之際，趕緊蓋上
網罩以防鳥兒偷吃。

酒莊。比較知名的酒莊除前三家外，還包括
Obsidian、Passage Rock、Destiny Bay、石脊
（Stonyridge）與Te Whau，但以石脊酒莊水準
最高，將在後文詳介。🍷

世界盡頭的波爾多美酒
Stonyridge Vineyard

法國人慣稱紐西蘭島國為世界的盡頭,但他們大概難以料到奧克蘭的離島懷赫科島上,竟產有足以與最佳波爾多紅酒相匹敵的美釀:Stonyridge Larose。其釀造者石脊酒莊(Stonyridge Vineyard)不過建莊30年,能有如此成績,可謂一則傳奇。

Stonyridge Larose自首釀的1985年份以來,獲得許多殊榮,最新的重要美譽則來自澳洲知名葡萄酒雜誌《葡萄酒莊園》(*Winestate*)在2011年夏季號(7～8月)的〈卡本內—蘇維濃與波爾多混調酒款盲品〉專題裡,於387款紅酒中將2006 Stonyridge Larose評為5星級,與2007 Moss Wood Margaret River Cabernet Sauvignon等四款5星級澳洲紅酒並列第一。最令人驚訝與驚豔的是,同場競技的「波爾多五大」其中的三大酒莊酒款皆在評比中屈居下

懷赫科島上規模最大的酒莊是Man O' War,最佳酒莊則是石脊酒莊(Stonyridge Vineyard)。

酒莊附設餐廳Veranda Café的露天看台；本莊也種植13個品種的橄欖樹（如圖，共約150株），並推出量少質佳的初榨橄欖油。本莊另有Fallen Angle副牌系列，以購買的葡萄釀製一系列適宜搭餐的白酒與氣泡酒。

風，它們是：2006 Château Mouton（4星）、2007 Château Lafite（3.5星）與2006 Château Latour（4.5星）。

此次評比的評審都是澳洲人，或許有人會認為口感偏好影響了最終結果，不過，評審中還包括兩位遍嘗世界頂級佳釀的葡萄酒大師（Master of Wine）：Phil Reedman MW和David LeMire MW，故而頗具參考價值。以筆者尚稱有限的Stonyridge Larose品嘗經驗判斷，我支持以上看法，認為Stonyridge Larose酒質與波爾多五大酒莊相當，且酒價只要後者的三分之一到四分之一。

石脊酒莊的創莊者懷特（Stephen White）擁有紐西蘭林肯大學（Lincoln University）的園藝學系文憑，也是專業帆船好手，他在完成「惠布瑞特環航挑戰賽」（Whitbread Round

the World Race）後，在1982年回到紐西蘭建立本莊。此前三年，他曾在義大利與美國酒莊工作過：托斯卡尼的經驗讓他懷抱建莊、釀酒夢想；於「1976巴黎品酒會」（加州酒大勝法國酒）發生後不久的1979年，懷特躬逢其盛在加州學習釀酒，在當時加州酒業備受激勵的氣氛下，他心中更萌發了有為者亦若是的豪氣，才成就了今日眾家讚譽的石脊酒莊。

然而紐西蘭國土狹長，何處才是釀造世界級「波爾多混調酒」（Bordeaux blend）的應允之地？懷特曾考慮過北島中部東岸較為溫暖的霍克灣（Hawke's Bay），但思及身為奧克蘭人，加上叔父在懷赫科島上有幾方農田與牧場，他便對極為熟悉離島風土的叔父請益，加上多方走訪，終於選定現址為種植釀酒之地：園區位於懷赫科島中央偏西一點的歐內坦基谷

地（Onetangi Valley）裡，四周有丘陵與山坡屏障，尤其是葡萄園西邊的石脊山脈（酒莊命名來處）自北向南綿延障護，避除較濕涼的西南風來襲，使此地成為整個島上最炎熱與乾燥的釀酒寶地。

懷特年歲漸增，幾年前起已不再親自釀酒，僅盡督導之責，目前的釀酒師是曾在島上古德瓦特酒莊（Goldwater）釀酒多年的馬汀・皮克林（Martin Pickering）；建於1978年的古德瓦特是懷赫科現代釀酒史上的首家酒莊，晚4年

1. 莊主懷特近年已不再親自釀酒，只是監督與參與意見；身為瑜伽大師，他也在奧克蘭開班授徒。

2. 種於1982創莊元年的卡本內一蘇維濃。

Stonyridge Larose酒質極佳，可媲美波爾多五大酒莊；La rose為法文的玫瑰之意。

左到右：二軍酒Airfield（空域）、Pilgrim（朝聖者）、Luna Negra（黑月）；三款皆相當物超所值。

設立的本莊則是第二家。馬汀表示，30年前的懷赫科島上最著名的不是葡萄酒，而是嬉皮與非法種植的大麻，他還說曾經有警用直升機在扣押島上大麻種子時，不慎因麻布袋有破洞，讓種子在直升機起飛後，隨風飄揚，無端讓大麻更加廣布離島，春風吹又生。

現在大麻已經不見蹤影（或是種在隱密處？），取而代之的是無所不在的葡萄樹。然而，馬汀解釋許多島上後輩酒莊將葡萄樹種在可觀賞到無敵海景的山坡上，乃是正格大外行（因受風過多），唯有像石脊酒莊將園區（擁園8.5公頃）設在有丘陵環繞屏障的朝北地塊上才能釀出精采紅酒。本莊土壤以泥岩為主，富含鎂、錳與氧化鐵，其中鎂是葡萄葉裡的葉綠素之重要成分，有益光合作用形成。

石脊基本上採有機種植，但並未申請認證，從未使用殺蟲劑，且自1988年購入德國除草機後也同時停止使用除草劑，只在確有必要時才以硫或波爾多液對抗黴菌感染。本莊也不施肥，但會以石灰粉控制土壤酸鹼度（適當的酸鹼度讓植物更易吸收土壤裡的微量元素），以及用海藻液（Seaweed emulsion）灑在葡萄樹上讓開花更完整與順利。

鐵皮屋裡的硬頸精神

懷特當時並無建莊資金，除向父親借了點錢，也預計向銀行借貸。然而，如上所述，

身材曼妙、皮膚白皙的「稻草人」，與其說能趕鳥，倒不如說是葡萄園的裝置藝術。「她」身後種的是格那希品種。

當時的懷赫科島產得最多的是大麻，故銀行與農業部都對其建莊方案抱持懷疑而不肯借貸。直到人稱「飛行種植博士」（Flying vine-doctor）的司馬特（Richard Smart）博士自澳洲來到紐西蘭擔任政府任命的葡萄種植首長後，給予此計畫大力支持，銀行才順勢同意貸款。其實懷特當時的借貸金額並不高，此因當時離島的地價相當便宜，他只花了約4萬紐幣（約合新台幣100萬）買地。現在10公頃的懷赫科島土地便要價約200萬紐幣（約合新台幣5000萬），這與本島自1990年代中起成為新興度假勝地不無關係。

酒莊現址是一棟帶點托斯卡尼風情的三層樓房舍，培養酒窖就設於下方（不完全算是地下酒窖，需恆溫空調）。但建莊初期，懷特其實隻身住在離現址約400公尺遠的鐵皮屋車庫裡。沒水（需收集雨水，再手壓幫浦汲水）沒電的鐵皮屋隔成兩半，一半是餐廳、廚房（需砍柴來燒）與臥房，另一半就是釀酒所在，說

1. 泥岩外表看似堅硬，其實內裡粗鬆，沃性不好，但排水性佳，富含礦物質，種植釀酒葡萄正好。

2. 酒莊一角，法相並不莊嚴，悠閒而已。

是「車庫酒」（Vin de Garage）也不為過（有關車庫酒，請參看《頂級酒莊傳奇2》第227頁）。秉持硬頸精神建莊2年後（1984年），懷特動身到波爾多的Château Palmer與Château d'Angludet酒莊進行最後階段的訓練，接著在車庫裡釀出首年份的1985 Stonyridge Larose。但真正讓本莊成名的，是當時被譽為「全紐西蘭有史以來最佳紅酒」的1987 Stonyridge Larose。

Stonyridge Larose在釀酒品種的使用上相當

特殊,波爾多五個傳統品種全都用上,包括:卡本內—蘇維濃、梅洛、卡本內—弗朗、馬爾貝克以及小維鐸,應是全紐西蘭使用品種最多的波爾多品種混調酒,即使在今日的波爾多也相當罕見。手工採收後,去梗、破皮,在不鏽鋼槽發酵後,進行2週酵後浸皮萃取,乳酸發酵直接在小型橡木桶中進行,於法國與美國桶中培養12～16個月(50～60%新桶),偶爾進行黏合濾清,從不過濾便裝瓶。

根據馬汀說法,Stonyridge Larose最佳年份包括1987、1989、1990、1994、1996、1998、2000、2002、2004、2005、2006、2008、2010、2013。其酒質會因年份不同,風格介於波爾多的聖朱里安(St-Julien)與瑪歌(Margaux)之間。讀者除可就近向國內進口商或經銷商購買Stonyridge Larose外,若您真是此佳釀鐵桿酒迷,不妨試著登記成為酒莊的Larose VIP Club會員,除可享有預購資格(且酒價只要上市後一半價格),若到酒莊附設的景觀餐廳Veranda Café用餐(景色優美,餐點可口)還附贈兩杯本莊酒釀。不過即便是貴賓會員,酒莊也不保證年年可供給定量的Stonyridge Larose(1992年份無產,2003年份產量減半)。

懷特徹底師法波爾多,自1987年份起也開始以年輕樹藤和未達Stonyridge Larose高標的酒液來混調成二軍酒Airfield。二軍約占一軍產量的20～30%,主要以舊桶培養,通常水準頗高,也物超所值;以年份略差的2011 Airfield而言,口感圓潤絲滑,果香誘人,且以雪茄盒、鉛筆芯與礦物質風味堆砌層次,以優雅示人,值得推薦。若酒莊判斷部分酒質尚且不足二軍水平,就會以Faithful為名推出簡單易飲的三軍酒,不過三軍大抵很少出口。

本莊的卡本內—蘇維濃果串小巧,風味濃縮。

二十一世紀初本莊又導入兩款紅酒。Pilgrim首釀年份為2003,屬GSM類型紅酒(格那希、希哈、慕維得爾三品種混調酒),不過本莊通常還會添入極微量的仙梭(Cinsault)與維歐尼耶(與希哈一同混釀)。Pilgrim以幾近九成的希哈釀成,是紐西蘭首款GSM紅酒,平均年產量僅1,500瓶,具北隆河優雅風格(較明顯的白胡椒氣韻),酒質優秀,潛力佳。

另款Luna Negra紅酒是以100%馬爾貝克釀

自懷赫科島搭大型渡船抵達奧克蘭的乘客。

成，酒色深紫，故以黑月為酒名，首年份為2004，產量更低，年均產量在1,000瓶左右；酒莊形容品飲此酒就似「與古巴選美皇后一同動感地跳騷莎」；其園區位在酒莊以北更近海的Viña del Mar葡萄園，酒質令人驚豔，不輸頂尖的阿根廷同品種紅酒：除具豐潤果香與細緻絲滑的質地外，緊緻的架構更讓其顯得優雅高貴。

懷赫科島近年的葡萄酒觀光業經營得相當成功，除美酒外，酒莊附設的美食餐廳與近在眼前的柔細白潔沙灘也是吸引旅客的關鍵。英國《衛報》在2007年選出全球十大必訪酒莊，石

脊酒莊也名列其中，這或許與該莊也接辦企業會議場合，甚至提供婚宴舉行有關。如何，讀者在愛酒之餘，或許也幻想在此浪漫地點與愛人互訂終身？

註：本莊將自Viña del Mar園區釀產頂級夏多內白酒。

Stonyridge Vineyard

80 Onetangi Road
Waiheke Island,
New Zealand
Website: http://www.stonyridge.com

part X 何窮之有
NEW ZEALAND Gisborne

吉斯本（Gisborne）產區位於紐西蘭北島東北海岸，就位於貧窮灣（Poverty Bay）旁，以主要城市吉斯本命名，該市人口近5萬人。西元1769年10月，英國的庫克船長（Captain James Cook）在此首次登陸紐西蘭，不過最先探見陸地者是船員尼克（Young Nick），故現在的吉斯本海灘步道旁，除了庫克船長塑像，小夥子尼克發現新天地的興奮之情，也化成可流芳傳世的雕像。

據說當年庫克航經此處，欲上岸補給，卻與當地原住民發生衝突，他在盛怒下，認定此地一無是處，因而將其命為貧窮灣。實而，此地夏季溫暖，冬季溫和，處處沃土，農作物與果樹在此興盛勃發，一片欣欣向榮，何窮之有？本地也是全球每天首道曙光的照臨點，想當然，「千禧年第一道日光」的魅力也在當時吸

從吉斯本海灘望向貧窮灣，紐西蘭的許多木材都由此港口外銷國際。

引無數遊客聚此「沾光」。吉斯本港市位於三條河流匯流處（其中一條是紐國最短，只1.2公里），風光明媚，氣氛閒適，極適人居。

十九世紀中後期，聖母修會傳教士在此種下首株葡萄樹後不久，南下到霍克斯灣去了。之後葡萄酒業較重要的發展要自1960年代說起，當時Corbans與蒙大拿（Montana）兩大酒廠以高利誘惑農夫棄穀物與果樹，改種釀酒葡萄，因而吉斯本平原開始布滿葡萄園。吉斯本產區的強項在於，若年份較好（偏乾燥），則此地葡萄樹可大量產出品質不錯的果實以供釀酒（產量約是其他產區兩倍），故這裡也成為大廠的最愛。但缺點是採收季較易受到東方海面濕氣影響，降雨偏高（10～4月生長季的平均總雨量為524 mm），故易致枝葉長勢茂盛，果串增大，或遭黴菌侵襲，因此園區地點的選擇在吉斯本至關重要。

吉斯本目前是紐國第四大產酒區，占地約1,592公頃（約是全國5%的葡萄樹種植面積），以釀造白酒為主。目前種植最多的品種是夏多內，接著為灰皮諾與格烏茲塔明那。共分為九個次產區：Waipaoa、Ormond、Ormond Valley、Golden Slope、Central Valley、Riverpoint、Patutahui、Patutahui Plateau、Manutuke；以下簡介其中較重要的三區：

帕都塔依（Patutahui）：位於吉斯本市西北方。吉斯本約莫一半的葡萄園都集中在此，蒙大拿酒廠（現屬於Pernod Ricard NZ集團）在1990年代末在此大量擴園，規模之大讓當地人稱其為「蒙大拿之地」（Montanaland）。因位於西邊較內陸之處，氣候較為乾燥，土壤主要由黏土和粉沙構成，位於緩坡之上，排水性頗佳。

金坡（Golden Slope）：位於吉斯本市北

瑪奴都給次產區山坡園區熟美待摘的黑皮諾葡萄。

方。坡面雖朝西南（最理想為朝北），但因位於山坡上，排水性佳，底土為黏土，上層覆有20～30公分砂土，許多吉斯本最佳夏多內便出自此地。金坡取名應仿效自布根地的金丘（Côte d'Or）。

瑪奴都給（Manutuke）：位於吉斯本市西南方。繼聖母修會傳教士象徵性的葡萄樹種植後，奧地利移民Peter Guschka於十九世紀末在瑪奴都給經營酒莊，使此次產區成為吉斯本最早的葡萄種植區。在平原處較多粉沙，靠近山坡處多為黏土，坡度也帶來較佳的排水性；因離海不遠，炎熱的夏日得以因微微吹送的海風而得以調節。全吉斯本最佳酒莊米爾頓（Millton）便位於此，將在後頭詳介。🍷

醇釀貴在斷捨離
Millton Vineyards & Winery

吉斯本是紐西蘭水果之鄉，不僅出口優質的奇異果與蘋果，也從港灣外銷大量木材至中國大陸與韓國，它同時也是重要的葡萄酒之鄉。然而，要讀者例舉本區幾家知名酒廠卻是難事一件，因為這裡多數的葡萄農僅種葡萄賣給大廠釀酒，若遇對方因市場景氣而大砍購果量，葡萄農為生計故，只好見風轉舵改種其他食用水果。吉斯本產區裡真正百分之百自種、自釀、自銷的獨立酒莊僅有三家，分別是Vinoptima Estate、Kirkpatrick Estate以及米爾頓酒莊（Millton Vineyards & Winery）。其中又以米爾頓在酒質與聲望上具絕對領導地位，然

而，真正知道米爾頓之精采的亞洲飲者，很遺憾地，實在太少。

本莊莊主詹姆士‧米爾頓（James Millton）與妻子安妮（Annie）在年輕時曾周遊各國學習釀酒，其經驗包括波爾多的Maison Sichel酒商兼酒莊集團、Bollinger香檳廠以及在德國萊茵黑森（Reinhessen）產區的Weingut Kurstner的酒窖大師工作經驗。1980年兩人回到吉斯本，承接安妮父親在瑪奴都給次產區的Opou Vineyard以及位於河端（Riverpoint）次產區的Riverpoint Vineyard兩園，緊接著重植部分區塊，後在1984年於瑪奴都給的泰阿雷（Te

Clos de Ste Anne園區又分幾小塊，前景下坡處是La Bas（種植白梢楠），中坡處是Les Arbres（種植Viognier），最上坡看起來像一條綠絲帶的部分是The Crucible（種植希哈）。

Arai）河岸旁正式建立米爾頓酒莊。自1984
年起，其麗絲玲與白梢楠（Chenin Blanc）
品種白酒成為紐西蘭葡萄酒競賽的常勝軍，
後來於倫敦舉行的「國際葡萄酒挑戰賽」
（International Wine Challenge）也頒予1992
Gisborne Chardonnay白酒金牌榮耀。

斷、捨、離

米爾頓也是紐西蘭「十二家族」（Family of
Twelve）酒莊組織成員（會員皆小而美）。筆
者以為斷、捨、離三字相當能描述本莊行事
風格。斷：斷絕除草劑、殺蟲劑。捨：捨棄化
學合成抗黴劑與肥料。離：脫離獨尊夏多內的
狹隘主流思維，釀出新世界白梢楠最高酒質典
範。本莊除在1989年獲得紐西蘭Bio-Gro有機
農法商標認證（紐國首家），也在2009年獲
Demeter機構認證為自然動力農法酒莊。

實而自建莊起始的1984年，詹姆士已經開

1

1. 英國女皇為讚揚莊主詹姆士．米爾頓對葡萄酒業的貢獻，在
2012年頒予他紐西蘭傑出貢獻騎士勳章（New Zealand Order
of Merit）。

2. 自然動力農法的配方500與501號需和雨水經過動力攪拌後才可
以施用，攪拌方式可以用人工或機器的方式施行，但另一種方
式則是使用如圖的動力流道器（Flow-form）進行。不過圖中
的石造動力流道器主要是酒莊的花園造景，供小鳥兒戲水用。莊
主在酒廠裡有一個小型的陶瓷款，用來動力加強配方，以供在
園中噴灑使用。

2

1

2

1. 莊主與所飼養的紅色短角牛親密互動。牠所製造的有機牛糞除
   用來製作堆肥，也是自然動力農法配方500號的主要原料。

2. Clos de Ste Anne系列酒款，左到右為Les Arbres Viognier、
   The Crucible Syrah、Naboth's Vineyard Pinot Noir、Naboth's
   Vineyard Chardonnay。

始施行自然動力農法，約與法國羅亞爾河流域名莊賽洪河坡（Coulée de Serrant）莊主尼可拉‧裘立（Nicolas Joly）同期施作（裘立為此農法知名倡導人）。也就是說當布根地名莊都還未聽聞此農法時，詹姆士早已認定使命，親身推廣。至於遲到前幾年才正式申請認證，乃因詹姆士希望以自養牛隻生產的有機牛糞來製作自然動力農法配方500號，以達到更加完美的「農莊小宇宙生態系」，才因而延遲。幾年前，他如其所願買下幾隻紅色乳用短角牛（Red Shorthorn）以遂心願後，認證之舉自然水到渠成（自然動力農法並不要求必須自擁牛隻，大多數此農法實行者都外購有機牛糞）。

加倍奉還

紐西蘭著名土壤學者彼得‧普克特（Peter Proctor）自1965年起便開始在紐西蘭施行自然動力農法，故被稱為是紐國的自然動力農法之父，他同時也是詹姆士在此農法上的心靈導師。然而普克特只專注在果菜與穀物上的施作，且本身不酒不肉，故而要將自然動力農法運用在釀酒葡萄上，詹姆士還是必須大量閱讀相關書籍、吸收內化成為自身可以運用的知識體系。詹姆士認為：慣行農法是直接餵哺葡萄株，自然動力農法則是餵養、活化土壤，讓葡萄樹可以更容易自行吸收大地養分。套句日劇流行語來詮釋：風土之本若能固守，其所蘊所藏來日便會加倍奉還！

其實吉斯本採收季時的雨量較之南島馬爾堡（Marlborough）要高出60%；相對於北島的霍克斯灣也多出35%，故而在此堅持施行自然動力農法要比他處（尤其是相較於南島南端極度乾燥的中奧塔哥〔Central Otago〕）具有更

大風險，讓人不由得對莊主產生欽佩之情。也因本莊的堅持不懈，由尼可拉‧裘立一手建立的自然動力農法酒莊組織「法定產區之文藝復興」（Renaissance des Appellations）便在2003年邀請本莊成為會員。此組織目前包括全球201個會員酒莊，曾在Vinexpo與Vinitaly兩大酒展舉辦「展中展」，以讓飲酒人更進一步認識自然動力農法好酒。

本莊葡萄園採旱作，也會泡製刺蕁麻植物療飲來對抗粉孢菌（Powdery mildew），若真有需要會以硫加強控制。此外，一般認為若不系統性地施用化學抗黴劑，則必須使用大量的銅控制；關於此點，本莊會先以其他植物療飲來因應，若確有需要，還是會在發芽與開花期時以小劑量（每公頃不超過150公克）的銅對抗。經認證的有機農法允許每季、每公頃3公斤的銅量，而一般慣行農法更是每次噴灑就會用上3公斤。若遇喜愛吸取葡萄樹汁液的害蟲

Te Arai Vineyard Chenin Blanc 是酒莊招牌酒，風味迷人，價格親民。

將在2星期後採收的白梢楠。

搗亂，還會噴灑蔬菜油去除蟲害。

米爾頓不施化學合成肥料，但會製作堆肥。堆肥材料包括釀酒後剩下的葡萄皮渣、綠色採收時剪下的葡萄串、剪枝後廢棄的葡萄枝梗、當地海岸的海藻、牧草以及自產的有機牛糞。同時也會依情況，添進自然動力農法配方502～507號（以植物為主要成分）以增進肥料功效：如502號可增強硫與鉀肥、504號則可增進氮和鐵。此外，本莊也在不同園區種植柳橙、銀樺樹以及紅千層，以誘引紐西蘭蜜雀（Tui）與鐘鳴鳥（Bellbird）進駐，讓這些愛吃花蜜且極具領域性格的鳥類來趕走嗜吃熟美葡萄的同類。另，詹姆士還發現在自然動力農法實施7年後，氣候變化對葡萄樹健康的影響已經有效降低。

觀月造酒

羅馬人時代已知悉以二氧化硫來保護葡萄酒免於氧化與敗壞，而世上最偉大的酒莊也不免或多或少使用。本莊亦不例外，但盡量減少用量：通常只在裝瓶前加入二氧化硫，且控制在每公升150毫克的總二氧化硫量（其中的游離態二氧化硫還會隨時間而部分蒸發掉）。釀造白酒時的攪桶程序則選在新月或是滿月時進行（因萬有引力較大），換桶除渣則在滿月之後（引力變小，酒渣易於沉澱）。所有白酒均使用皂土進行黏合濾清以保持酒質澄清，之後皂土與黏附其上的酒渣與死酵母則會用來製作剪枝療傷塗漿，或成為製作堆肥的材料。同樣地，本莊紅酒也不以機器過濾，如確有必要，會以自家養的母雞所生的有機雞蛋之蛋白進行黏合濾清（必須以有機飼料或果蔬餵食母雞，否則無法標示為有機葡萄酒）。

米爾頓以釀造白酒為主，酒款可分為三個層

次。等級最高的系列是以安妮為名的Clos de Ste Anne。Clos de Ste Anne其實是位於酒莊西側山坡上的一大片地理位置優秀的葡萄園（位在瑪奴都給次產區內），詹姆士因其風土與所呈現出的優越酒質稱其為「特級葡萄園」；不過其實紐西蘭並無相關的葡萄園分級。當筆者問他除Clos de Ste Anne，在其眼中，吉斯本還有哪些「特級園」風土，他也不吝指出其他兩園：分別是位於帕都塔依次產區的McDiarmid Hill葡萄園，以及同位於瑪奴都給的Katoa葡萄園，這兩園都屬規模較大的Villa Maria酒莊所有。未來，詹姆士希望將Clos de Ste Anne獨立成莊，成為獨立品牌，但目前還是視之為頂級系列酒款會較容易理解。

聖經名園白酒

Clos de Ste Anne整體葡萄園朝東北，占地12公頃，但這包括了森林、橄欖樹林以及牛隻圈養地；最上層土壤為火山質黃土、其下是多孔洞的浮石，基層則是石灰岩層。Clos de Ste Anne之下又細分為幾個小園區，各有其名與酒釀。最知名的是位於中上坡的拿伯園（Naboth's Vineyard），園名出自《舊約聖經‧列王記上》第21章，故事裡拿伯因不願賣出葡萄園祖產而招致殺身之禍。拿伯園最早植於1980年，可眺望貧窮灣，出自此園的美酒便成為「全世界第一道晨光養育的葡萄酒」。Clos de Ste Anne Naboth's Vineyard Chardonnay的無性繁殖系包括源自布根地頂級名莊Domaine Bonneau du Martray的高登—查理曼（Corton-Charlemagne）植株，每年平均僅產出6桶，氣韻細緻優雅，質地絲滑，架構完整無缺，與布根地頂級白酒絕對可平起平坐。

位於Clos de Ste Anne中下坡處的La Bas（法文下坡之意）葡萄園因黏土多些，種的是白梢楠，其產酒Clos de Ste Anne La Bas Chenin Blanc鼻息精確深沉，口感多層次、帶香料調，架構堅實，酒質同樣令人驚豔，足可與最佳羅亞爾河流域同品種白酒並駕齊驅而毫不遜色，堪稱法國境外最精采的白梢楠。同樣在

1. 酒莊自養的母雞，所下蛋的蛋殼可以做堆肥，蛋白可以拿來對紅酒進行黏合濾清。

2. Clos de Ste Anne內的黑皮諾葡萄樹頂芽，待這些捲曲嫩芽抽出，葡萄樹就會開始集中精力熟成果實。

3. 酒廠員工會在白板上寫出月亮繞行黃道十二宮的宮位（星座），以決定農事進行的種類和時辰。

1

2

3

本莊不使用除草劑，若有必要，則以機器進行。

Clos de Ste Anne裡，詹姆士還在Les Arbres（法文樹木之意）葡萄園釀有高品質維歐尼耶白酒。至於Clos de Ste Anne The Crucible Syrah以及Clos de Ste Anne Naboth's Vineyard Pinot Noir兩款紅酒，筆者在寫就本文時尚無機會品嘗，不過紐西蘭酒評家庫柏斯（Michael Coopers）都給予相當高的評價。然而，本莊最精湛者還屬Clos de Ste Anne的系列白酒。

Clos de Ste Anne之下則是被酒莊稱為「一級園」品質的Millton Vineyard系列。本系列幾款單一葡萄園白酒都品質優良，且物超所值，其中最佳者是與酒莊所在地同名的Te Arai園區所釀出的Te Arai Vineyard Chenin Blanc，其架構緊實，在較成熟的年份帶有鳳梨、水蜜桃與金桔醬的誘人風味；其他值得推薦的同系列酒款還包括Opou Vineyard Riesling, Opou Vineyard Chardonnay, Riverpoint Vineyard Viognier與Riverpoint Vineyard Gewürztraminer與La Cote Pinot Noir紅酒。至於最初階、被稱為「村莊級」的Carzy by Nature系列屬於日常歡飲款，主要供應紐西蘭國內市場。

詹姆士對我說，他7歲時就想種東西，14歲就想發酵他所種植的水果，21歲就已經到歐洲遊歷學習釀酒，對他來說，數字7是一個循環的結束與開始。嗯，若此，筆者估計擺在自家電子酒櫃裡的2009 Clos de Ste Anne La Bas Chenin Blanc應有21年的儲存潛力，所以第一個風味高峰將在2016年到達，之後或許漸漸封閉，接著第二個巔峰會在2023出現……？

Millton Vineyards & Winery

119 Papatu Road
CMB 66 Manutuke
Gisborne 4053
New Zealand
Website: http://www.millton.co.nz

part XI 品種大洗牌
NEW ZEALAND Hawke's Bay

霍克斯灣（Hawke's Bay）產區位於紐西蘭東海岸、吉斯本產區南方約200公里處，可算是該國歷史產區：聖母會修士於1851年在本區最大城納皮耶（Napier）南邊不遠的Pakowhai村種下第一株葡萄樹，並在1890年代開始對外售酒。但遲至1960年代才因質佳的卡本內－蘇維濃品種紅酒顯露頭角，一時成為霍克斯灣的代表酒種。

早在1895年，紐西蘭葡萄種植學家巴嘎多（Romeo Bragato）在其所撰寫的《紐西蘭葡萄種植展望報告》（*Report on the Prospects of Viticulture in New Zealand*）一書中便指出霍克斯灣是他所拜訪過的紐國地區中，最適合種植食用與釀酒葡萄的區域。本區土壤主要是三大河流在經年改道後所留下的河積地，多是礫石、粉沙與砂岩的組合。整體氣溫大約介於法國布根地與波爾多之間。目前霍克斯灣的釀酒葡萄總種植面積約為4,898公頃，占全國種植面積14%，為繼馬爾堡之後，紐西蘭第二大產酒區。

本區的優勢在於西方有Ruahine與Kaweka山脈屏障西方強風，整體雨量又少於吉斯本（10～4月生長季平均年雨量約420公釐）。雖然霍克斯灣年平均陽光照射數有2,200小時，為紐國最陽光滿溢的地區之一，但也因靠海（絕大多數園區距海不到15公里，有些甚至只有100公尺），許多地方的夏季高溫因受太平洋調節而無法衝高，故除最溫暖的種植區塊，卡本內－蘇維濃也無法年年完美成熟，迫使許多葡萄農改種較早熟的梅洛，各品種的種植占比因而在近幾年產生巨大變化。

Havelock North次產區裡Black Barn酒莊的秀麗景色。

根據最新資料，目前種植面積排名第一的品種是梅洛（約1,056公頃），第二名為白蘇維濃（約1,004公頃，多具熱帶水果風味，且經過木桶培養），第三到第六名分別是夏多內（約996公頃，風格芬芳圓潤）、灰皮諾（約494公頃）、黑皮諾（312公頃）與希哈（約311公頃），至於讓霍克斯灣在國際上成名的卡本內－蘇維濃現已落至第七位，約種有279公頃。

霍克斯灣分有若干次產區，但非正式劃分。現在最熱門的次產區是位於Roys Hill山丘下的「吉布列特礫石區」（Gimblett Gravels，800公頃）。此礫石區其實是一個註冊商標（由在該區擁園的會員酒莊所擁有），據該會規定，成酒必須至少有95%的釀酒葡萄來自吉布列特礫石區才能在酒標上標明Gimblett Gravels。由於本礫石區排水極佳，夏季溫度高，故能讓晚熟的卡本內－蘇維濃在此達到極佳的熟成度，其年份差異也較一般位於Heretaunga平原區的

葡萄農在Coleraine葡萄園裡進行綠色採收。

葡萄園來得小。此外，產自吉布列特礫石區的希哈紅酒色深味濃，架構扎實，已成為現下霍克斯灣的新一代明星酒款。目前此礫石區九成種的是紅酒品種，在此釀酒的酒莊包括Craggy Range Winery、Elephant Hill、Stonecroft Wines、Te Awa Winery等等。

另一霍克斯灣的重要次產區是位在納皮耶南邊的北海夫洛克（Havelock North），葡萄園主要位於同名城鎮之東，最知名的兩莊分別是Craggy Range Winery與泰瑪塔酒莊（Te Mata），後者以種於山坡上的波爾多品種釀出霍克斯灣最偉大的Coleraine紅酒，本書也將在後文介紹泰瑪塔與其經典酒款。🍷

百年雋永
Te Mata Estate

霍克斯灣雖是紐西蘭第二大產區，然而酒質真正達國際頂級名莊水準者並不多，位於北海夫洛克城鎮東邊的同名次產區裡的泰瑪塔酒莊（Te Mata Estate）自1980年代初以來迄今，一直是本產區高水準酒質的先行者與標竿，雖近來有些頗具野心的新廠出現，然而整體酒質尚無法追上泰瑪塔。本莊也是目前紐西蘭釀酒歷史最悠久者，建廠逾百年後，依舊以風雅雋永的紅、白酒聞世。

泰瑪塔是在1842年由約翰・錢伯斯（John Chambers）所建立，然而當時僅是一簡樸農莊，其後代伯納・錢伯斯（Bernard Chambers）在接手農莊後，於1892年以向聖母會修士索來的植株，開始泰瑪塔首批葡萄樹的種植，同時將建於1872年的磚造馬廄改成釀酒廠（今日依舊當成培養酒窖使用）。首釀酒款年份為1895年，而酒莊正式成立則是1896年。伯納曾在1898年寫道：「酒況看來真不錯……，我釀了波爾多〔Claret〕與夏布利〔Chablis〕（指品種相同的類似風格酒款），已經送人不少，但我暫時不出售，要待酒質更熟成一些再說。」

本莊後來雇用來自澳洲的柯雷克（J. O. Craike）擔任釀酒師，所釀酒款還在國際酒展中獲得金牌獎，到了1909年時泰瑪塔已經擁園14.2公頃，成為紐西蘭種植規模最大的酒莊。聲名既揚，當時包括首相在內的政治人物無不以參訪本莊為榮。然好景不常，紐西蘭二十世紀初的禁酒令、霜黴病、霜害、勞力欠缺以及鳥襲葡萄，都造成產量銳減。1917年伯納將本莊賣給Reginald Collins Limited公司，之後當1923年再次轉賣時，泰瑪塔的葡萄園面積已經遽減至4公頃，之後連續幾次轉手，都未讓本莊回復昔日榮光。

伯樂現身更上層樓

風水輪流轉，泰瑪塔在1974年否極泰來：

置於酒莊品酒室入口的老式榨汁機。

左至右分別為Estate Vineyards Merlot/Cabernets、Coleraine、Awatea Cabernets/Merlot。

Elston Chardonnay酒款所使用的無性繁殖系主要為門多薩無性繁殖系（易有葡萄顆粒大小不一的情況，如圖），次要為布根地的Clone 95。

當年約翰·巴克（John Buck）與麥可·莫里斯（Michael Morris）聯手買下飽經風霜、老舊殘敗的泰瑪塔，後經修復與變革才讓本莊不僅回復世紀初的水準，甚而更上層樓名揚國際。莫里斯其實只是金主，約翰·巴克才是真正的經營者（本莊總裁）；巴克原就讀會計系，但3年後便輟學至奧克蘭的葡萄酒進口商處就職，他也在那裡發現自我熱情（葡萄酒）與天命（建莊釀酒）之所在。之後巴克又到英國的Stowells of Chelsea酒商工作2年（1964～1966），隨後赴歐洲主要酒區見學1年，並在1966年回到紐西蘭開始將建莊理想付諸實踐。

巴克與莫里斯在看過150家酒莊與葡萄園之後，來到霍克斯灣，機緣之下與當地酒農麥當勞（Tom McDonald）一同品嘗其所釀的卡本內─蘇維濃品種紅酒，巴克除暗自覺得麥當勞的酒質優秀，也自其口中探得最佳的葡萄園其

實位在受泰瑪塔峰（Te Mata Peak）障護的面北山坡。據此線索，伯樂巴克終於覓得千里馬泰瑪塔，也才終結兩人8年的漫長覓園之旅。不過直到1978年前約期滿後，巴克才真正入主本莊，且立刻添購不鏽鋼發酵槽與新橡木桶、拔除低品質的雜交種，改種優質國際品酒，也停釀原有的波特與雪莉風格甜酒，專注釀造高品質的干性（不甜）紅、白酒。泰瑪塔終於枯木逢春。

巴克掌莊下的首年份為異常陰濕的1979年，成果不盡人意。不過接下來的1980年又逢時來運轉，巴克在一次訪談中說道：「我們有幸買到Awatea葡萄園，其中有一小區塊的卡本內─蘇維濃老藤，我們當時約採收了3～4公噸，將葡萄去梗破皮時，我們確信在這些山坡上種此品種（卡本內─蘇維濃）乃是正確之選。」這款1980 Te Mata Cabernet Sauvignon隨後便

Coleraine葡萄園以及巴克夫婦居住的白屋。巴克因其對酒界的貢獻，幾年前獲紐西蘭林肯大學頒發榮譽博士學位。

1

在1981年的國家葡萄酒競賽（National Wine Competition）獲得年度最佳紅酒殊榮，1982年時，此酒的1981年份再度連莊同一獎項，泰瑪塔酒莊於是步上正軌，準備高飛。

此次受訪的是本莊的技術主任兼酒莊合夥人之一的彼得‧考利（Peter Cowley），他自1984年起便擔任本莊釀酒師，此前也曾獲得南澳洛斯沃希學院（Roseworthy College）的釀酒文憑，喜自稱為「老酒、老機車以及老女孩的愛好者」的考利指出，泰瑪塔只以自有園區的手工採收葡萄釀酒。本莊的葡萄園全位在霍克斯灣，共計240公頃，不過真正種植面積目前僅達120公頃，並分為三個種植區：

北海夫洛克（Havelock North）：酒莊總部所在地。本莊在此擁有六塊葡萄園，共計15公頃，幾乎都位於受泰瑪塔峰屏障的面北坡段，排水佳，底層有部分石灰岩，其中三塊還是全紐西蘭種植歷史最早的葡萄園。泰瑪塔最佳的酒款幾乎都採用北海夫洛克的果實釀成。

布里基帕三角（Bridge Pa Triangle）：位於海斯汀鎮（Hastings）西方，範圍大約是三條馬路所圍成的三角地帶。本莊在此擁有各15公頃的兩塊葡萄園：Bullnose與Isosceles。Bullnose大部分種植紅酒品種：希哈、梅洛、卡本內－弗朗以及卡本內－蘇維濃。Isosceles則植有白酒品種，如夏多內、白蘇維濃與梅洛和卡本內－弗朗。土壤為排水良好的粉沙壤土，下層則是帶鐵質的紅色土壤，夏季氣溫為霍克斯灣最高的幾個地點之一。布里基帕三角乃霍克斯灣最大種植區，詳細產區位置可參見《世界葡萄酒地圖》第六或第七版相關章節。

巫索柏（Woodthorpe）：這一大塊葡萄園位於納皮耶市（Napier）西邊的圖塔古里河（Tutaekuri River）上方的河階台地上，周圍有

2

1. 技術主任彼得‧考利，本莊多款頂級名釀都由他發展而來。

2. 綠色採收後被捨棄、正處轉色期的葡萄。

約在2星期後便可進行採收的卡本內一蘇維濃。

山丘圍繞屏障，園區朝北，土層較深（土壤為 Takapau Sandy loam：一種類似粉沙壤土的火山土），但排水性佳；多樣的紅酒與白酒品種種植於1994年，占地210公頃，已種植面積約75公頃。

考利說霍克斯灣產區的總體氣溫接近法國波爾多，但又比後者略微涼爽，且雨量也較少，故可讓葡萄緩速成熟；即使是夏季，氣溫高過攝氏30度的機會也不多見（通常介於25～30度）。他進一步解釋：相較於法國平原多陰濕黏土，無法釀造出色酒款，霍克斯灣的平原土壤組成多為經年沖積而成的砂石與礫石，排水性頗佳，加以氣候相對乾燥，因而以出自此地平原的果實可釀出質佳的葡萄酒。

泰瑪塔目前釀酒十一款，又分為初階的 Estate Vineyards系列（皆以金屬旋蓋裝瓶）以及各有獨特命名的六款高階酒（皆以軟木塞裝瓶）：Coleraine、Awatea Cabernets/Merlot、Bullnose Syrah、Cape Crest Sauvignon Blanc、Elston Chardonnay、Zara Viognier。本莊平均年產量約4萬箱，總營收的50%為出口市場所貢獻，全球36國都可買到本莊酒款，前五大出口國為澳洲、英國、挪威、荷蘭與暫列第五的中國。

紐國首款頂級波爾多混調

泰瑪塔的六款高階酒款中，首推Coleraine在紐西蘭舉國聞名，近年也為國際資深酒友所熟知。Coleraine紅酒是以卡本內一蘇維濃、梅洛與卡本內一弗朗三品種所釀成的波爾多式混調酒。首年份為1982年，起先以卡本內一蘇維濃

為主角（比例近似波爾多五大之一的Château Latour），但自1990年代初起，酒中的梅洛比例已經漸次調高（近年約在30～43%之間），現在的卡本內－蘇維濃平均占比約在50%上下。Coleraine是葡萄園名，就位在酒莊總部東邊對面稍遠處，園裡上坡處的那棟異國情調白屋就是巴克夫婦的住所，Coleraine是以巴克祖父的北愛爾蘭故鄉命名。

早年的Coleraine是單一葡萄園酒款，但自1989年起，改以包括Coleraine葡萄園在內的北海夫洛克果實為釀酒主體（也可能加入少量其他兩區葡萄），故而現在Coleraine實是酒款品牌名。其風味凝縮且優雅，除黑醋栗與野生薔薇等風情，鼻韻常帶涼草以及雪松氣息，酸度與均衡俱佳，以2011年份而言，頗神似波爾多瑪歌酒村的列級酒莊名釀，若當年氣候較涼爽些，酒風也可能偏向波爾多貝沙克－雷奧良（Pessac-Léognan）酒款的紳士內斂；Coleraine可說是紐西蘭成名最早的頂級波爾多形式混調酒（1992與1993年因年份不佳未產）。

若嫌Coleraine酒價略高，則可選擇酒質相差不遠的Awatea Cabernets/Merlot。Awatea的首發年份同樣是1982年，主要釀造品種同

泰瑪塔酒莊葡萄園旁的綿羊群。

Elston Chardonnay是紐國愛酒人喜愛珍藏的品項。

Coleraine，但通常還會加上少量的小維鐸。Awatea取名自1930年代行駛於奧克蘭—雪梨—威靈頓之間的傳奇豪華郵輪，然而它在二次大戰時被徵召成為兵員運輸艦，後在1942年被擊沉於阿爾及利亞外海。神奇的是，當時船上人員都及時逃脫，只有「艦貓」被砲火波及而喪命。Awatea原是單一葡萄園酒款，現則以本莊在霍克斯灣的九塊葡萄園果實混調而成，也會加入沒被選為Coleraine的汰選酒液，算是非嚴謹定義下的Coleraine二軍酒。

Bullnose Syrah則是以同名葡萄園的希哈葡萄釀成的單一葡萄園酒款（園區位於布里基帕三角內），命名源自1928年之前推出的Morris Cowley英國骨董車的牛鼻造型引擎散熱器。Bullnose Syrah可算是紐西蘭最早（首年份為1992）的優質希哈紅酒，以優雅的紫羅蘭與白胡椒氣息引人，柔潤可口，還帶肉桂與紅茶芬芳（1994年因冰雹之害未產此酒）。

Elston紐西蘭名釀

本莊的Elston Chardonnay也是紐國愛酒人喜愛珍藏的品項，雖還不算是全球頂尖的夏多內白酒，但酒質相當優秀，且酒價極為合理。此酒以提出「演化論」的達爾文在英國北部的故鄉Elston村為名，酒標上則畫有該村的象徵雙足飛龍（Wyvern）。首年份為1984，原為單一園白酒，但自1989年起改以本莊在霍克斯灣的六個夏多內葡萄園果實於釀造後混調而成。

另款值得注意的白酒是Cape Crest Sauvignon Blanc，它以霍克斯灣南端的Cape Kidnappers海岬命名，當地也是全球最大的塘鵝（Gannet）

Coleraine頂級旗艦紅酒主要是在全新法國橡木桶裡培養約18個月而成。

棲息地。Cape Crest除主要品種白蘇維濃外，還摻有少量的榭密雍與灰蘇維濃（Sauvignon Gris）；首年份為1984，原為單一園酒款，但自1993年起改以Bullnose與Isosceles兩園的果實釀成。榨汁前會先經破皮與低溫泡皮，且在橡木桶裡發酵兼攪桶，但不進行乳酸發酵，故此酒豐潤可口之餘還保有雅致酸度，在2012年份的Cape Crest裡，筆者嘗到了誘人的八角與熟美洋梨氣韻。另款在2008年份才首次推出的Zara Viognier其實風味頗佳，維歐尼耶葡萄也仿效法國北隆河酒莊在橡木桶裡發酵，然而維歐尼耶白酒似乎暫時還不受紐西蘭人青睞，可惜。

至於初階的Estate Vineyards系列於2012年首次推出，釀有五款品種酒：Merlot/Cabernets、Syrah、Gamay Noir、Chardonnay、Sauvignon Blanc，其中酒質較優者為Estate Vineyards Merlot/Cabernets與Estate Vineyards Chardonnay。其實在2012之前，泰瑪塔的初階酒款為一系列的Woodthorpe單一園紅、白酒，款款物超所值，但目前已被Estate Vineyards系列所取代。🍷

Te Mata Estate

349 Te Mata Road
Havelock North 4294
New Zealand
Website: http://www.temata.co.nz

part XII 不只一招
NEW ZEALAND Wairarapa

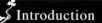

外拉拉帕（Wairarapa）產區位於紐西蘭北島最南端，自首都威靈頓（Wellington）駕車駛向東北，穿越立姆塔卡山脈（Rimutaka Range）便可到達。越過山脈，通常氣象也煥然一新：揮別首都的陰溼多雲，迎來乾暖多陽與藍天。威靈頓人常愛來此進行週末小旅行，不僅為了宜人氣候，更為其美味的黑皮諾紅酒。

1977年的一趟法國阿爾薩斯（Alsace）與德國產區之旅後，土壤科學家謬內（Derek Milne）博士在1978年著手寫出一份極為正面的外拉拉帕釀酒潛力報告書，指出這裡的種植條件近似法國布根地，也正式點燃眾人在本區釀酒的熱情，他本人後來也成為Martinborough Vineyards酒莊的創莊者之一。歷史再往前推，富有的地主比丹（William Beetham）與法國妻子Marie Zélie Hermanze Frère於1883年便在外拉拉帕的麥斯特頓鎮（Masterton）附近種下首株黑皮諾，而謬內的太太正是比丹的家族後代，這跨世代的釀酒傳承，冥冥中注定讓外拉拉帕成為紐國最負盛名的產區之一。

重鎮馬丁堡

目前的外拉拉帕設有65家酒莊，之下還分為三個非正式副產區，分別是成名最早的馬丁堡

本區多是無雄厚財力的個人酒莊，所以無法自備裝瓶線機器的酒莊，就會向圖中背景的Martinborough Winemakers Servives LTD尋求專業的付費代客裝瓶服務。

由遠景光禿的山坡可知，外拉拉帕產區相當乾燥，許多葡萄園需要灌溉才得以成長結果；圖中的乾河酒莊是少數堅持不灌溉的菁英酒莊。

馬丁堡村裡一處民宅，以鑄鐵葡萄裝飾牆欄。

（Martinborough），以及近年來才劃定、位在馬丁堡北方的葛雷史東（Gladstone）與麥斯特頓（Masterton）；雖後兩者近來已有些不錯酒款出現，然而外拉拉帕首屈一指的葡萄酒重鎮還是馬丁堡。外拉拉帕僅占紐國葡萄種植面積的3%，而其中75%的產量其實都來自馬丁堡。在本區的現代釀酒史上，於1980年代初最早建立的三家先驅酒莊（Martinborough Vineyards、阿塔蘭奇〔Ata Rangi〕、乾河〔Dry River〕）也都位於馬丁堡，且酒質至今依舊領先同儕。故而不論在質或量上，馬丁堡都是必究的核心。

馬丁堡的酒農稱此地為「半海洋性」氣候區。這裡夏季炎熱乾燥，最高溫可達攝氏32～34度，但東邊40公里的南太平洋與南邊30公里處的帕利瑟灣（Palliser Bay）所帶來的調節作用，又可讓夏季夜晚快速降溫至攝氏10度。馬丁堡村本身其實是北島最乾燥處，年均雨量只有700～800公釐。這裡的秋季乾燥溫和，讓葡萄可以安穩地掛枝成熟，大多數年份裡葡萄農都可依其理想擇期採收；加上溫差巨大，所釀成的酒款除豐盛誘人的果香，也隱有優雅酸

味。

人們都說上帝是公平的，馬丁堡的風土也並非毫無缺點。這裡風大，村子東南方的山坡上甚至設有數座巨型集電風車，這裡的春末與夏初常迎來西北方的強勁暖風，將葡萄花朵吹落，使著果不全，產量大減；因此著重產能與報酬率的大廠通常不會在馬丁堡投資，而選擇到其實緯度相當的馬爾堡（南島北端）設廠。此外，春季霜害是另一令人頭痛的天災。

魯瑪安嘉河（Ruamahanga River）從南到北幾乎穿過整個外拉拉帕谷地平原區，經數萬年來的多次冰河運動與河川改道，在本區多處堆積了許多礫石層，而其上覆蓋的則是淺層的粉沙壤土，此種排水良好的佳園又以馬丁堡為最，主要的酒莊與葡萄園其實都緊緊環繞在同名酒村馬丁堡四周，但由於耕地有限，現在馬丁堡副產區的劃界已經延伸到南邊5公里處的Te Muna Road區塊，這裡同樣享有優良的河岸礫石地，但因海拔略高，較為冷涼。

馬丁堡（及整個外拉拉帕）一如布根地，基本上由小農小莊組成，果農通常本身即是釀酒師，規模較大的酒莊只有Craggy Range（位於Te Muna Road區塊）與Palliser Estate。本地所產的黑皮諾有些布根地風情（具優良酸度、枯凋玫瑰花瓣與土壤氣息），但通常果香較為熟美，也帶較明顯的香料氣韻。因溫差大，掛枝時間長，馬丁堡厲害的不只一招：除善釀黑皮諾，其白蘇維濃、灰皮諾、夏多內與麗絲玲也都相當精采，待您親自體驗！🍷

註：外拉拉帕種植面積最大的五個品種依序為黑皮諾（470公頃）、白蘇維濃（315公頃）、灰皮諾（55公頃）、夏多內（45公頃）與麗絲玲（25公頃）；再加上其他16個次要品種，總種植面積為935公頃。

膠鞋黑皮諾
Ata Rangi Vineyard

馬丁堡是外拉拉帕產區裡最受重視的副產區，但此副產區劃分並非官方認定，故自1986年起，便有當地酒農試著成立馬丁堡自己的法定產區制度，以保護與提升馬丁堡葡萄酒的名聲。然而申請設立過程並不順遂，馬丁堡的產區界線也幾經修改。後來他們改而將馬丁堡登記為原產地標記（Geographical Indication, GI）以達上述目的。

根據原產地標記的法規，要在酒標上標明Martinborough字樣必須使用至少85%來自馬丁堡的葡萄，目前馬丁堡的產地範圍是於2003年所劃定，也是紐西蘭首個登錄為原產地標記的產區。至於馬丁堡裡最受行家矚目的酒莊則是阿塔蘭奇（Ata Rangi Vineyard）。阿塔蘭奇在首都威靈頓所舉行的2010年度「國際黑皮諾論壇」上，以其所釀造的Ata Rangi Pinot Noir紅酒獲頒「Tipuranga Teitei o Aotearoa」大獎，獎名譯自毛利語，就是紐西蘭「特級莊園」之意，故當談到受關注的「紐西蘭黑皮諾」時，愛酒人心中首先想到的名莊絕對是阿塔蘭奇。當年同場獲頒同一獎項的還有建莊時間較晚、位於南島的費爾頓路酒莊（Felton Road）。

早發的中年危機

克萊夫·佩頓（Clive Paton）早年經營牛隻

酒莊四位核心人物，左至右：釀酒師海倫、主管行政與財務的阿麗、莊主克萊夫以及主掌行銷的菲兒。

Crimson Pinot Noir（左）；Ata Rangi Ponot Noir（右）。

養殖生意，但在28歲之齡就已提前感受到中年危機，對駕輕就熟的農牧經營感到疲乏，需要更大的挑戰以證明一生不虛此行。學生時期常飲澳洲紅酒的克萊夫早對葡萄酒產生莫大興趣，「中年」的生涯轉換也朝此發想。他本想在威靈頓開家葡萄酒鋪，但仍嫌這挑戰顯得過於「平易近人」，而要能常常品飲世界頂級美酒他也花費不起，於是一不做、二不休，本著紐西蘭人的開創性格，乾脆自己釀！

克萊夫後來賣掉所有牛群，以所換來為數不多的金額，買下馬丁堡鎮東邊不遠的一處5公頃廢棄綿羊畜牧場，準備一試身手。當初他的養殖同業都笑他是瘋子，因為當初的馬丁堡從未種有釀酒葡萄（除William Beetham於1883年在此北方的麥斯特頓曾經種過，但後因二十世紀初的禁酒令而消失）。克萊夫的篤定除因他熟知這裡地質多石、排水性極佳，也因謬內博

士在1978年的報告中指出這裡的風土近似法國布根地。

克萊夫在1980年種下首批黑皮諾，也於同年正式建立阿塔蘭奇酒莊（Ata Rangi在毛利語有「晨曦」或「新始」之意）。本莊以及馬丁堡鎮附近的種植區現被稱為「馬丁堡河階地」（Martinborough Terrace）；以本莊而言，淺薄30公分的粉沙壤土下，就累積有深達25公尺的沖積礫石層，加以多風寡雨的條件，種樹釀酒再理想不過。受到克萊夫精神號召與決心所感動，姐姐阿麗（Ali Paton）也於建莊隔年在旁鄰買下一小塊地加入克萊夫的酒莊經營事業。

未經專業訓練的克萊夫有些釀酒天賦，首年份的1985 Ata Rangi Pinot Noir已具好酒雛形，但真正步上正軌的契機始於1986年：他在參訪馬爾堡產區時結識了時任Montana酒莊釀酒師的菲兒（Phyll Pattie）。菲兒隨後成為他的現

本莊簡樸的品酒室、販酒鋪暨辦公室。幸運地，馬丁堡暫時還不受葡萄根瘤蚜蟲病威脅。

任妻子，並於1987年北遷協助克萊夫釀酒。幾年後，本莊的黑皮諾在倫敦舉行的1994年「國際葡萄酒與烈酒競賽」中脫穎而出，被評為年度最佳黑皮諾；之後，隨著他們對風土的了解與樹齡漸增，酒質益發精進。菲兒指出，克萊夫早期不但獨自開拓葡萄園，還是單親老爹，需獨自帶大當時年僅5歲的女兒，且為了度過草創時期沒有收入的窘境，克萊夫還在葡萄園行列間種植南瓜與大蒜以補貼家用，而這「果菜園中園」直到1993年本莊經濟好轉後才自葡萄園中拔除。

膠鞋無性繁殖系

1982年克萊夫致電給在奧克蘭市西邊庫莫（Kumeu）產區的釀酒師阿貝爾（Malcolm Abel）表達願意在Abel & Co酒莊無償見習工作一年，兩人後來因追求釀造頂級黑皮諾的共同目標而成為好友。然造化弄人，隔年阿貝爾因故突逝，而Abel & Co及其葡萄園後來也淹沒在城市化的進程裡。

不過阿貝爾去世前，已留給克萊夫幾株具傳奇性的黑皮諾無性繁殖系：據說當阿貝爾在1970年代任職奧克蘭機場海關人員時，有名旅客將一株偷自布根地第一名莊侯瑪內─康地園裡的黑皮諾植株藏於長筒膠鞋內，欲偷渡闖關，然被盡責的阿貝爾攔下並沒收；同時身為業餘釀酒人的阿貝爾明瞭此物意義重大，便將樹株送到當時的「國家葡萄種植研究中心」經檢驗、培育繁殖後，種在Abel & Co園中。歷經上述的傳奇引入過程，由此樹株所培育的同基因無性繁殖系便稱為「膠鞋無性繁殖系」（Gumboot Clone）。

此膠鞋無性繁殖系最早經阿貝爾傳給克萊夫，後才廣泛地被當地酒界所熟知，而阿塔蘭奇當然也是最早明瞭此無性繁殖系優點的酒莊，事實上今日的Ata Rangi Pinot Noir依舊以膠鞋無性繁殖系為釀酒的主幹：一瓶黑皮諾裡就有45%的葡萄來自膠鞋無性繁殖系。也因本莊是此無性繁殖系最早以及最具代表性的釀造者，故也被稱為「阿塔蘭奇無性繁殖系」（Ata Rangi Clone）。也有人以發現者為名，叫它「阿貝爾無性繁殖系」（Abel Clone）。

黑皮諾是極易產生基因變異的品種，酒質的複雜度也需不同的無性繁殖系來貢獻達成。因而本莊除膠鞋無性繁殖系外，還種有Pommard Clone（Clone 5；帶來品嘗時中段的緊實架構以及靈動清新的果香）、第戎無性繁殖系（Dijon Clones 667、777、114、115；替酒帶來沉穩口感）以及由瑞士引進的10/5 Clone（熟成期較晚，適合在此地和緩的秋季裡熟成）。由於本地風土之故（春季多風影響開花、土地貧瘠），故產量偏低，以黑皮諾而言，每公頃產量僅在1,800～2,400公升之間。至於膠鞋無性繁殖系，克萊夫則愛其替酒質帶來的溫潤質地與長美的餘韻。

釀酒用的果實來自42公頃的葡萄園，其中一半為酒莊自有，其餘為租用或購果自長期合作的簽約葡萄農（一切農作皆聽從本莊指示）。除黑皮諾外，本莊也種有其他釀造紅酒與白酒的品種（見以下酒款段落）。葡萄園的管理上，從過去的永續農業朝近年的有機種植發展，並在2014年初獲得有機種植認證。過去曾用除草劑，但近年改用Berti品牌的Ecology「藤下除草機」（Under-vineweeder）後，已不需除草劑。本莊從未在園中施用殺蟲劑，而以掠食性胡蜂控制捲葉蛾的毛毛蟲數量。有機肥料則以葡萄的梗、皮、籽以及死酵母渣製

希哈在馬丁堡無法年年完美熟成，故而酒莊在樹藤下鋪灑回收、打碎的舊酒瓶碎塊以反射陽光，促進葡萄成熟，同時還可避免陽光直曬土壤導致水分快速蒸發。

為防鳥兒偷襲熟美葡萄，酒莊佈下防護網。基本上不灌溉葡萄園，除非大旱。

成。

　　目前本莊的合夥人（擁有人）為克萊夫、阿麗與菲兒，不過釀酒師則由40歲出頭的海倫（Helen Masters）擔綱。海倫在年輕時便在阿塔蘭奇擔任酒窖助手，後在紐西蘭幾個產區以及美國加州和奧勒岡州釀過酒後，於2003年返回本莊接任釀酒師職務至今。現在阿塔蘭奇共釀酒十多款，其中最為人稱道者當然是Ata Rangi Pinot Noir。

　　海倫解釋，Ata Rangi Pinot Noir以多個葡萄園果實釀成（園區包括Ata Rangi、Champ Ali、Di Mattina、Cambrae、Lismore、Dodd，樹齡最高可達30歲），且各園以及各無性繁殖系的黑皮諾分別釀造，最後才予混調。在較溫

暖的年份（如2009、2011年），若葡萄梗夠熟（夠木質化），則她會加入部分的整串未去梗葡萄一同釀造，但通常總量不超過30％，其餘則去梗但不破皮，僅使用野生酵母，以手工踩皮，乳酸發酵在橡木桶裡完成，木桶裡的酒質培養期間為12個月（約25％新桶）。典型的年份裡，Ata Rangi Pinot Noir常帶布根地香波─蜜思妮產區的細膩芳雅風格，以紅色水果為主的果味外，還常啖有土壤、青苔、半凋玫瑰花瓣等氣韻。筆者在酒莊有幸試到此酒五個年份的垂直品飲（2006、2008、2009、2010、2011），款款皆優，尤以2006年份最為精采。

　　除經典的Ata Rangi Pinot Noir外，阿塔蘭奇還以較為年輕樹藤的果實（偶有摻入一些汰自

前者的酒液）釀造Crimson Pinot Noir，一般被認為是Ata Rangi Pinot Noir的二軍酒。Crimson的果香較為鮮明、甜美些，架構不差，均衡也好，仍是值得推薦的好酒；此外每瓶Crimson的部分銷售金額，酒莊都會捐給「深紅計畫」（Project Crimson）基金會，用以保護在外拉拉帕瀕臨絕種的當地樹種：都開深紅色瓶刷狀花朵的Rata以及Pohutukawa（被稱為紐西蘭聖誕樹）。

單一園黑皮諾

多年前，美國奧勒岡的知名葡萄農麥克隆（Don McCrone）在阿塔蘭奇附近買下一小

1. Ata Rangi Célèbre以波爾多和隆河品種混調而成，風格較為優雅內斂，啖有紅色漿果、野生薔薇以及雪松風味，搭以冷切風乾牛肉片頗佳。
2. 一般遊客可直接來莊試酒、買酒。

1

2

1. Craighall Chardonnay氣韻優雅，口感絲滑無縫。
2. Kahu Botrytis Riesling為精緻迷人的貴腐甜酒。
3. Lismore Pinot Gris帶蜜香與楊桃風味，但嘗來優雅不甜。

9.5/10。因產量極其有限（2008年份增加至200箱），目前主要售給郵購名單上的忠誠老客戶。最新消息是，2012年底本莊已向麥克隆購下此園。

或許因黑皮諾太出名，許多愛酒人都忽略了本莊的夏多內其實釀得極好，論及品質，只能說是物超所值。Craighall葡萄園同樣位於酒莊附近的馬丁堡河階地，頂級款的Craighall Chardonnay釀自樹齡將近30歲的門多薩無性繁殖系，自然有極好的酸度與均衡，加以其氣韻優雅複雜，口感深沉，質地絲滑，細節盡現，酒友不可錯過。另款初階的Petrie Chardonnay是以位於本莊北邊30公里處的偏冷涼地塊園區果實所釀，同樣優質，常釋出鳳梨與礦物質風韻。

筆者同時推薦的酒款還包括風味細緻深沉、較多黃色或熱帶水果（如洋梨與百香果），較少青草味的Sauvignon Blanc白酒、接近法國阿爾薩斯風格的Lismore Pinot Gris以及採用貴腐葡萄（約占60%）所釀成酒格清透、具誘人的風乾橙皮、甘草與紅糖風味的Kahu Botrytis Riesling。若要口味略重的紅酒，本莊還呈上Ata Rangi Célèbre，它以六個葡萄園的梅洛、卡本內─蘇維濃與希哈葡萄混調而成，風味清雅，在紅色漿果韻味裡沁滲出白胡椒、仙楂與雪松氣息，相當耐喝，唯需要較長的醒酒時間才見魅力。

塊2.8公頃的葡萄園，直接命名為McCrone Vineyard，但自始都租給本莊種植與釀酒。後有鑑於本園酒格特出，2006年份本莊首次推出單一葡萄園酒款McCrone Vineyard Pinot Noir，當年產量僅60箱，且隨即受到國際酒評讚賞。筆者在嘗過2008 McCrone Vineyard Pinot Noir後，給予極高評價的9.65/10分，在酒質上甚至略略勝過同年份的2008 Ata Rangi Ponot Noir的

Ata Rangi Vineyard

14 Puruatanga Road
Martinborough, 5741
New Zealand
Website: http://www.atarangi.co.nz

乾河不竭
Dry River Wines

馬丁堡副產區裡最精采的酒莊除阿塔蘭奇，就屬乾河酒莊（Dry River Wines）最為行家稱道；有幾年飲酒經驗者多聽過前者，但知曉乾河酒莊、且成為酒迷者就顯得極為小眾了。原因無他，只因乾河年均產量僅在2,000～3,000箱之譜，且多數酒款一釋出就為當地死忠酒迷購走，能賣到亞洲的量實在有限，還輪不到一般飲酒人在大賣場瞥見其身影、然後在臉書（或微博）上鍵道：請問各位大大這支酒的來歷？

奧克蘭人尼爾‧麥卡倫（Neil McCallum）在英國牛津大學獲得生化博士學位，還曾因〈盤尼西林的替代藥物〉論文得獎，他在攻讀學位期間，曾在一場晚宴上品飲到德國霍赫海姆（Hochheim）酒村所產的麗絲玲白酒而深受感動，從此展開與葡萄酒的愛戀。受到科學家好友謬內博士的研究激勵（報告中指出馬丁堡釀酒的風土潛質絕佳），尼爾隨後在1979年於馬丁堡鎮東邊、阿塔蘭奇南邊一點的馬丁堡河階地（Martinborough Terrace）上種下第一批葡萄樹，乾河酒莊也宣告成立。乾河之名其實取自十九世紀的一處綿羊養殖場。

尼爾雖從未接受過釀酒學訓練，但身為化學領域的專家，建莊之前又是紐西蘭政府的科學

乾河酒莊只以自有葡萄釀酒，也擁有自己的裝瓶設備（當地酒莊多付費請專業人士代勞）。

1. 本莊現任釀酒師威可。

2. Dry River Chardonnay（左）；Dry River Gewürztraminer Bunch Selection（右）。

與工業研究部（DSIR）科學家，故自學基礎非常扎實。他學習的過程不假外求、非常之簡單：就是將圖書館裡所有與釀酒相關的英文著作全部閱畢，接著實作、實驗與調整。曾有葡萄種植權威非常不看好他的自行其是、土法煉鋼，認為葡萄在他手下恐怕無法全然成熟。如今，眾人都事後諸葛，承認尼爾的確有一套。在毫無經驗又受質疑的情況下，除了知識理論，我想尼爾成功的必備條件還包括了自信、直覺與堅持。

不過，尼爾在2003年初將酒莊賣給華爾街富商、同時也是避險基金發明人的羅伯森（Julian Robertson），以及那帕谷的葡萄種植專家奧利弗（Reg Oliver）兩人，賣莊後一年，尼爾閒雲野鶴去了，直到2004年才又回莊擔任釀酒顧問，這時真正擔任日常釀酒工作的是波芘（Poppy Hammond），她的先生尚恩（Shayne Hammond）則擔任葡萄園種植主管。

然而世事多變，尼爾在2011年8月正式退休，從此與本莊無涉。波芘夫婦也在2012年中離職，在乾河酒莊對面自設酒莊Poppies（據說酒質頗佳）。此外，羅伯森在紐西蘭經營的物業還包括在霍克斯灣的Cape Kidnappers高爾夫球度假村以及Te Awa酒莊；但他又在2012年底將Te Awa賣給Villa Maria酒業集團，而原任Te Awa釀酒顧問的Antony Mackenzie現則替乾河提供釀酒諮詢。

Dry River Riesling（左）；Dry River Pinot Noir（右）。本莊基本上採「厭氧釀造法」（盡量不讓酒液接觸到空氣），酒款常需要更長的瓶中培養期才會適飲。

黑皮諾樹下鋪有白色反光布條以反射紫外線，可促進葡萄皮的多酚成熟。

神奇反光布

此次受訪的是原任本莊釀酒助理，自2012年7月起升任釀酒師的威可（Wilco Lam）。去訪時正值2月中，氣候乾燥，陽光耀眼，漫步園中時筆者發現黑皮諾葡萄樹下鋪有白色反光布條，此前雖未見過，但想當然用以增進葡萄成熟。威可進一步強調：「鋪上反光布是為了光，而不為獲取熱能。」首先，本莊葡萄樹引枝較高，果串到地面距離為110公分，故無法獲得地熱之助，但布料所反射的紫外線則有助果皮上的多酚物質成熟，同時由於馬丁堡基本上還屬冷涼產區，加上日夜溫差大，故而果實都還保有極佳的酸度。優質酸度與果皮的多酚成熟，造就了本莊均衡誘人的美酒。

葡萄的成熟分為糖分的蓄積（靠葉子行光合作用）與果皮的多酚成熟（風味與酒色的主要來源）。許多氣候較熱的產區（如南加州）常常是糖分夠了，但多酚的成熟還未趕上，這時若採收釀酒則導致「空有酒體，而滋味與深度不足」的缺失；但若要待至多酚也熟至理想，又常會發生果實過熟、酸度喪失，進而產生酒精濃度過高、酒體失衡、風味過於熟爛而頹靡。基本上馬丁堡已具釀造優質黑皮諾的風土，本莊再以獨創的反光布創造紫外線輻射以促進多酚成熟，只能說是「條件上的再加分」與「酒格偏好之選擇」。

乾河是在1990年代開始採用反光布，隨後隔鄰的阿塔蘭奇也跟進使用。不過阿塔蘭奇只用在更難熟成的希哈品種上，且不僅鋪設反光布，還實驗性地在希哈樹下佈灑大石塊，甚至是回收、打碎的舊酒瓶碎塊，除用以反射光線，還同時可避免陽光直曬土壤致水分快速蒸發。南島尼爾森（Nelson）產區紐道夫酒莊（Neudorf Vineyards）的做法則是在園中撒上貝殼碎塊；不過根據威可的看法，不管是石塊、貝殼或玻璃都會有光線折射、漫射的問題，不若反光布能夠均勻、較少散失地反射光線到果串上。另外，本莊使用Scott-Henry引枝法，採雙層樹冠管理，即結果枝分上下兩層開展，葉不覆果，更能吸收陽光；此引枝法另一優點是果、葉之間通風佳，可減少黴菌侵擾。

乾河酒莊的酒瓶均為深墨綠色，且瓶口有一圈圓嘟的可愛唇形突出，相當易於辨認，究問之下才知是自義大利Vetri製瓶廠進口的特殊瓶品。本莊目前自有園區11公頃，也僅以自家果實釀酒。春、秋兩季會各釋出一批產酒，其中50%賣給郵購名單上的忠誠老客戶，20%銷給紐國的高級餐廳與檔次較高的葡萄酒專賣店，其餘30%才配予出口（最大市場為澳洲，亞洲的日本與香港已有代理商）。

模特兒身材黑皮諾

本次採訪時間僅1小時，威可便急著趕人，說是有新進員工待他進行新訓；乾河共釀約十款酒，他也只讓我試了兩款酒。首先是2010 Pinot Noir：本莊黑皮諾使用多款無性繁殖系，其中八成為Clone 5（源自加州大學戴維斯校區），由於產量小，所以三塊葡萄園（Dry river estate、Craighall、Lovat vineyard）以及不同的無性繁殖系都一起混釀，後在橡木桶中培養1年，其氣息甜美，以黑櫻桃、黑李乾與紫羅蘭風味為主軸，架構完整修長，質地緊緻，酸度佳，礦物質風味非常鮮明，基本上是萃取較多、很有料的一款黑皮諾，但整體又維持內斂優雅，還帶點白胡椒氣息；或許是反而光布奏效，這酒喝來反而較像北隆河的優質希哈紅

圖片右邊為簡單的橡木桶酒質培養室（有空調）。

酒。

　　不過威可強調，本莊的黑皮諾在經瓶陳6、7年後就會如實呈現品種氣韻。相對於本區其他酒莊的黑皮諾，乾河的版本確實需要較長的時間才適飲（最好等個10年）。酒莊也避免酒精度過高，事實上過去30年，僅有一個年份的黑皮諾為13.5%，其他都在13%。總之不是「大隻佬類型」，而是修長高挑、肌肉緊實的「模特兒身材黑皮諾」。當場品飲的白酒是2012 Craighall Vineyard Riesling：產量僅3,600瓶，聞有檸檬糖、白柚、椴花花茶、橙橘花香以及甘草氣息，酸度佳，礦物質風味清晰明確，藏有堅實修長的龍骨，酒格偏向法國阿爾薩斯的不甜麗絲玲。

　　既然乾河的酒款在台灣暫時買不到，我只好在採訪途中盡量搜購來喝：先是在馬丁堡鎮中心的Martinborough Wine Centre尋到兩瓶。首款是2011 Gewürztraminer Bunch Selection：這是一款混有貴腐葡萄的晚摘格烏茲塔明那甜酒，口感香潤脂滑不厚重，極好的酸度撐出多層風味，如蕈菇、紅糖、煙燻龍眼乾以及鳳梨乾等，甜度不特高，故基本上適搭風味較重的

菜餚（如義大利香料茄子肉醬馬鈴薯麵疙瘩，佐帕瑪森起司），不特適合搭配甜點；其酒質著實令人激賞，甚至比大多數的阿爾薩斯版本都來得精采。另款2011 Chardonnay嗅聞有洋甘菊，以及略微芹菜的植蔬氣韻，口感豐潤、架構極佳，沁爽酸度引來萊姆與檸檬韻味，同樣為耐人尋味的醞釀。

　　後來駕車北返至奧克蘭，也在著名的Accent on Wine葡萄酒專賣店購得本莊兩款酒。2011 Craighall Vineyard Riesling爽滑精酸可口，質地緊緻具深度。第二款則是除黑皮諾外，乾河賴以成名的灰皮諾白酒2011 Pinot Gris：清新雅致的鼻息中飄昇出檸檬、愛玉以及煙燻複韻，入口脂滑細膩，架構精練，釋有苦橘皮、甘草、椴花花草茶以及橙花氣韻，婉約柔情，其實含勁，搭以炒山蘇轉韻出鳳梨味，以蒜酥土雞塊佐酒則併發蜜桃與甘草滋味，實為紐西蘭最佳灰皮諾之一（也成名最早）。

　　雖本莊近年人事異動頻仍，老莊主已離乾河而去，但羅伯森早在十多年前已是本莊擁有人，新、舊代莊主與釀酒師之間其實無縫接軌，吾人應可冀望「乾河不竭，醇酒淌流不息」。🍷

Dry River Wines

P O Box 72

Martinborough

South Wairarapa

New Zealand

Website: http://www.dryriver.co.nz

part XIII 偏安一隅，孕生美酒
NEW ZEALAND Nelson

位於紐西蘭南島東北部的馬爾堡為該國產量最大、也是最國際知名的產區,相較之下,位於馬爾堡西邊車程2小時、也是本文主角的尼爾森(Nelson)則是偏安一隅、相對被忽視的小產區。近年由於馬爾堡耕地有限,致使投資者將闢園建廠的資金移往西北部的尼爾森,再加上後者著名的蘋果種植業榮景不再,讓更多人投入釀酒葡萄種植。目前尼爾森的葡萄園種植面積為962公頃,僅占紐國總種植面積的3%。

早在1843年便有德國移民試圖在尼爾森種植葡萄釀酒,但成績不如人意,2年後這群缺乏耐心的德國人便遷往澳洲南部炎熱乾旱的巴羅沙谷重起爐灶,後來也的確創出佳績,使巴羅沙谷紅酒聲名遠播。1967~1976年間,法國胡格諾教派(Huguenots,當初為逃避歐洲宗教迫害而移民至此的新教徒)後代的費斯勒(Viggo du Fresne)開始以本區紅寶石灣

(Ruby Bay)旁的半公頃葡萄園釀出干(不甜)紅酒;或許因病毒侵擾,彼時費斯勒所種植的歐洲優質品種(如夏多內、榭密雍以及皮諾莫尼耶〔Pinot Meunier〕)全數陣亡,所以他當初所釀造的深色強勁紅酒,其實是以品質平庸的雜交種Seibel 5437與5455釀成。

1970年代起,以種植歐洲優質品種開創新局的酒農才真正出現。賽弗來德(Hermann Seifried)於1973年在本區的上慕提爾(Upper Moutere)山坡地帶種下應是首批的歐洲種葡萄樹,之後則有創立紐道夫酒莊(Neudorf)的提姆・芬恩(Tim Finn)在1978年同樣於上慕提爾跟進種植,加上其他同時期的追隨者,尼爾森葡萄酒業可說終於步上正軌。尼爾森目前所種植的釀酒品種,依種植面積占比由高而低列出如下:白蘇維濃(39%)、黑皮諾(23.1%)、夏多內(15.2%),以及少數的灰皮諾、麗絲玲與格烏茲塔明那。

紐道夫酒莊葡萄園春景。

紐道夫酒莊會在葡萄園中放牧羊群吃掉園中雜草，免除了除草劑使用。

　　尼爾森三面環山，北面朝海，因地形屏障氣候穩定溫和。本區也是紐西蘭全國各產區中陽光最充分者（與馬爾堡不相上下），每年可獲日照約2,400小時，夏日平均最高溫約在攝氏25度（有時可達30度），但在夜間則會降至14度，較大的溫差正適合種植釀酒葡萄。年平均雨量約在900公釐（較馬爾堡略高），最乾燥的季節在每年的1月、2月與3月；由於以上所提品種都不算是太晚熟，所以採收季時來襲的秋雨影響並不大。

　　尼爾森主要可以分成威美雅平原（Waimea Plains）以及上慕提爾山坡地帶兩個非正式副產區，以前者占總產量大宗。威美雅平原位於尼爾森市西邊，地勢平坦，表層為粉砂壤土，底層是礫石，所產的白蘇維濃白酒風格近似馬爾堡的清鮮沁酸、帶青草味的風格；至於平原西邊地勢較高的上慕提爾土質含有較多黏土，尤適合釀造具深度與儲存潛力的夏多內白酒與黑皮諾紅酒，目前被公認為酒質最傑出的紐道夫酒莊便位於上慕提爾，後文將予以詳介。🍷

味自慢釀酒
Neudorf Vineyards

自慢，這兩個日文漢字指一人以最拿手絕活，追根究柢窮究一輩子，如鍛鐵般反覆操習才擁有的功夫或技藝，餐廳有味自慢贏得饕家尊敬，紐西蘭南島北端的尼爾森產區則有紐道夫酒莊（Neudorf Vineyards）的味自慢釀酒讓酒評家稱道。事實上，紐道夫的Neudorf Moutere Chardonnay被許多酒評列為南島最佳夏多內白酒，也是紐國最佳夏多內白酒之一。本莊在紅酒方面也揮灑自慢：英國《品醇客》（Decanter）雜誌在2012年7月號也將2010 Neudorf Moutere Pinot Noir以評分19/20分，列為五星葡萄酒。

紐道夫位於尼爾森西邊山坡上的慕提爾區，更精確一點來說，位在最佳風土之處的上慕提爾副產區。動物行為學與農業專長的提姆·芬恩偕同時任新聞記者的妻子茱蒂（Judy）於1978年開始在此種植葡萄。酒莊所在處曾是1842年德裔移民的拓荒聚落，1981首年份葡萄酒釀於已有八十年歷史的老舊農場，初始因陋就簡以不鏽鋼牛奶冷藏槽釀酒，正式釀酒廠則於隔年才建立。如今紐道夫的年均產量約13,000箱，在紐西蘭算是小型精品酒莊，產量一半外銷至22國，同時也是「十二家族」組織成員（會員皆是高水準的小型家族經營酒

紐道夫酒莊所在處曾是1842年德裔移民的拓荒聚落。

莊）。

　　提姆當初未選現今知名大產區馬爾堡，而擇尼爾森為種植葡萄與釀酒處所，其實首因是看上尼爾森為適合人居的福地。尼爾森氣候接近東邊的馬爾堡皆是紐國最陽光滿溢之都，但前者較之後者略微涼爽、生長季也因此略長，採收期也晚了幾天。提姆在早期實驗種植後選擇放棄的品種包括：梅洛、卡本內—蘇維濃、白梢楠，以及平庸、棄之成理的米勒—土高（Müller-Thurgau）。

貝殼妙法

　　紐道夫酒莊近年將葡萄園管理專家傅雷曼（Richard Flatman）納入團隊，使本莊從永續農業（回收紙箱、處理廢水再利用、以葡萄藤蔓製作有機肥料等）轉變成有機種植。冬季時，傅雷曼會放牧黑面的薩福克羊（Suffolk sheep）與源自英國的羅姆尼羊（Romney sheep）在園中吃草，溫和解決雜草與葡萄樹競爭水分的問題（本區雨量不算高）。本莊還有筆者前所未聞的最新農法：在葡萄根下方均

1. 2012年採訪時，筆者垂直品飲了六個年份的Neudorf Moutere Pinot Noir（最老年份為2002）後，認為此酒儲存潛力優良，且愈陳愈香。

2. 秋季採收後，工人收起防鳥網。

勻撒上一碎貝殼層以反射紫外線到葡萄上，如此可使果實風味提前成熟，因而可略早提前採收，以避免葡萄蓄積過多糖分而釀出酒精度過高的不均衡酒款。這無傷大雅的微氣候改造原理其實有點像阿根廷的風土：高山園區紫外線強有助果實風味成熟，而高海拔的涼爽氣溫又讓酸度不缺。

　　尼爾森主要可以分成威美雅平原與上慕提爾兩個副產區，本莊自有的13公頃葡萄園都位於後者，其他長期租用或簽約合作的35公頃園區則除位於上慕提爾，也有部分位於威美雅平原的Brightwater區塊。紐道夫的夏多內品種白酒之所以明顯勝過其他同區酒莊，是因葡萄主要來自含有較多黏土的上慕提爾，酒質渾厚具深度。相對地，其他產自威美雅平原礫石沖積土的夏多內，多半酒質可口但無深邃內涵。紐道夫的上慕提爾園區除黏土外，下層還有冰河時期所帶來的礫石層，故排水也佳。

眾家讚譽的Neudorf Moutere Chardonnay全採上慕提爾夏多內釀成，其無性繁殖系為百分之百門多薩無性繁殖系，故替酒帶來雅致的酸度與颯爽的礦物質風味。門多薩無性繁殖系的特性為果粒常常「母雞帶小雞」，實指同串的果粒大小不一。手工採收時，紐道夫會等果粒較大的「母雞果粒」完美成熟後才動手採收，此時「小雞果粒」的成熟度則相對更高。平均產量不高，約在每公頃3,000～3,500公升之間（約等同於法國布根地特級葡萄園水準）。採收經壓榨後，未經靜置澄清便將葡萄汁導入法國橡木桶（約30%新桶）進行酒精發酵（僅使用野生酵母）以及隨後的乳酸發酵，在桶中培養的12個月期間會進行攪桶（攪動死酵母渣以增風味與酒體），通常未過濾便裝瓶。

　許多酒評家認為Neudorf Moutere Chardonnay常常神似布根地普里尼—蒙哈榭酒村白酒風格，而筆者以為略熟一點的年份則有高登—查理曼特級園白酒神氣。本莊次一級的Neudorf Nelson Chardonnay主要也以上慕提爾多內釀成（約85%），其他則來自平原區的Brightwater，新桶使用比例較低（10～15%），酒質其實與Neudorf Moutere

1. 莊主提姆・芬恩（中）、妻子茱蒂（右）以及愛女羅熙（Rosie，左）。提姆為愛爾蘭裔移民後代，初建莊時，夫妻倆共有四個貸款與三份工作才足以支持酒莊營運。

2. 此為夏多內門多薩無性繁殖系，果粒常常「母雞帶小雞」，即指同一串的果粒大小不一。採Scott Henry樹冠管理，結果枝分上下兩層開展，益處為受陽與通風佳（可減少黴菌侵擾），壞處為產量較大（所以需疏果，此為未疏果前）。

Chardonnay相去不遠，值得一試。此外，自2006年起若在紐西蘭葡萄酒酒標上標明某特定品種、年份或是產區，則必須遵守「八五法則」（85% rule），也就是至少必須85%來自某特定品種、年份或是產區才能如此標示。

自慢黑皮諾

　本莊以夏多內建立令譽，但近年更為酒評家與愛酒人討論的反而是黑皮諾品種紅酒。招牌旗艦黑皮諾是Neudorf Moutere Pinot Noir，風格優雅自制，埋藏底蘊，不特以甜美明亮果香招搖過市，依年份之別，有時以較現代風格的布根地香波—蜜思妮酒村酒款之馨雅細膩示人，有時展現玻瑪酒村較為渾厚柔潤的面向。黑皮諾在手工採收去梗後，於開放式小酒槽釀造，期間會進行手工踩皮萃取，在槽內的總釀

造與浸皮時間可達5星期，之後經法國橡木桶（30%新桶）培養12個月後，通常不經過濾與黏合濾清便裝瓶。此黑皮諾紅酒單寧架構不特強，但集中風味裡所伴隨的酸度讓其至少有20年的儲存潛力（年均產量約600～700箱）。

另一款Neudorf Tom's Block Pinot Noir是以較年輕樹藤黑皮諾釀成（大部分來自上慕提爾，少部分來自威美雅平原Brightwater區），酒質柔美優雅，物超所值。

最後的特釀款黑皮諾Neudorf Moutere Home Vineyard Pinot Noir並非年年出品：若酒莊後頭的Home Vineyard園區中心區塊的黑皮諾無性繁殖系Pommard Clone老藤當年表現絕佳，便會以Pommard Clone為主幹，並混合其他無性繁殖系黑皮諾釀成，年僅120箱；此稀罕酒款其實酒質與Neudorf Moutere Pinot Noir同一水平，

但或許單寧的天鵝絨質地更為凸顯。

由於Pommard Clone（玻瑪無性繁殖系）是由加州UC Davis大學自法國玻瑪村引進培育後重新命名才輸入紐西蘭，所以也稱UCD5，紐國簡稱Clone 5。關於黑皮諾，葡萄園管理主任傅雷曼還指出2月中時（大約等同北半球的8月中），飛鳥都愛吃黑皮諾，因它正處轉色期，故鳥瞰紅綠相間的黑皮諾果串攻擊目標明確，而此時夏多內葡萄果色仍青生，甜度不足，非鳥族首選。

紐道夫還釀有其他幾個品種的白酒，酒質雖未達超群水準，但皆優質。以目前在紐西蘭相當流行的灰皮諾而言，本莊釀有Neudorf Maggie's Block Pinot Gris與Neudorf Moutere Pinot Gris兩款，兩款都有小部分酒液在舊木桶發酵，風格較偏向法國阿爾薩斯，其中以後

小貓在晨曦裡的葡萄園中沉思。

NEUDORF
MOUTERE
CHARDONNAY
2010
WINE OF NEW ZEALAND – NELSON

1

NEUDORF
MOUTERE PINOT NOIR
HOME VINEYARD
2009
WINE OF NEW ZEALAND – NELSON

2

NEUDORF
TOM'S BLOCK
PINOT NOIR
2009
WINE OF NEW ZEALAND – NELSON

3

NEUDORF
MOUTERE
RIESLING
2010
WINE OF NEW ZEALAND – NELSON

4

NEUDORF
MOUTERE
PINOT GRIS
2011
WINE OF NEW ZEALAND – NELSON

5

1. 與許多法國布根地優秀白酒相較，Neudorf Moutere Chardonnay絕對能與之爭鋒。過去十年來，此酒的雙數年都是較熱年份，單數年份較為冷涼（產量較低），酒質皆上乘，但筆者更偏愛單數年份。

2. Neudorf Moutere Home Vineyard Pinot Noir僅在特定好年才推出，年產僅120箱左右。

3. Neudorf Tom's Block Pinot Noir以較年輕樹藤黑皮諾釀成，酒質柔美優雅。自1991年起本莊開始以旋蓋裝瓶，為紐西蘭最早使用旋蓋的酒莊之一。

4. Neudorf Moutere Riesling具熱帶水果與香瓜風味。

5. Neudorf Moutere Pinot Gris風格近似阿爾薩斯灰皮諾，唯有榲桲果醬以及甘草氣韻。

者較優。另，不同於一般商業風格白蘇維濃品種白酒的Neudorf Nelson Sauvignon Blanc架構頗佳、中後段豐潤，尾韻相當長。本莊的兩款麗絲玲品種白酒同樣以葡萄來自上慕提爾的Neudorf Moutere Riesling酒質較佳。

自2002年到任的釀酒師卡瓦納格（John Kavanagh）在2012年夏季離職，後由曾在中奧塔哥產區的費爾頓路酒莊（Felton Road）釀過酒的史蒂文斯（Todd Stevens）接手；由於費爾頓路也是「十二家族」成員之一，所以酒莊稱此人事異動為家族內晉用（Keeping it in the family）。自慢者自強，美味自將延續。

Neudorf Vineyards

138 Neudorf Road
RD2 Upper Moutere
Nelson, New Zealand
Tel: +64 (0) 3 543 2643
Website: http://www.neudorf.co.nz

part XIV 白裡透紅馬爾堡
NEW ZEALAND Marlborough

紐西蘭南、北島各產區專擅的品種與葡萄酒風格各異，如北島的吉斯本以夏多內品種聞名，同位於北島的霍克斯灣有梅洛稱王，南島的中奧塔哥的黑皮諾紅酒已闖出名號，然而直至目前，最具國際知名度且風格無人能出其右者，還屬來自南島東北部馬爾堡（Marlborough）產區的白蘇維濃品種白酒。

馬爾堡的白蘇維濃酒香似自杯中躍起，直闖鼻竅，即便是生手，飲過一次便印象深刻。其風味清新，帶有剛割畢的青草、青生菜葉、青醋栗漿果氣息，氣味集中濃烈，口感沁酸極為醒神開胃，多數人一喝就愛上，但也有人嫌其

氣息過於簡單直接，甚至有點咄咄逼人。這鮮猛的青草以及草本味其實來自葡萄中的2-甲氧基吡嗪（Methoxypyrazine），且相對於其他氣候較溫和產區的同樣熟度白蘇維濃，氣候冷涼的馬爾堡白蘇維濃的2-甲氧基吡嗪濃度硬是高出許多，也形成其無可模擬的特殊風格。然而2-甲氧基吡嗪也帶來類似貓尿的擬仿氣味，讓有些酒友無法消受；若氣息較清雅一些，法國人會說：「有黑醋栗初綻嫩芽的氣息！」

本區首批的白蘇維濃以及黑皮諾，是由Montana酒廠在1975年種下，該廠算是馬爾堡在葡萄酒現代紀元裡的首家酒廠，卻非馬爾堡有史以來的首家酒廠：1873年，蘇格蘭移民賀德（David Herd）已在本區創建Auntsfield酒莊，並種下不到1公頃的棕皮蜜思嘉（Muscat）以釀造甜酒；1931年這批葡萄樹被拔除後，葡萄種植一度佚失，直到Montana出現才又恢復。1990年代起，鑑於本區白蘇維濃受到國內外消費者歡迎，馬爾堡的葡萄種植面積便有增無減，從1997年的2,655公頃暴增至目前的24,610公頃，目前為紐國最大產區（占全國葡萄種植面積66%）。現今酒莊數也已超過百家。依種植面積由大而小，馬爾堡排名前五的品種為：白蘇維濃（占69.9%面積）、黑皮諾（13.8%）、夏多內（7.7%）、灰皮諾（3.2%）以及麗絲玲（2.9%）。

目前的馬爾堡以兩大副產區為主，但種植面積最大、名莊群聚者還屬較早開發的外洛谷地（Wairau Valley），同名的外洛河自西邊上游流經谷地北邊，東流至雲霧之灣（Cloudy Bay）入海。外洛谷地北有里奇蒙

外洛谷地北邊靠近礫石河岸的Hans Herzog酒莊所釀的Sauvignon Blanc "Sur Lie" 酒款帶有亞洲香料氣息，與該莊附設餐廳的「奶油爆米花佐茴香濃湯」搭配相得益彰。

阿瓦提爾谷地由Vavasour酒莊在1989年首開風氣建莊後，漸有新興酒莊加入（占馬爾堡三分之一種植面積），此地氣候較外洛谷地更為冷涼，葡萄園（中景的綠色橫帶）較易遭受霜害。

山脈（Richmond Ranges）屏障，南有枯丘（Wither Hills）環護，氣候乾燥多陽，溫差較大（平均至少攝氏10度），夏季又得雲霧之灣自東面導入涼爽微風，使葡萄成熟同時，不致有喪失酸度之虞。另一主要副產區阿瓦提爾谷地（Awatere Valley）位於枯丘南端，與外洛谷地幾呈平行，氣候更加乾燥冷涼，以風格清新的白蘇維濃與均衡的灰皮諾白酒引人。

　　介於里奇蒙山脈與枯丘之間的葡萄園寬度不過10公里，但外洛谷地地質並不均一。谷地北邊靠近河岸的園區略較谷地南邊溫暖潮濕，以排水佳的礫石土壤為主，所產白蘇維濃白酒具有較多熱帶水果氣息。越接近谷地南邊，黏土與粉砂越多，礫石減少，土壤較為厚重，產出的白蘇維濃較有2-甲氧基吡嗪所帶來的青草氣韻。

　　因白蘇維濃在商業上過於成功，使黑皮諾的種植與釀造一直未受重視，不過近年來許多菁英酒莊在外洛谷地南邊的向北山坡上種植黑皮諾，得利於較長的午後日照與比例恰當的黏土質，釀出讓專家都刮目相看的醇酒，使馬爾堡的葡萄酒風景「白裡透紅」。後面將介紹的弗朗酒莊（Fromm Winery）以及野犬之丘酒莊（Dog Point）均是釀造黑皮諾的高手。

超文本葡萄酒
Fromm Winery

葡萄酒當然是用來喝的，多數葡萄酒也就僅止於此，牽強多言，反顯矯情；但另有些則除感官賞析之外，還有閱讀的旨趣。若將品啜紐西蘭弗朗酒莊（Fromm Winery）的黑皮諾與希哈品種紅酒的過程比如閱讀文本，那麼在細細閱讀品味之餘，會發現其酒體（文體）的肌理架構、字裡行間還藏有超連結，能品讀弦外之音者，就可按下右鍵，在電光石火間被引領至另一超文本：歐洲優雅節制、底蘊厚深的葡萄酒書寫。

弗朗酒莊的歐洲底蘊其來有自。釀酒家族第四代的瑞士人喬治・弗朗（Georg Fromm）與妻子茹絲（Ruth）於1992年在馬爾堡產區的外洛谷地建立同名酒莊，又在同年挖來原先在紐國北島吉斯本產區工作的瑞士同鄉艾區・卡伯雷（Hätsch Kalberer）擔任本莊釀酒師至今，故而歐洲酒農釀酒哲學的無縫傳承得以實踐，而新世界葡萄酒也才得以窺見歐洲文本脈絡。

弗朗酒莊屬於「十二家族」組織成員，此組織的宗旨在於突破商業大廠的獲利至上導向，藉由小型家族酒莊的傳承釀出高品質、風格獨具的醇釀；組織目標有點類似歐洲的葡萄

Clayvin Vineyard因含有較多的黏土質（氣候乾燥不怕滯水）而得名，為馬爾堡種植夏多內以及黑皮諾最佳園區。

酒第一家族（Primum Familiae Vini）。「十二家族」在南、北島各有六個酒莊成員，南島除本莊外，還包括費爾頓路酒莊、飛馬灣酒莊（Pegasus Bay）以及紐道夫酒莊等；北島則有米爾頓酒莊和阿塔蘭基酒莊等等。

逆勢而為，以紅為尊

由於品種特色突出、香氣奔放、清新沁酸易飲，也易於理解，使商業化白蘇維濃品種白酒在馬爾堡大行其道。其實，這種白酒只要葡萄初達熟成階段，但風味未真正成熟時採下釀造，便可釀出風格大同小異的馬爾堡白蘇維濃。因成本低（不需花費過多人力照顧與限制葡萄產量；產量低反而釀不出富含青草氣息的白酒），且很快上市後，這些趁鮮即飲的白酒便可替酒莊回收現金，故而1990年代所有人都搶種白蘇維濃。對馬爾堡的「白蘇維濃現象」，本莊總釀酒師艾區也道：「我們應感謝，但並不值得驕傲。」

當初喬治‧弗朗來到馬爾堡，當然不為在茫茫白蘇維濃酒海中再添加更多滋味雷同的酒釀，他反而觀察到，產量如此大（每公頃可產出10公噸以上葡萄），葡萄園管理如此鬆散（不除多餘芽苞，不進行綠色採收，任其恣意生長）的白蘇維濃都可釀出相當可口（雖不具深度）且廣受歡迎的白酒，那麼如採歐洲嚴謹的植栽管理方式並降低產量，優質紅酒的釀造應大有可為。

建莊二十年後的今日，弗朗酒莊的黑皮諾紅酒已成本產區經典代表作，且產量的二分之一強釀的都是黑皮諾。少量（不到總產量10%）應客戶要求所釀造的白蘇維濃也與許多同業大異其趣：酒體圓潤均衡，架構完足，以熱帶水

瑞士籍的釀酒師艾區‧卡伯雷認為其天命就是樂天知命地釀酒。

果以及隱微的茴香氣韻為主，適宜搭餐，非常見的商業青草系類型，值得讀者一試。

黑皮諾寶地：南邊谷地

外洛谷地北邊土壤含有較多礫石，愈往南黏土含量愈高；其最南邊還有三個小谷地（可視為非正式副產區），與面積廣闊的外洛谷地約成垂直接壤，主要以黏土質為主，分別是：Omaka Valley、Waihopai Valley以及布蘭蔻谷地（Brancott Valley）。其中布蘭蔻谷地的向北黏土質坡地已成本地最佳新興黑皮諾種植區，本莊也釀有來自此谷地的黑皮諾酒款。

當馬爾堡開始對黑皮諾產生興趣的1990年代初期，許多黑皮諾被種在北邊谷地近河的礫石土壤上，與白蘇維濃為鄰，所得出黑皮諾紅酒雖香氣奔放，卻酒體乾瘦（以上特質顯然較

Brancott Valley Pinot Noir（左）與Clayvin Vineyard Pinot Noir（右）。本莊也釀造日漸受到歡迎的黑皮諾粉紅酒。

適合商業主流的白蘇維濃），缺少沉穩與溫潤的酒體。1990年代中期，酒農開始發現南邊谷地，甚至是更南一點的三個小谷地才是種植黑皮諾的理想寶地（以布蘭蔻谷地最佳）；黑皮諾在此呈現更深的酒色、更扎實的酒體與更加完整的架構。

弗朗酒莊的酒款分為兩大類，第一類是稱為La Strada的初階系列，表現出品種特色與酒莊風格，混合了數個葡萄園原料釀成，雖說是初階款，但絕不可小覷，如其La Strada Sauvignon Blanc、La Strada Pinot Noir、La Strada Syrah以及La Strada Réserve Malbec都相當出色，物超所值。

高階的Fromm莊園系列則以表現各葡萄園風土為宗旨，其中包括兩個單一葡萄園酒款（Fromm Vineyard與Clayvin Vineyard）以及副產區Brancott Valley酒款。酒莊周遭的葡萄園即是種於1992建莊元年的Fromm Vineyard，面積為5.5公頃，為礫石混合黏土質土壤。Clayvin Vineyard則是位於布蘭蔻谷地裡，面北坡地上的單一葡萄園（黏土成分較高），釀酒葡萄

購自長期簽約合作的葡萄農。標示以Brancott Valley的葡萄酒其實是以布蘭蔻谷地的兩塊葡萄園果實混合釀成，葡萄同樣向密切合作的葡萄農購買。

以本莊自傲的黑皮諾紅酒而言，除初階的La Strada Pinot Noir外，Fromm Vineyard Pinot Noir單寧架構較強、風味集中，Clayvin Vineyard Pinot Noir則質地較為柔軟、風味更為通透，兩款單一葡萄園黑皮諾的共同特色是保有歐洲優雅內斂的氣質。Brancott Valley Pinot Noir則甜美料足小帶性感，為同樣層次但更易於欣賞的美酒。艾區補充說：「早期的Fromm Vineyard Pinot Noir具有布根地玻瑪酒村酒款的強勁豐美，現在則顯得愈加細膩，有香波—蜜思妮酒村風格。」筆者覺得Fromm Vineyard Pinot Noir較凸顯布根地馮內—侯瑪內酒村型態，而Clayvin Vineyard Pinot Noir則相當程度展現了香波—蜜思妮的婉約典雅風範。

1. 毛利原住民正在葡萄園中進行採收；本莊採有機種植。
2. 與桶中葡萄酒一同受到薰陶培養的木貓。

1

2

1

3

2

1. Fromm Vineyard Syrah。弗朗酒莊為本區釀造希哈紅酒的第一把交椅。

2. La Strada Réserve Malbec;每年僅釀3桶,品質不輸優質的阿根廷馬爾貝克品種紅酒。

3. 左為La Strada Sauvignon Blanc;右為Clayvin Vineyard Chardonnay。本莊的白蘇維濃白酒強調架構與口感,與青生風味的商業款不同,尤其在50%的舊桶(600公升)發酵,更添複雜風韻。

希哈紅酒第一把交椅

著名的法國農業暨土壤微生物學家布津農(Claude Bourguignon)幾年前趁參加於首都威靈頓舉行的「黑皮諾論壇」之便,來訪弗朗酒莊,並在Fromm Vineyard裡挖掘出兩個深達2.5公尺的地洞,分析土質後,興奮大喊:「這肯定要種希哈品種的!」的確,目前的馬爾堡希哈紅酒代名詞就是弗朗酒莊,雖另有他莊少量種植,但酒質模範還在本莊。

在Fromm Vineyard裡,希哈表現優異,可在

不蓄積過多糖分時，便已達到葡萄的多酚成熟（即風味完全成熟），故而酸度與均衡感俱佳，散發有紫羅蘭與白胡椒氣息，近似法國北隆河產區美釀的神韻，比澳洲、加州或智利的同品種酒款都要清新且具較低的酒精度，氣韻深沉，不厚重滯膩。本莊釀有La Strada Syrah以及Fromm Vineyard Syrah，在釀造時都摻入不超過3％比例的維歐尼耶白葡萄一同發酵，一如北隆河羅第丘名釀的做法，增香也添酸味。另外，希哈葡萄在紐西蘭一如法國原產地被稱為Syrah，從未像澳洲因地制宜稱其為Shiraz。

本莊既然黑皮諾紅酒表現傑出，對同來自布根地的夏多內品種也具有絕佳的掌控力，其中以Clayvin Vineyard Chardonnay白酒最為精采。此外不可忘提的是產量較少，極少出口地的麗絲玲品種白酒。與多數紐西蘭酒莊一樣，本莊的麗絲玲干白酒品質尚可，但專擅德國摩塞爾（Mosel）產區的酸甜麗絲玲風格，且幾乎德國特級良質酒（QmP）各級別的酒款都有釀造（詳細分級請參閱《頂級酒莊傳奇》相關章節），筆者品過最驚人的是沁酸馨甜、均衡精練的2004 Beerenauslese Riesling，無緣嘗到的1998 Trockenbeerenauslese Riesling則讓筆者心嚮往之。本莊甜酒不受貴腐黴影響，單純以乾

1. 正以手工進行踩皮萃取手續。

2. 本莊喜愛使用來自布根地桶廠François Frères的橡木桶，桶版下方方框裡的字樣指出木料經「三年戶外天然風乾」。

縮葡萄釀造，氣韻飄逸、清雅脫俗。另，特殊的格烏茲塔明那品種晚摘甜白酒也是必嘗的特釀（本莊僅種有格烏茲塔明那1,200株）。

可能因與妻子離異等諸多原因，喬治·弗朗已於2003年返回瑞士自家酒莊釀酒（同樣以黑皮諾為主），並將酒莊主要股權賣給瑞士友人Pol Lenzinger與Georg Walliser兩人。之前曾任艾區手下助理釀酒師的霍爾（William Hoare）目前也成為本莊小股東，並升任總經理，負責釀酒以外的營運與行銷事宜。幸好艾區只想釀酒，他看過許多釀酒師在升任總釀酒師之後，再高升為總經理，反而需操煩與釀酒無關的事務，而將釀酒的「好缺」讓賢他人代理的「悲慘例子」，他只想心無旁騖地釀酒，如此而已。聞此，愛酒人應同筆者，欣慰快哉。🍷

Fromm Winery

Godfrey Road, RD2

Blenheim 7272

New Zealand

Tel: +64 (0)3 572 9355

Website: http://www.frommwinery.co.nz

取法乎上
Dog Point Vineyard

十九世紀中期，首批歐洲人來到紐西蘭南島北端的馬爾堡開墾拓荒，引進羊群以及牧羊犬，但部分牧羊犬走失，四處浪蕩如遊魂，並結為狐群狗黨，幾代後野性漸增，平日藏身在馬爾堡外洛谷地南邊山嶺上，以野草與灌木叢掩身，並居高臨下虎視眈眈，每當飢腸轆轆的夜黑風高之際，化身凶狠野犬攻擊山腳下的羊群求生。這昔日的丘陵高地被稱為野犬之丘，今成葡萄園耕地，也是野犬之丘酒莊（Dog Point Vineyard）之所在。

秋季清晨的野犬之丘葡萄園。本莊葡萄園共占地100公頃，但僅使用兩成比例自釀，其他葡萄都賣給他莊（如雲霧灣、Greywacke以及Wither Hills酒莊）釀酒。

本莊的釀酒廠房相當簡樸，以功能性為主。

馬爾堡最為國際知名的酒莊莫屬雲霧之灣，它曾是馬爾堡酒質的標竿，以擅長釀造商業化白蘇維濃品種白酒聞名。然而，這類白酒並不難釀，現有許多後繼者已與之並駕齊驅，甚至青出於藍。子曰五十而知天命，時任雲霧之灣葡萄園管理師的艾文‧塞瑟藍（Ivan Sutherland）與同廠釀酒師詹姆斯‧席利（James Healy）都將邁入人生五十大關，自認天命不在替大廠打工，應趁為時未晚實踐理想，中年危機遂成中年轉機，兩人便於2002年著手建立野犬之丘酒莊。

艾文與詹姆斯於2003年底才離開雲霧之灣，故而野犬之丘的2002與2003首兩個年份其實是趁週末餘暇時間釀出。正式建莊且以自有釀造設備釀酒的首年份為2004年，同年底美國《葡萄酒觀察家》雜誌便對2002首年份酒質給出好評。如今的野犬之丘已成為紐西蘭最佳酒莊之一，全年3萬箱的90%產量出口至全球38國，澳洲為最大出口市場。

天時地利人和

野犬之丘在10年之間晉身紐國最佳酒莊，實有天時、地利與人和之助。首先是風味清新、芬芳撲鼻，強調品種特色，卻忽略風土個性的白蘇維濃白酒已經氾濫成災，知味者期待另種風格的白蘇維濃酒款出現。地利條件則因艾文與妻子本身便是擁有大片葡萄園的地主而無虞（野犬之丘葡萄園共占地100公頃，但僅使用兩成比例自釀，其他葡萄都賣給他莊釀酒）。人和，則因艾文與詹姆斯長年在雲霧之灣的工作經驗（艾文在1986年進入雲霧之灣，詹姆斯在1991年加入），提供了野犬之丘在建莊初始便擁有種植與釀酒基礎深厚的人才。此外，艾文不僅是第四代的農業世家，還來自當地著名的運動家族：艾文曾在1976年加拿大蒙特婁奧運奪得划船銅牌獎，其胞弟Allan則是紐西蘭國家橄欖球隊全黑隊的明星球員。

艾文在1979年決定將父母的農地（原種植

1. 野犬之丘的葡萄園管理主任Nigel Sowman指出，馬爾堡有99%的酒莊以機械採收白蘇維濃，但本莊皆以手工採收。左為Marlborough Sauvignon Blanc；右為Section 94 Sauvignon Blanc（為來自Section 94單一區塊的酒款）。

2. 本莊葡萄園管理主任Nigel的愛犬，會隨他巡視葡萄園，也會牧羊，人見人愛，非野犬匪類。

玉米以及豆類等）改種經濟價值較高的釀酒葡萄，當時他如同多數人，聽從業界的「專家之言」，種植產量較高，但其實風味平淡無趣的米勒─土高以及夏思拉（Chasselas）等劣質品種，但隨後的一趟歐洲划船之旅，讓他觀察並體悟到改種歐洲的經典品種才是正道，便拔除原有葡萄樹（部分因葡萄根瘤蚜蟲病侵襲該區致使葡萄株未拔先死），在1982年種植夏多內與麗絲玲，1985年接著再種植黑皮諾與白蘇維濃；目前這些葡萄樹已成為馬爾堡產區樹齡最長的葡萄樹之一。

另一方面，先前因種植米勒─土高等品種導致紐西蘭葡萄酒乏人問津的現象益發嚴重，故而紐國政府在1986年推出「拔除葡萄樹獎勵計畫」（Vine-pull Scheme），以每拔除一株補助

2.4元紐幣的方案根絕這些平庸品種，才促生了今日馬爾堡酒業的欣欣向榮。不過，其實源自德國的米勒─土高與源自瑞士的夏思拉都還在原生國普遍種植，酒質同樣不讓人印象深刻。

野犬之丘園中雖種有麗絲玲葡萄，但都賣給他廠，自己則釀造白蘇維濃、夏多內與黑皮諾三品種的四款葡萄酒。首先是以不鏽鋼桶釀造的初階款Marlborough Sauvignon Blanc，以及在橡木桶中發酵的Section 94 Sauvignon Blanc高階款，這兩款白蘇維濃與由雲霧之灣為首的商業大廠所釀的主流版本大相逕庭，而被當地人稱為Funky style of Sauvignon Blanc。Funky在英文裡有惡臭或是稀奇搞怪之意，野犬之丘白蘇維濃不若主流款芬芳愛現，但絕不臭（頂多像我愛其芳馥深沉，而臭味相投），強調質地與口感，而非僅自滿於淺香浮動，因較非主流所以謙稱稀奇搞怪吧。當地人多愛便宜、芬芳、卻不耐放的商業主流版本，也不願付較高代價購買野犬之丘白蘇維濃，這也是其知音以海外知味者為多的緣故吧。另，起源於美國黑

左為Marlborough Chardonnay（年產2,000箱）；右為Marlborough Pinot Noir（年產3,500箱）。

1. 門多薩夏多內無性繁殖系，為白酒帶來沁雅酸度。
2. 本莊的四位合夥人，左一與左二為艾文．塞瑟藍與妻子 Margaret；右一與右二為詹姆斯．席利與妻子 Wendy。艾文與詹姆斯目前同任本莊釀酒師。

人的放克（Funk）音樂不重旋律（主流），強調節奏（當時的非主流），而開發出另種音樂類型，或也可引申呼應以上論點。

取法乎上

雲霧之灣在1996年份也推出了較為非主流的 Te KoKo Sauvignon Blanc 酒款，此酒當初是在詹姆斯的提議下釀出，特點在於以橡木桶發酵（有部分新桶），且進行100%乳酸發酵（一般主流款在不鏽鋼槽發酵，不進行乳酸發酵）。Te KoKo 身為雲霧之灣的頂級白蘇維濃，筆者在嘗過2007年份後實在不怎麼欣賞，酒質總體而言不差，但是桶味未融合酒中，風格強勁，詭異彆扭不優雅，像被硬穿了彆腳小鞋，不舒服。

野犬之丘的 Section 94 Sauvignon Blanc 可說是艾文與詹姆斯在釀技與觀念成熟後推出的 Te KoKo 進階版，修掉了桶味突出、勁而不雅的 Bug（瑕疵與漏洞）。

Section 94之所以在酒質上能勝過老東家的 Te KoKo，在於取法乎上，這點在釀造細節上尤為清楚。Section 94堅持全手工採收（Te KoKo 僅部分），葡萄熟度較一般商業款更高（但不若 Te KoKo 那麼熟），不進行乳酸發酵以保持酸度，僅以法國舊桶發酵與後續培養（採少許攪桶），另因部分土壤含較高黏土質，葡萄成熟較緩，轉譯在酒中形成更佳的質地與風味深度。Te KoKo 較像是「虎爸狼媽」教育下的產物，過猶不及。

本莊的葡萄園位在外洛谷地南邊，介於與前者垂直的 Omaka 谷地與布蘭蔻谷地之間的圓丘上，部分則延伸到布蘭蔻谷地裡，不僅適合白蘇維濃，更是種植夏多內與黑皮諾的良

野犬之丘採有機耕植。園內也飼養牛羊，羊群喜愛啃嚼葡萄園內的雜草，成為「有機除草機」，也避去使用破壞環境的除草劑。

本莊在2014年11月舉辦建莊十周年紀念品酒會：十個年份（2004-2013）的40款酒皆表現傑出，令人為之驚豔。

柔美精緻黑皮諾

如同夏多內，本莊的黑皮諾產量並不高，每公頃平均產量約3,400公升，約等同於法國布根地特級葡萄園水準。紐西蘭葡萄酒專家庫柏（Michael Cooper）也將Dog Point Vineyard Marlborough Pinot Noir選為「必喝百大紐西蘭葡萄酒」之一。野犬之丘的黑皮諾（無性繁殖系包括Pommard、Abel、10/5以及不同的第戎無性繁殖系）在手工採收後，以10公斤小籃盛裝，送廠後在攝氏6度的冷房靜置一夜，隔天早上以手工揀去劣果，經幾天的發酵前低溫浸皮後在開放式發酵槽釀造，僅使用野生酵母，經18個月布根地橡木桶培養（約45%新桶），不經過濾與濾清便裝瓶。此黑皮諾口感精緻柔美，酸度與架構俱足，艾文喜以布根地的馮內一侯瑪內酒村風格來類比。長期而言，野犬之丘也將推出單一葡萄園黑皮諾以饗愛酒人。

野犬之丘取法乎上，不僅得其中，而是中上之上，假以時日，更上一層樓乃預料中事。

後記：野犬之丘兩位莊主在2014年11月假香港「中國會」俱樂部舉辦建莊十周年紀念品酒會，十個年份（2004～2013）的40款酒（另加一支2014 Sauvignon Blanc）皆表現傑出，令人為之驚豔。筆者有幸與會，見證酒質高超穩定，可說是紐西蘭最偉大的酒莊之一。

Dog Point Vineyard

Dog Point Road

PO Box 52 Renwick

Marlborough

New Zealand

Tel: +64 (0) 3 572 8294

Website: http://www.dogpoint.co.nz

地。野犬之丘的夏多內無性繁殖系三分之二為門多薩，三分之一為B95（布根地的高登一查里曼產區種有不少），前者帶來沁雅的酸度，後者賜予甜美果味，經過18個月桶陳培養（約25%新桶，進行少許攪桶），成就出架構清瘦精練、礦物質與黃色檸檬氣韻鮮明的優質Marlborough Chardonnay，年均產量為本莊四款酒中最低者（僅2,000箱），已成馬爾堡的夏多內典範之一。

part XV 南島黑皮諾發跡之所
NEW ZEALAND Canterbury

坎特布里（Canterbury）位於紐西蘭南島中部，為該國第五大葡萄酒產區，園區範圍廣闊，最北到最南端的園區相距達300公里。1986年的葡萄園種植面積僅有35公頃，目前約有1,450公頃。坎特布里的釀酒史並不算長，首家以商業規模運作的酒廠St Helena建於1978年（位於紐西蘭第三大城——基督城北邊不遠），且幾年後便以贏得金牌獎的1982 St Helena Pinot Noir震驚當地酒壇，此款紅酒為開創紐國南島優質黑皮諾釀造風潮的始祖。

坎特布里有兩大非正式的副產區，首先是位於幾年前遭地震重創的基督城周遭的坎特布里平原（Canterbury Plains）區塊，另一大區為外帕拉（Waipara），事實上80%的坎特布里葡萄樹都種在外帕拉。

坎特布里平原的葡萄園相當分散，酒款風格多樣，未有明確的統一風貌。外帕拉多數葡萄園則位於外帕拉谷地裡，酒莊間的向心力強，酒款也具備當地風土所賜的特定酒格，若將外帕拉獨立於坎特布里，以獨具一格的產區來看，亦無不可。

坎特布里平原與外帕拉最大的區別在於平均氣溫，雖然都屬坎特布里的冷涼氣候區，照理都受到來自東岸的冷風影響，但因外帕拉得利

飛馬灣酒莊（Pegasus Bay）時常舉辦大型音樂會，酒迷可坐在莊內的柔軟草皮上一邊賞酒，一邊愛樂。

於其右邊的泰維戴爾山脈（Teviotdale Hills）
屏障，因而較為溫暖。

外帕拉的氣溫其實更近似北邊的馬爾堡，均
溫會比受到東海岸冷風貫穿的坎特布里平原高
個攝氏1～2度。以同一品種以及同樣的葡萄園
管理而言，海拔較高的外帕拉的採收期會較平
原區提早10～14天。

當年替St Helena釀出金牌獎黑皮諾的知名釀
酒師修斯特（Daniel Schuster），後來也在外
帕拉設立同名酒廠，期待釀出酒體更圓渾、風
味更濃郁的黑皮諾美釀；不過2009年底修斯特
因財務困難已將酒廠出售。修斯特目前為國際
級的釀酒顧問，曾經顧問過的酒莊包括加州的
鹿躍酒窖（Stag's Leap Wine Cellars）以及義大
利名莊歐瑞納亞（Tenuta dell'Ornellaia）。

此外，從西邊的南阿爾卑斯山（Southern
Alps，包括Main Divide峰群，至高點的庫克峰
海拔為3,754公尺）吹來的強勁且乾燥的西北風
會快速帶走坎特布里土壤中的濕氣，甚至吹落
棲樹鳥巢與吹壞葡萄園中的整枝木樁，加以雨
量稀少（10～4月的生長季只有約358公釐），
故而葡萄園多需經人工灌溉。

坎特布里最重要的幾個葡萄品種依種植
面積的占比，由高而低列出如下：黑皮諾
（29.6%）、白蘇維濃（27.1%）、麗絲
玲（23%）、灰皮諾（8.8%）以及夏多內
（8.6%）；一般而言，以黑皮諾與麗絲玲的
表現最佳。目前坎特布里產區中樹齡較老的黑
皮諾，其實多數取自St Helena種於1978年的植
株，而這些植株主要是10/5以及2/10無性繁殖
系，據飛馬灣酒莊釀酒師麥特‧多納森（Matt
Donaldson）表示，這兩款無性繁殖系替黑皮
諾帶來耐人尋味的辛香調性，等至成熟，還會
發展出迷人的松露氣韻。

飛馬灣酒莊的採收工人正採收熟美健康的黑皮諾葡萄。

後面章節將介紹的兩家菁英酒莊均來自平均
水準較高的外帕拉，分別是飛馬灣酒莊以及鐘
丘酒莊（Bell Hill Vineyard）。🍷

原味覺醒飛馬灣
Pegasus Bay

筆者在多年前就遊訪過位於基督城北邊外帕拉產區裡的飛馬灣酒莊（Pegasus Bay），當時為寫作《覓蜜》而去拜訪蜜種多樣的坎特布里平原蜂農；週末無事，順道報名品酒觀光團與一眾遊客乘小巴參訪外帕拉幾家酒莊，由於觀光性質難免走馬看花，公關人員簡單介紹，我眾隨意喝喝看看，回憶已經模糊，僅存唯一印象是飛馬灣酒莊那清新沁爽的美味麗絲玲品種白酒，當時隨身帶回幾瓶，最愛搭配台泥大樓後頭的圓山老崔蒸包，酒的沁爽多果與九瘦一肥的豬肉餡裡應外合，鮮爽滋腴，宇宙無敵的美味；若讀者親訪老崔，切記「白醋、蒜蓉、香油」才是蒸包最合味的沾醬配方。

幾年後，基督城地震樓塌，人事已非。飛馬灣酒莊的國際聲譽則因眾多酒評的高分加持而扶搖直上，加上酒莊附設餐廳連續5年獲選為「年度最佳酒莊餐廳」而成為拜訪坎特布里的一大亮點。本莊以右側不遠的飛馬灣命名，此灣又以希臘神話的飛馬珀伽索斯取名。6年後筆者正式約訪，品評其釀作二十八款，其中包括幾個小垂直品飲，確認其整體酒質精湛且儲存潛力優良，飛馬美酒穿越時空更顯深邃。

車庫釀酒人

1976年賈伯斯在車庫開創蘋果傳奇，同年艾文・多納森（Ivan Donaldson）將基督城郊的自

飛馬灣酒莊以及附設餐廳，本莊葡萄酒有40%出口，英國以及澳洲為主要市場。此外，因中國自2012年起對紐西蘭葡萄酒進口實行零關稅，應會進一步刺激紐國葡萄酒在中國市場的市占率。

1. 前方的大型橡木桶主要用以培養黑皮諾紅酒。

2. 酒莊餐廳內的全球名莊酒瓶吊燈（包括Cheval Blanc、Guigal 等頂級酒莊在內）。

家車庫登記為酒莊，開始試種葡萄樹；由於車庫釀酒無前例可循，引來當地市議員、警察以及衛生局關切與查核。吾人現所熟知的車庫酒（Vin de Garage）風潮實起源於1990年代初的波爾多聖愛美濃（St-Emilion）產區，專指少量高分價昂、突然爆紅的精品酒莊。依艾文·多納森的釀酒歷程來看，他其實才是車庫酒的始祖。1986年艾文舉家北遷至氣候更溫暖的外帕拉（距基督城1小時車程），並種植了首批的20公頃優質國際品種；艾文試釀了1990以及1991年份，後在1992年正式建立飛馬灣酒莊。

英國葡萄酒作家休·強生（Hugh Johnson）出版於1966年的處女作《葡萄酒》（Wine）成為啟發艾文葡萄酒熱情之鑰，之後他兼具多重身分：葡萄酒資深愛好者、釀酒師、葡萄酒專欄作家以及葡萄酒競賽的評審；然而真正的專業身分乃是神經科醫師。由於本身不具專業的釀酒師訓練，他便將大兒子馬修（Matthew）送至澳洲巴羅沙谷的羅斯沃希農

業大學（Roseworthy Agricultural College）攻讀釀酒學以及葡萄種植學。

1992年馬修學成歸國後便接掌本莊的釀酒師職務至今，馬修的妻子琳內（Lynnette）則具有當地林肯大學的釀造與種植碩士學位，同樣擔任釀酒師一職，夫唱婦隨且各有專攻，先生多釀白酒，太太則專擅黑皮諾。兩人曾在世界多國學習釀酒，尤其偏愛法國布根地，琳內曾在Christophe Roumier與Nicolas Potel工作過，馬修則在Domaine Daniel Rion & Fils歷練過，這些都是布根地的優質酒莊。然而兩人不幸於2013年離婚，琳內後來也離開本莊。

約自十年前起，本莊皆以金屬旋蓋裝瓶。飛馬灣除經典系列（又稱藍蓋系列）外，還釀造僅在最佳年份才釋出的高階歌劇系列（金蓋裝瓶），因艾文的妻子克莉絲汀（Christine）對

1. 飛馬灣酒莊的老藤葡萄，本莊有40%的葡萄樹未經嫁接在美國種樹根上。目前還未在外帕拉發現葡萄根瘤蚜蟲病的蹤跡。

2. 狀態乾縮的貴腐葡萄。

3. 莊主艾文·多納森在車庫酒風潮興起之前就已經是車庫釀酒人（Garagiste）。

歌劇的熱愛，因而歌劇系列的每款美釀都以相關詞彙命名，如音樂巨匠（Maestro）、詠嘆調（Aria）、名家炫技獨奏（Virtuoso）或是美聲（Bel Canto）等等。歌劇系列中，除甜酒為園中精選葡萄釀造，其他都是在木桶培養過程中挑選酒質最高的幾個橡木桶單獨裝瓶上市，但推出的原則以不損及當年經典系列在混調時的品質為先決條件。此外，只要以飛馬灣為名推出，都以自家葡萄釀造，若以Main Divide品牌推出，則是以向簽約果農購來的果實釀酒，後者實為獨立品牌，而非二軍酒，可提前飲用，且更加物超所值。

外帕拉葡萄種植區分為兩大土壤類型，東邊靠山坡地帶以石灰質黏土為主，另一類是位在外帕拉河南岸的向北古老河階地上，本莊40公頃園區便位於後者。此河階地上有許多冰磧（Moraine），這是指由於冰川的沿途推進，山坡被凍融風化，再加上泥流作用，造成大量的岩屑與礫石隨著冰川而被搬運和沉積；冰磧帶來的礫石磨圓度較低，稜角較明顯，且形狀各異。因而本莊園區土層淺薄，礦物質含量豐富、貧瘠、排水佳（底下礫石層約近100公尺厚），所產葡萄顆粒較小，風味更集中。

原味覺醒

多年來本莊秉持不過度干預的釀法，唯一較大的變動在於夏多內品種的釀造上。2004年份以前，熟美的夏多內在榨汁後、酒精發酵前的靜置澄清進行徹底，果汁潔淨，且進行百分之百乳酸發酵，因而酸度較低，口感較為圓潤豐滿。之後，馬修決定提早採收日期，不求徹底靜置澄清，以含較多粗粒果渣的果汁發酵，只採部分乳酸發酵，故而今日的夏多內白酒顯得酒質更加複雜（果粒之功），愈趨清新均衡（酸度之助）。早期的夏多內白酒在釀造技術上無可挑剔，如今的版本則有更明確通透的個性，乃風土原味之覺醒。所使用的夏多內無性繁殖系主要是門多薩無性繁殖系，酒莊愛其低產、酸度佳，此無性繁殖系在西澳也被稱為Jin Jin。除經典款夏多內外，架構更完足的頂級款

Encore Noble Riesling甜酒所含的貴腐葡萄至少占50%，酸甜口感中帶有馬鞭草、肉桂以及漬橘皮等繁複氣息。

1. 飛馬灣酒莊花園中的日式小橋流水。
2. 本莊另一獨立品牌Main Divide的2011 Pinot Gris白酒與旗下餐廳的生魚片沙拉有著極對味的酒菜聯姻。

為Virtuoso Chardonnay。

飛馬灣最傑出的產品還是黑皮諾紅酒以及麗絲玲白酒。本莊園中的黑皮諾無性繁殖系共有十二種,最主要兩種為10/5與2/10,也有占比較少的布根地第戎無性繁殖系(如113、114以及667等)。黑皮諾去梗後,不破皮,以整顆果粒發酵,釀造時依無性繁殖系、樹齡、地塊不同,採小批分別釀造,發酵期間每日踩萃取兩回,不控制發酵溫度,發酵與酵後浸皮期間達4星期,如此可增進單寧結構以及降低過於新鮮卻簡單的果味,讓深沉的歐式黑皮諾風味得以在外帕拉凸顯;最後再進行各小批次混調。經典款黑皮諾品質優良,風味更細膩多

層次的歌劇系列Prima Donna Pinot Noir更已成為紐西蘭黑皮諾的典範之一(年均產量約250箱);Prima Donna意指首席女高音。

經典款藍蓋麗絲玲為本莊暢銷多年的招牌白酒,也是筆者當初拿來搭配蒸包的佳飲,物美價不昂,屬德國摩塞爾產區的微酸微甜風格。歌劇系列的麗絲玲有三款,首先是不甜(Dry)、近似法國阿爾薩斯產區風格的Bel Canto Dry Riesling,個人認為是紐西蘭不甜麗絲玲白酒的極致表現,有些年份的Bel Canto也會混有部分的貴腐葡萄(Noble Rot Grape,如2009年份),使架構與複雜度都更加提升。接著是Aria Late Picked Riesling,是款混有部分貴腐葡萄(至少30%)的晚摘甜酒;最後一款是Encore Noble Riesling貴腐甜酒,顧名思義,貴腐程度更高(至少50%,年均產量約220箱),這兩款甜酒極為出群拔萃,芳郁精巧滋

味繁複。

多數紐西蘭酒莊的不甜麗絲玲釀得不好，主要是因為皆以釀造馬爾堡產區商業化白蘇維濃白酒的方式釀造。以早摘、未真正成熟的葡萄可釀出受全球消費者歡迎的鮮爽高酸白蘇維濃開胃酒，但如法炮製釀造不甜麗絲玲的下場通常是：酒體薄弱，架構中空，尾韻短淺。得利於外帕拉秋季少雨乾燥的氣候，飛馬灣通常讓麗絲玲掛枝緩慢熟成至完美階段，遇年份許可，甚至混有少量貴腐葡萄，故而Bel Canto酒質不同凡響。

本莊還在特殊年份釀有夏多內貴腐甜酒Finale Noble Chardonnay，酒質優良而罕有，但依筆者之見，還未臻頂級貴腐甜酒標準。近年來，飛馬灣逐漸改弦易轍開始釀造Finale Noble Semillon，酒質大幅躍進，並讓多數波爾多索甸（Sauternes）產區貴腐甜酒汗顏而自嘆不如，更讓筆者傾心思戀其美味；Finale為樂章終曲之意。早期本莊所種植的榭密雍品種為UCD2無性繁殖系，約在2000年改植BVRC14無性繁殖系，其果粒間的空隙緊密，只要葡萄掛枝夠久，都能受貴腐黴感染而得此甜美珍

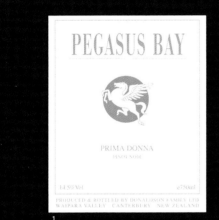

1

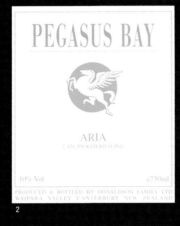

2

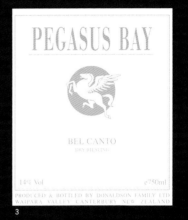

3

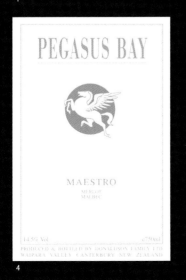

4

5

1. Prima Donna Pinot Noir為南島最佳黑皮諾之一，較乾熱的年份會呈現出較為明顯的香料氣息。

2. Aria Late Picked Riesling晚摘甜酒含有部分貴腐葡萄，帶有紅醋栗的酸甜滋味。

3. Bel Canto為紐西蘭不甜麗絲玲白酒的極致表現。

4. Maestro為波爾多風格混調酒款，酒質細緻精練。

5. 歌劇系列均以歌劇相關詞彙命名，Prima Donna意指首席女高音，為本莊頂級黑皮諾酒款。

2月中，為防止鳥兒偷吃逐漸成熟的黑皮諾葡萄，酒莊備網對抗。

釀。截至目前釀有Finale Noble Semillon的年份為：2007、2010以及2011（年均產量約200箱）。

另一款不可不提的歌劇系列紅酒為Maestro Merlot Malbec，主要以梅洛以及馬爾貝克釀成，還另外添加不到10%的卡本內─弗朗與卡本內─蘇維濃，酒質優雅細膩，有波爾多貝沙克─雷奧良紅酒風格，同樣由於秋季氣候涼爽乾燥，有時甚至可等到5月中、下旬才採收完畢，雖非主要產品，但質美脫俗不可錯過，應是南島最佳的波爾多風格紅酒（年均產量約250箱）。

飛馬灣酒莊為百分百的家族釀酒事業，除艾文、馬修之外，三子愛德華（Edward）掌管行銷與餐廳管理，最小的兒子保羅（Paul）擁有商業行政碩士學位，理所當然負責行政與財

務，甚至莊主夫人克莉絲汀也負責園藝管理，筆者採訪完畢臨行前，便見克莉絲汀龐大的身軀豪氣地跨坐在草皮修剪車上，左彎右繞，在排氣噗噗聲中將一顆櫻桃樹旁的草坪修整服貼。不同於波爾多酒堡常常僅是釀酒所在，莊主只是長居巴黎的擁有人，你我一踏入飛馬灣，那熱絡自然流動的人情便同酒香一樣令人陶醉。🍷

Pegasus Bay Winery

Stockgrove Rd, Waipara

RD 2 Amberley 7482

North Canterbury

New Zealand

Tel: +64 3 314 6869

Website: http://www.pegasusbay.com

鐘丘風土，美酒孕生
Bell Hill Vineyard

在《愛麗絲夢遊仙境》裡，小女孩掉進兔子洞，奇境歷險，南柯一夢。紐西蘭南島北坎特布里（North Canterbury）地區鐘丘酒莊（Bell Hill Vineyard）的葡萄園裡有一個約成人身高的蘑菇洞，沿梯而下的深掘小室藏有我的紐國黑皮諾夢遊仙境。

地心引力拉下愛麗絲，直直落，她心想也許會穿越地心，到達地球另一端。鐘丘酒莊黑皮諾美酒含潤口中，如今於我腦海馨香依舊，當時，覺得這美味將我五感升天，直直升，破土而出後，應該是北半球的法國布根地葡萄園吧。

鐘丘酒莊位於知名的外帕拉副產區西北的北坎特布里內陸，屬威卡佩斯峽谷（Weka Pass）地理區，位於外卡里鎮（Waikari）不遠山區。本莊設於一石灰岩山丘上，由丘之南面望去輪

鐘丘酒莊入口處告示牌說明本莊尚未受葡萄根瘤蚜蟲病侵襲，訪客請約訪。小字則敬告來客若曾造訪他園，未經允許，請勿進入（以免帶來病害）。

廓似鐘，故名鐘丘，酒莊也因之得名。布根地常見的石灰岩地塊為種植夏多內以及黑皮諾的寶地，但紐西蘭全國少見石灰岩，此為其一。鐘丘是在威卡佩斯峽谷建廠闢園的首家酒莊，此後三年另一家Pyramid Valley Vineyards跟進在5公里外設廠。區區兩家，景色具荒涼蒼茫之美，是北坎特布里釀酒的新亮點。

幾年前筆者向澳洲的葡萄酒大師David LeMire MW請教紐西蘭必訪的頂尖酒莊，他不假思索脫口而出：「鐘丘精采，不可錯失。」親身來訪後，果然印證。本莊由雪雯（Sherwyn Veldhuizen）以及丈夫馬歇爾・吉生（Marcel Giesen）建於1997年；雪雯曾在坎特布里的林肯大學攻讀種植與釀造學位，馬歇爾在18歲時自德國移民紐西蘭，後又回到德國攻讀釀造暨種植學，目前與兩位兄長在離本莊4小時車程外的馬爾堡產區經營規模龐大的吉生酒廠（Giesen Wines），僅在週末才回到鐘丘酒莊，因而本莊日常營運的靈魂人物其實是雪雯。

曾在歐洲釀過酒的夫婦倆，在1995年底設定心願要在5年內找到一塊石灰岩美園以釀造出具有架構、適切酸度以及陳年潛力的布根地風格美酒。未料半年之後便尋得理想地塊，在兩人結婚前夕便簽約購下位於鐘丘的一處私人農場，經一年時間將原本畜羊用的丘陵改造完成，並在1997年種下第一批葡萄樹。目前園區已擴展到極限，但共僅約2.4公頃，全種植在鐘丘朝北的向陽坡面上。雪雯承認，來此闢荒無他，就是看中石灰岩的風土潛力。其實，在1917年到1930年代晚期，鐘丘旁便有一處石灰岩採石場。

本莊園中除石灰岩，就是白堊土或是石灰質黏土，與布根地的夏布利以及香檳區土質近

鐘丘美酒，釀自雪雯。

似，加上海拔較高（約300公尺），雪雯最初不確定葡萄可以達到理想熟度以釀出頂級紅、白酒，故當初備用的B計畫就是釀造葡萄成熟度需求較低的氣泡酒；還好一切如其所願，酒質令國際酒壇刮目相看。

然而石灰岩土壤也並非毫無缺點。種植於石灰岩上的葡萄樹通常有缺鐵的困擾，因而導致葡萄樹萎黃症（Chlorosis），尤其當樹株嫁接在420A的美洲種樹根上時（歐洲種葡萄樹需嫁接在美洲種樹根以避葡萄根瘤蚜蟲病侵襲）。故而當後來有新的嫁接樹根可以選擇時，本莊便改採16149、Ruggeri 140以及41B以改善萎黃症狀。

本莊共有葡萄株22,000株，雖年平均雨量僅有500～600公釐，但僅幼藤（3歲以下）會施以人工灌溉，石灰岩另一好處是保濕性頗佳。目前全以自然動力農法耕植，不過自然動力農法的配方購自專業賣家，預計幾年後可取得正式自然動力農法認證。本莊的每公頃種植密度也取法布根地，採高密度植法：介於9,000到

1. 釀造處所，極其簡單，然酒質優越量少，稱之為「車庫酒莊」亦無不可。

2. 2月盛夏的夏多內葡萄。

12,500株之間，居全紐西蘭之冠。整個葡萄園也劃分成七小塊，黑皮諾釀自其中五到六塊，夏多內則自2009年起取自其中三塊園區。

絕種生物的樂園

早期由於葡萄樹尚年幼，故1999～2002年份本莊未推出正牌黑皮諾紅酒，而是推出以Old Weka Pass Road為名的二軍黑皮諾。此外，二軍酒黑色酒標上的白色手繪圖樣，其實取自五百至一千年前毛利人在鐘丘附近的一處岩壁上的壁畫遺跡，當時歐洲人尚未抵島。2001年5月，鐘丘的葡萄園裡還挖掘出恐鳥（Moa）骨骸化石，讓今人得以窺見兩千年前紐西蘭的野生光景。據推測，因毛利人的獵捕和森林開墾，致使恐鳥約在西元一千五百年左右絕種。在人類抵達前，恐鳥的主要天敵是哈斯特鷹

園區朝北以領受更多暖陽（方位與北半球相反），靠頂處的白色環帶即為白色石灰岩，仍可在夾縫中挖出小蛇與蜥蜴化石。

（Harpagornis moorei），由於恐鳥比鴕鳥大上一倍有餘，可重達300公斤，可想像哈斯特鷹張翅捕殺恐鳥時的巨大駭人鷹影。既然哈斯特鷹的主食恐鳥滅絕，鷹之絕跡也屬必然。在本莊附近一個富含石灰質的泥淖裡，也留有哈斯特鷹的殘骨。

鐘丘的正牌黑皮諾紅酒為Bell Hill Pinot Noir（首年份為2003），自2008年添購新穎的Armbruster Rotovib去梗機後，經處理的黑皮諾如同藍莓般顆粒完整勻亮，更進一步讓酒質細緻醇雅。多數的年份，酒莊還是會加入部分的整串不去梗葡萄（通常選熟度最高的果串），熟度中等者會進行破皮，熟度略遜一點者則會以新的去梗機處理成顆粒勻整的果粒以取其精粹果香。

各塊葡萄園的葡萄會分開採收，分開釀造（包括發酵前低溫浸皮以及酵後高溫萃取，總發酵與浸皮時間約為28天），於全新法國橡木桶中培養12～18個月以確認風格與潛力之後，才進行最後混調與裝瓶。經典的2007與2008年份Bell Hill Pinot Noir風味高雅，架構精練，可算是世界級的酩釀。至於較炎熱的2006年份則架構較為緊實，口感更為甜美帶勁，雖是優質

佳釀，但鐘丘紅酒真正引人貪杯的風韻還必須溫和緩慢練成，像是2007之類的佳年。

Bell Hill Chardonnay白酒產量最少（首年份為2004年），年產量不到千瓶。基本上採整串榨汁，但若遇較陰涼年份，則會去梗破皮（可略降酒中酸度），略微浸皮後再榨汁；而後如同紅酒都以野生酵母發酵，桶中培養期間不進行攪桶（可保持緊緻明晰的風格），但會進行100%乳酸發酵以降低過高的酸度，桶中培養期間約12個月（約30%新桶）。此酒架構完整，通透具深度，礦物質風味顯著，為難得一見的新世界夏多內白酒，即使較之於價格高過多倍的布根地頂級白酒，表現也不遑多讓，唯可較早飲用（算是優點），但終極儲存潛力還待驗證（約可陳放15年，以現代人的飲酒習慣而言也夠長了）。

本莊年均產量僅約1萬瓶，在紐西蘭當地並不零售，而是採郵購制度配額賣給長期支持的

1. 蘑菇洞底，是黑皮諾培養修身之處，所使用的橡木桶都來自布
   根地的Tonnellerie de Mercurey桶廠。
2. 本莊精練通透的夏多內白酒以6、15、95、96以及門多薩無性
   繁殖系釀成。

忠實客戶，此外也配銷給一些紐國的高級餐
廳；有65～70%出口至主要市場（如美、日、
新加坡與香港等）。建莊十幾年後，鐘丘已然
成為該國的新興頂級名莊。雪雯還預告，將來
若某葡萄園的酒質達到絕佳水平，還考慮推出
少量的單一葡萄園黑皮諾酒款，預想其酒質，
筆者便已醺然陶樂。🍷

Bell Hill Vineyard

P.O. Box 24, Waikari 7442
North Canterbury
New Zealand
Website: http://www.bellhill.co.nz

part XVI 極南的明亮風味
NEW ZEALAND Central Otago

對影迷而言，紐西蘭的中奧塔哥（Central Otago）因成為《魔戒》的拍攝場景而聞名，景色雄偉壯闊，山脈綿延峻險拔地而起；於酒迷來說，它是全球最南端的葡萄酒產區，在近十年迅速竄紅，以果香明亮、酒體飽滿且均衡的黑皮諾品種紅酒擄獲人心，成為布根地高價紅酒之外，品飲物超所值黑皮諾的佳選之一。

中奧塔哥人丁不旺，牛羊遍野，但葡萄酒產業發展迅速。1992年時，本地僅有六家酒莊，但到了2011年莊數已超過百家，目前葡萄園面積約為1,650公頃（1998～2009年間，葡萄園面積暴增了625%）。主要葡萄品種的種植面積比例為黑皮諾（78.5%）、灰皮諾（9%）、夏多內（4.4%）、麗絲玲（3.8%）以及白蘇維濃（2.2%）。

本區以小酒莊的經營型態為主，尚無大廠進駐，能被稱為中型酒莊的目前只有Chard Farm以及Mt Difficulty兩莊。紐西蘭他區的大廠尚未投資購園，但購買了中奧塔哥大量的葡萄釀酒。2008年，Pernod Ricard NZ集團便買進300公噸黑皮諾，足以釀成超過2萬箱的中奧塔哥

中奧塔哥觀光重鎮皇后鎮（Queenstown），風起雲湧正是進行滑翔傘鳥瞰觀光的大好時機。

南迴歸線45度線正好通過克隆威爾盆地副產區，屬中奧塔哥較為溫暖的區域。

黑皮諾紅酒。此外，許多小酒莊的收成都委由專業代釀合作社處理，藉以減輕購買昂貴釀酒設備之負擔，便可擁有貼上自家酒標的酒款。當地較知名的代客釀酒廠有VinPro以及Central Otago Wine Company。

有南迴歸線45度線通過中心地帶的中奧塔哥，為紐西蘭全國海拔最高（海拔200～450公尺）以及最內陸的產區，不同於紐國其他產區均為海洋性氣候區，中奧塔哥屬半大陸型氣候，日溫差以及季溫差都較其他北方產區來得大，日夜溫差巨大則可增進葡萄的風味以及較深的酒色。

本區氣候變化之極端也是全國之最：最高溫為攝氏38.7度，最低溫為零下21.6度（均在亞歷山卓〔Alexandea〕副產區測得）。夏季乾熱（通常超過攝氏30度），但相對較為短暫；秋季涼爽乾燥，夜晚冷涼如水，期間較夏季長

些；冬季寒凍，雪覆葡萄藤是常見地景。年平均雨量稀少（約為500公釐），再加上貧瘠的土壤（常見的底層基石是板岩），都使本區成為理想的釀酒葡萄種植區。

由於產區範圍十分廣闊，中奧塔哥之下又分有四個副產區：由西到東分別為吉普斯頓（Gibbston）、瓦納卡（Wanaka）、克隆威爾盆地（Cromwell Basin）以及亞歷山卓（全球最南方的酒莊Black Ridge Vineyard便位於此）。其中克隆威爾盆地面積最大，產量也最高，中奧塔哥約七成的葡萄酒釀自此處。後面章節將詳述的費爾頓路酒莊為目前中奧塔哥酒質最高者，位於克隆威爾盆地之下再劃分出來的班諾克本（Bannockburn）小區，也是克隆威爾盆地的葡萄園發跡之所。🍷

少即是多
Felton Road

中奧塔哥能在短期內成為新興明星產區，與費爾頓路酒莊（Felton Road）近年來的崛起不無關係。本莊位於克隆威爾盆地副產區裡的班諾克本（Bannockburn）小區，實際莊址便是與酒莊同名的費爾頓路。酒莊首年份的1997 Pinot Noir初在美國上市的售價為45美元，而產量較少的1997 Block 3 Pinot Noir則有75美元的身價，初出茅廬的紐西蘭酒莊即能有此表現，著實不易，目前本莊酒價雖略有小漲，但仍舊物超所值，費爾頓路也已成為紐西蘭最受尊崇的名莊之一。

自2002年起，費爾頓路便開始採用自然動力農法種植，更在2010年獲Demeter機構認證本莊為自然動力農法酒莊。釀酒師布萊爾・瓦特（Blair Walter）的釀酒原則乃無為而治，少即是多，愈少人為干擾，愈能表達班諾克本的風土，因而均以野生酵母發酵，也幾乎不過濾、不濾清便裝瓶。經過幾年實驗後，本莊捨棄軟木塞，自2004年份起全面改採金屬旋蓋裝瓶。

費爾頓路由艾姆斯（Stuart Elms）於1992年建莊，同年種下第一批葡萄樹，稍後在2000年退休時，將酒莊與葡萄園轉賣給英國人奈吉・

本莊所養殖的山羊群，下邊為帶有細砂的淺層壤土層，基層是板岩碎屑，此種土壤最適合種植麗絲玲葡萄。

格林寧（Nigel Greening）。奈吉年輕時曾是搖滾吉他手，後創立Park Avenue Productions電影特效與大型活動企劃公司。本身是布根地紅酒熱愛者的奈吉，在1998年旅遊中奧塔哥時，驚訝於當地無太多釀酒經驗的酒農剛剛釀出的1997年份黑皮諾酒質潛力驚人，便在隨後不久的同年買下Cornish Point園區，為日後建莊打算，也成為距離不遠的費爾頓路酒莊鄰居。當艾姆斯要轉讓酒莊的消息傳到人在倫敦的奈吉耳裡，他3天後便飛抵班諾克本，以畢生積蓄簽下費爾頓路的購買契約。

異形防蟲法

本莊會在葡萄園行間種植小麥以及豆科植物以增進生物多樣性，並於幾個月後翻土使其成為天然綠肥；奈吉還表示為實施「天敵生物防治法」，園區裡種了蕎麥以吸引寄生性胡蜂，藉以一物剋一物；當時只懂一半，後查看Youtube之後，發現異形電影的原創一定發想於此：體型小巧的胡蜂將卵寄生在有害（葡萄樹的）毛蟲身上，然後胡蜂幼蟲慢慢自毛蟲體內吸取營養長大成蟲，之後如異形般，肥白的

1. 前景為Cornish Point葡萄園，三面環水，葡萄成熟較快，種有不少優質的Abel無性繁殖系的黑皮諾無性繁殖系。

2. 右方立者為莊主奈吉．格林寧，中間坐在車上的戴帽老者為替酒莊飼養牲畜（牛、羊群與雞群）的管理者，為防Cornish Point葡萄園中野兔數量暴增，他剛剛以來福槍維持了一下生態平衡。

胡蜂幼蟲以嘴咬穿毛蟲身體，蠕穿而出，已身負重傷的毛蟲因胡蜂病毒侵腦而被控制成為殭屍保鑣，保護胡蜂幼蟲直到餓死，其影像簡直比所有異形電影還令人驚悚萬分。然而，這就是不灑農藥的物競天擇，殘酷卻環保。

緊鄰本莊的葡萄園為The Elms Vineyard，占地14.4公頃，位於一緩坡上，如同紐西蘭其他最佳葡萄園，本園也朝北。黑皮諾為主要品種，白蘇維濃因釀出的酒質不符布萊爾之意，多年前便已拔除改種黑皮諾。The Elms分成

本莊的優質橡木桶主要購自布根地梅索村的Damy桶廠。

十三個區塊（Block），早期種植的Block 1～9的每公頃平均種植密度只有2,667株，後植於2001年的Block 10～13則提高密度為每公頃4,000株葡萄樹，在乾旱的中奧塔哥若將密度拉高到像布根地的8,000株或以上，則葡萄藤所需的營養與水分不足，無法正常發育結果。

The Elms園中有8.1公頃種植黑皮諾（種於稱為Waenga的帶有細砂的深厚壤土層），4.1公頃種植夏多內，另2.2公頃則種植麗絲玲（白葡萄種於稱為Lochar的帶有細砂的淺層壤土層）。每區塊的葡萄都帶予酒款各異的風格，如以單獨裝瓶的Block 3 Pinot Noir來說，香料氣息較種，單寧柔軟，氣韻複雜芬馥；也是單一區塊裝瓶的Block 5 Pinot Noir（首年份為1999）則顯得果香純淨甜潤，單寧與整體架構較為扎實。以上兩款黑皮諾也是本莊酒價最高的旗艦款。

奈吉購下Cornish Point葡萄園（7.6公頃）後，於2000年開始種植葡萄樹。所產的Cornish Point Pinot Noir剛開始以另一品牌行銷販售，自2007年份起成為費爾頓路旗下的單一葡萄園黑皮諾紅酒，其單寧豐富但細膩，以黑莓果或黑櫻桃氣韻為主。Cornish Point葡萄園在奈吉將其開發成葡萄園之前，以生產杏桃知名，在更早的十九世紀中期則是紮篷四處、人聲鼎沸的知名淘金區。本園三面環水，且曾是Clutha以及Kawarau兩河交匯處，現因上游築壩，當時的河畔現已氾濫成為水面較廣的當斯頓湖（Lake Dunstan）畔；Cornish Point也是本莊所有葡萄園中最早熟、最早開採者。

Cornish Point園中種有多款黑皮諾無性繁殖系，甚至有部分是直接種植於土中，未嫁接在

美國葡萄樹樹根上；但因葡萄根瘤蚜蟲病已初步在中奧塔哥現蹤，故今後若有重植新株，還是會進行嫁接以防微杜漸。奈吉不特愛來自布根地的第戎無性繁殖系（如114、115、667以及777），因在本地多陽乾燥且紫外線強烈的風土下，這些無性繁殖系會讓葡萄成熟過快，快速蓄積大量糖分；葡萄不夠熟在布根地是葡萄農亟欲避免的經常性隱憂，而在這裡，均衡緩慢的成熟才是關鍵。

阿貝爾傳說

對費爾頓路來說，Abel無性繁殖系才是最佳的黑皮諾無性繁殖系，雖果串較大、多產，也有結果大小不均的現象，但只要每公頃產量控制得宜，可得最佳風味。為何紐西蘭人也稱阿貝爾無性繁殖為DRC Clone？奈吉解釋說，據傳有人自布根地傳奇名莊侯瑪內—康地（簡稱DRC）的La Romanée-Conti或是La Tâche特

級葡萄園偷得植株，卻在將其偷渡回紐西蘭時闖關失敗，被海關人員阿貝爾（Abel，真有其人）沒收，身為業餘葡萄農的阿貝爾不忍銷毀此血統珍貴的葡萄株，遂將它送檢、培育繁殖以自用，自此成為目前我們所知的阿貝爾無性繁殖系，也因以上傳說而有DRC Clone之說法；後因阿貝爾將其贈與紐西蘭名莊阿塔蘭奇種植，遂也被稱為Ata Rangi Clone。

本莊的第三塊葡萄園是位於The Elms對面不遠，隔著馬路的Calvert Vineyard （10.1公頃）。本園種於1999年，目前奈吉也讓員工在此整建一蔬果園，以提供其家人與員工健康、零汙染的各式蔬果，採訪當日筆者有幸與酒莊人員一同午餐，下筆此時，我仍對該日所備的各色有機小番茄與小馬鈴薯的真滋味難以忘

1. 釀酒師布萊爾．瓦特曾遊歷多國學習釀酒。

2. Block 2 Chardonnay（左）全以門多薩無性繁殖系釀成，Block 1 Riesling（右）屬清酸微甜風格。

Block 5 Pinot Noir果香純淨甜潤,架構扎實。

1. Abel無性繁殖系的黑皮諾無性繁殖系正進入轉色期，雖有結果大小不均的現象，但只要每公頃產量控制得宜，風味絕佳。

2. Cornish Point葡萄園右邊原有許多十九世紀中期的淘金遺址，現多被當斯頓湖淹沒，但圖右前景還可看到當初由華人礦工在淘金時，將所挖出的石塊堆積成一個個的小丘。

3. 右下方為有機堆肥，酒莊以釀酒剩下的葡萄皮渣與籽，混和葡萄梗、麥稈和牛糞製成堆肥。

懷。不過費爾頓路並不擁有Calvert Vineyard，此園是長期簽約租來的，並將園內部分黑皮諾葡萄賣給Pyramid Valley Vineyards以及Craggy Range兩家優質酒莊，故而除費爾頓路外，後兩莊也都釀有Calvert Vineyard Pinot Noir單一葡萄園紅酒。本莊的版本甜美馨香，具可口的黑櫻桃風味，遇上成熟年份還帶有豬肉乾的副韻。

本莊的1997首年份即由布萊爾擔綱釀造，他可說是費爾頓路最重要的靈魂人物。布萊爾畢業於紐西蘭林肯大學園藝學系，擔任本莊釀酒師前，曾在加州那帕谷的Newton酒莊、中奧塔哥的Rippon酒莊以及布根地的Domaine de L'Arlot酒莊工作過，釀酒經驗相當豐富。釀造黑皮諾時，會去梗但不破皮，主要採整顆完整的果實釀造，但每年都會加入約20%未去梗

的整串葡萄一同釀造，以增加架構以及風味複雜度；發酵與浸皮期間每日會進行至多四次的踩皮萃取，所採用的布根地橡木桶（主要來自Damy製桶廠）的木材原料都經過3年戶外自然風乾，之後依酒款不同在橡木桶培養約12～18個月（約使用30%新桶），原則上以不過濾、不濾清的酒液裝瓶。

費爾頓路酒莊的麗絲玲白酒也相當優質，不進行乳酸發酵以及橡木桶培養以保風味清新；Bannockburn Riesling以及更高一級的Block 1 Riesling屬德國摩塞爾產區的清酸微甜風格，氣質迷人；至於不甜的Dry Riesling之酒質較不穩定，表現一般不若微甜款。另，夏多內葡萄經整串榨汁後，不靜置澄清，便讓尚含許多果渣的酒液直接入小橡木桶發酵，發酵以及培養期間會進行攪桶以增酒體。通常在布根地，榨

1. 本莊用以製作「自然動力農法配方500號」所使用的牛角，牛角也取自自家農場牛隻。中奧塔哥病蟲害少，易於實行有機或自然動力農法，唯一的威脅是春霜。

2. 剛製作完成不久的牛糞堆肥，已無糞臭味。

汁後會經過約24小時的靜置澄清才進行發酵，但由於本地氣候乾燥少有黴菌之害，榨汁通常乾淨無染，故可省除此道程序，而以較大的果渣去發酵與培養，也讓酒質愈加豐潤與複雜。近年本莊的夏多內白酒型態更趨清新，其頂級款Block 2 Chardonnay相當讓人驚豔（新桶比例約10～15%）。

在紐西蘭首都威靈頓舉行的2010年度「國際黑皮諾論壇」上，費爾頓路酒莊以其Felton Road Block 5 Pinot Noir榮獲「Tipuranga Teitei o Aotearoa」大獎，獎項名稱翻譯自毛利語就是「紐西蘭特級莊園」之意，其名莊地位底定，已毋庸置疑。🍷

Felton Road

Bannockburn, R. D.

Central Otago 9384

New Zealand

Website: http://www.feltonroad.com

*波爾多高級酒為公開市場，請洽各大酒商。

酒莊	進口商	進口商連絡電話	進口商網址
艾雷迪亞酒莊（López de Heredia Viña Tondonia）	維納瑞	(02) 2784-7688	http://vinaria.pixnet.net/blog
上利奧哈酒莊（La Rioja Alta）	心世紀葡萄酒	(02) 2521-3121	http://ncw.tw/
慕卡酒莊（Bodegas Muga）	長榮桂冠酒坊	(02) 2567-2288	http://www.evergreet.com.tw/
阿塔迪酒莊（Bodegas y Viñedos Artadi）	酒堡國際	(02) 2506 5875	http://www.ch-wine.com.tw/
賈克·菲德烈克·慕尼耶酒莊（Domaine Jacques-Frédéric Mugnier）	大同亞瑟頓	(02) 2586-7996	http://www.wine.com.tw/
喬治·沃居耶伯爵酒莊（Comte Georges de Vogüé）	大同亞瑟頓	(02) 2586-7997	http://www.wine.com.tw/
艾伯·格禮耶弗酒莊（Domaine Albert Grivault）	大同亞瑟頓	(02) 2586-7998	http://www.wine.com.tw/
胡樓酒莊（Domaine Roulot）	大同亞瑟頓	(02) 2586-7999	http://www.wine.com.tw/
米歇爾·布澤侯酒莊（Michel Bouzereau et Fils）	目前無正式進口商		
樂弗雷酒莊（Domaine Leflaive）	誠品酒窖	(02) 6638-7589	http://www.eslitewine.com/
伊田·索賽（Etienne Sauzet）	大同亞瑟頓	(02) 6638-7590	http://www.eslitewine.com/
畢雍帝·桑提（Biondi Santi）	越昇國際	(02) 2533-3108	http://www.ascentway.com.tw/
歐立諾酒莊（Pian dell'Orino）	維納瑞	(02) 2784-7688	http://vinaria.pixnet.net/blog
薩維歐尼（Salvioni）	維納瑞	(02) 2784-7689	http://vinaria.pixnet.net/blog
弗林尼酒莊（Azienda Fuligni）	越昇國際	(02) 2533-3108	http://www.ascentway.com.tw/
坡玖迪索托酒莊（Fattoria Poggio di Sotto）	維納瑞	(02) 2784-7689	http://vinaria.pixnet.net/blog
索德拉酒莊（Soldera）	維納瑞	(02) 2784-7689	http://vinaria.pixnet.net/blog
喬登酒莊（Jordan Vineyard & Winery）	星坊酒業	(02) 2751-0999	http://www.sergio.com.tw/
彼得麥可酒莊（Peter Michael Winery）	酒堡國際	(02) 2506 5875	http://www.ch-wine.com.tw/
奇斯樂酒莊（Kistler Vineyards）	酒堡國際	(02) 2506 5875	http://www.ch-wine.com.tw/
瑪麗愛德華酒莊（Merry Edwards Winery）	飲享	(02) 2717-4488	http://www.bonvivant.com.tw/
漢佐酒莊（Hanzell Vineyards）	目前無正式進口商		
昆陽酒莊（Kooyong） +菲利浦港酒莊（Port Phillip Estate）	目前無正式進口商		
巴斯·菲利浦酒莊（Bass Phillip）	目前無正式進口商		
亞拉耶伶酒莊（Yarra Yering Vineyards）	夏朵菸酒	(02) 2708-2567	http://www.chateaux.com.tw/
賈康達酒莊（Giaconda Vineyard）	目前無正式進口商		
彬迪酒莊（Bindi Winegrowers）	目前無正式進口商		
石脊酒莊（Stonyridge Vineyard）	達米酒坊	(02) 2500-0969	http://www.wine4dummy.com.tw
米爾頓酒莊（Millton Vineyards & Winery）	敦意股份有限公司	(02) 8751-5555	
泰瑪塔酒莊（Te Mata Estate）	美多客	(02) 2705-0245	http://www.medoc.com.tw/
阿塔蘭奇酒莊（Ata Rangi Vineyard）	夏朵菸酒	(02) 2708-2567	http://www.chateaux.com.tw/
乾河酒莊（Dry River Wines）	目前無正式進口商		
紐道夫酒莊（Neudorf Vineyards）	目前無正式進口商		
弗朗酒莊（Fromm Winery）	目前無正式進口商		
野犬之丘酒莊（Dog Point Vineyard）	台灣大昌華嘉	(02) 8752-6666	
飛馬灣酒莊（Pegasus Bay）	台灣大昌華嘉	(02) 8752-6667	
鐘丘酒莊（Bell Hill Vineyard）	方瑞酒藏	(02)2709-8166	
費爾頓路酒莊（Felton Road）	長榮桂冠酒坊	(02) 2567-2288	http://www.evergreet.com.tw/

| 附錄 | 圖片出處 | Photo Credits |

除下列圖片出處外，皆為作者拍攝。

（Except as indicated below, other photos were taken by Jason LIU）

- Domaine Leflaive：P.104 photo 1
- Biondi Santi：P.125 photo 2
- Peter Michael Winery：P.177 photo 2
- Merry Edwards Winery：P.186
- Hanzell Vineyards：P.197
- Millton Vineyards & Winery：P.262 photo 2；P.263
- Neudorf Vineyards：P.298；P.299；P.300；P.301 photo 2；P.302 photo 1；P.303
- Fromm Winery：P.308；P.311 photo 1；P.313 photo 1
- Dog Point Vineyard：P.314；P.318 photo 2；P. 319
- Pegasus Bay：P.322；P.323；P.326；P.328 photo 1
- Felton Road：P.341 photo 1

Grange是一款經過5年窖藏推出的頂級佳釀
雖然上市之初已然非凡出眾，但其無窮的
魅力將隨著時間的推移更加不斷提升。

日臻致醇　歷久彌香

禁止酒駕・酒後不開車・安全有保障

讓你

窩居在家裡

就能享受美酒

www.iCheers.tw

全台第一家結合知識、品味與便利性的
葡萄酒與威士忌商務平台，
提供四千多款優質酒恆溫保存、低溫直配的頂級服務！

凡2016/4/30前於iCheers訂酒，在Coupon欄位輸入
「I love Jason's VINO」文字，則訂單可享滿千折百優惠

愛酒窩
iCheers

愛酒窩 iCheers 搜尋

PETER MICHAEL
— WINERY —

美國 彼得麥可爵士酒莊

 酒堡國際
Chateau Wine & Spirit
(02)2506-5875